JN275228

［復刻］
100万人の金属学

基 礎 編

幸田成康編

METALLURGY FOR THE MILLION

アグネ技術センター

科学にエポックをつくった4人の偉人

ARISTOTELES (384—322 B.C.)

GALILEO (1564—1642)

NEWTON (1642—1727)

EINSTEIN (1879—1955)

この科学者たちの頭脳（イニシアル）を1931年にお借りしました．

AGNE・アグネ

復刻にあたって
――本文掲載順――

本書は，株式会社アグネより1965年1月に初版発行された本を復刻したものです．

本文は原本のままで手を加えていませんが，＜執筆者紹介＞は執筆当時の職名と現在について書き改めました．

今なお第一線でご活躍の4人の執筆者のかたに，復刻にあたって序文をいただき，巻頭に加えました．

楽しく読めるエッセイ風技術解説書

　凡ての技術は基礎的理論の上に成り立つものといっても過言ではない．本書は「100万人の金属学　基礎編」と銘を打って，金属学のキホンのキを23項目に分けて解説したものである．その説くところは通俗的でなく，香り高く，文芸的で清らかである．まさに文芸的技術解説書であり，エレガントなガイドブックといえよう．

　執筆者の大半は故人になられたが，「虎は死して皮を残す」の譬の通り，その内容は不滅不変の光を放っている．流石にご立派と思われる点が多い．

　各項目夫々に各執筆者独特のキャラクターがあり，エッセー風である．楽しく読んで金属全般の基礎的項目が理解されることと確信する．

　ご愛読を願う次第である．

　　　2003年9月

　　　　　　　　　　　　　　　　　　　　　　　　大和久　重雄

「金属物理一家」の横顔

　日進月歩の科学技術の分野では一般に本の寿命が短いが，本書が読者の要望で復刻されたのは，嬉しくもあり，不思議でもある．金属学の原理や基礎を軽口も入れて平易に説明したので，時代を越えた入門書として歓迎された結果であろうか．学者，研究者の類いは何事も難しく書くという批判があり，特に基礎編は敬遠され易いが，身近な比喩で基本を易しく述べた本書は型破りの新しいスタイルを作ったと言えよう．本書の初版以来38年間に，著者中の多数が物故された．復刻版を出すに当って亡くなった著者のうち筆者が深交を賜った方々のみではあるが，その横顔を順不同で紹介したい．

　長崎誠三氏は東大（工），東工大，東北大（金研）を経て，アグネ技術センターの社長となられ，雑誌「金属」の編集委員でもあったので，言わば本書の生みの親，出版者である．筆者の先輩，卒業論文の指導者であり，熱測定の大家，状態図の世界的権威であったから，実に丁寧適切な教えを頂いた．説得力，包容力があり，文芸，芸術も愛したお人柄は本書中の記述からも汲み取れるであろう．

　幸田成康氏は幸田露伴の家系に属し，北大（工），東北大（金研）で時効析出などの金属物理の研究をし，文章家，また温厚篤実な指導者であった．学会で大声の議論を聴いたことがなく，静かに納得させるから，本書の執筆者の纏め役として最適な方であった．「先生に頼まれたら，いやとは言えない」といった風格を持っておられた．

　橋口隆吉氏は東大（工），理研で活躍し，格子欠陥分野のリーダーであった．筆者が第二工学部の学生の頃，一工の新進気鋭の橋口先生が評判だった．新しい問題に対する理解と見通しが早く，原研設立にも参画された．当時，仙台にいた駆け出しの筆者は，ある日，突然長距離電話で呼び出され，研究員として招かれて驚いたことがある．華やかなリーダーであったが，密かに北京の清華大学に莫大な研究基金を贈られた一面もあった．

　鈴木平氏は茅誠司門下から出て，結晶塑性・転位論の大家となり，北大（理），理研，東北大（金研）を経て東大物性研究所長となった．筆者の義兄であり，

直接の研究指導者であった．英国のコットレルによる転位論の新著を入手して，自宅で連夜晩くまで二人きりで輪講した思い出がある．英国ブリストル大学留学から米国イリノイ大学に移った時に，その住居は総勢50人の日本人留学者の溜り場となった（筆者はそこのシェフ役であり，御本人は皿洗いをされた）．

　吉田錫氏は岡山大（理），広大（理，微晶研），東大（工）で格子欠陥，特に電子顕微鏡の利用で知られた．1956年，イリノイ大学留学中，同宿して以来の年長の親友であり，門下の故桐谷道雄氏，山川浩二氏，ご子息の吉田直亮氏は筆者の研究室の共同研究者であった．器用な手先と優れた発想により実験を巧みに行ない，実験を重んじる伝統を後進によく伝えた．

　鈴木秀次氏は北大の中谷宇吉郎門下から東北大（金研）に移り，実験も行なったが，（物理的にも）大きな頭脳を働かせて直ぐに転位論の権威となり，名著「転位論入門」を著わした．金研では両鈴木を中心に，研究室の壁を越えて毎週，金属物理・格子欠陥のセミナーが開かれ，その方面における若手研究者の研究能力を著しく向上させた．その後，原研で同じ固体物理研究室に在籍したが，東大（理）に移られて研究を続けられた．筆者の兄貴分の先輩であり友人であった．昔，奥様に生け花を習ったことがある．

　高村仁一氏は京大（工）に在って関西一円の金属物理の指導者として令名を馳せた．また一方では，よく統率，組織化された研究室は一丸となって，金属の点欠陥や塑性を飽くまでも追及して成果を挙げた．仙台の名家の出身で，1963年に関東から関西に移った筆者は親しくお世話になり，阪大（産研）の故西山善次氏と創られた「関西物理冶金談話会」に招かれ，常連となった．この会は有名となり，関西全体の基礎的な金属研究のレベルを大きく向上させた．

　平野賢一氏は東工大とMITの出身で，日本有数の切手収集の大家でもある．昔，ボストンに御夫妻を訪ねて一緒に海の幸を楽しんだりしたが，暫くして奥様が亡くなり，後で特別に博士号が贈られた話を聞いた．その後，東北大で活躍され，多くの俊秀を育てた．長崎，藤田，平野の三人は東大，東工大の高木豊研究室の同門である．

　こうしてみると，上記の物故者は同じく金属学の基礎を専攻し，金属物理一族か一家を成しており，斉しく復刻を喜ばれていることと思う．ご冥福を祈る．

2003年9月

藤田　英一

「100万人の金属学 －基礎編－」執筆時の思い出
－大きい篠崎氏の功績－

　「100万人の金属学」発行当時は，工学的な堅いモノが専門分野の参考書として売れるだけで，極めて限定された販売部数であった．この「100万人の金属学」は，珍しくそのような環境の中でよく売れた．「工学書のベストセラー」と言ってよい．

　売れた理由として考えられるのは，執筆者に一流の学者を揃えたこと，難しい内容を判り易い表現でまとめたこと，金属分野に新しい解釈が出現したことであり，編集者篠崎浩美氏の優れた能力もあずかって力があったと思う．

　篠崎君は「100万人の金属学」の出版後，昭和40年半ば，当時三菱100年を記念して設立したシンクタンク「三菱総合研究所」に移籍した．私が研究所の設立にたずさわった一人だったこともあって入所の世話をし，出版担当として定年まで頑張ってくれた．しかし所員が学者の集りの中で，居心地が良かったかどうか，気になる点もあった．

　金属についての理論は，現在，驚くほど進歩している．当時の内容は，磁区理論の初期の頃であったが，一般の人の興味も強かったようだ．

　NHKテレビで「授業」というシリーズが計画された時，第一回のグループに磁石をテーマにしたものが入り，この本を基に脚本を作って出演した．好評で幾つかのテーマをビデオ・ディスクとして国際的に販売された．私の作品もドイツ駐在の人が購入して批評を送ってくれたりした．

　この本は販売部数も満足できるものだったので類似の発想で何本か市場に送り出したが，これに続くベストセラーは無かった．この本は編集，書き手，内容ともに揃っていたものと言えよう．

　　　2003年9月

　　　　　　　　　　　　　　　　　　　　　　　　　　　牧野　昇

『歴史の道しるべ』の魅力

　トランジスタの発明者の一人，W. ショックレーが，食事をして居る時などに昔を思い出してよく言った言葉がある．
　『私は本当に阿呆な生き物だ』
　その言葉の意味を彼は私にこう説明した．1936年にベル電話研究所に入ると，すぐに彼は電子管研究部長のM. ケリーから『全く新しい概念の増幅器を発明する事』という大きな課題を渡された．この使命に感動したショックレーは以来10年にわたってさまざまな工夫を凝らして実験をするのだが，全部失敗する．紆余曲折のドラマの後，1947年12月23日にトランジスタの現象を発見，確認する．
　『今考えると，この失敗続きの10年の間に，半導体結晶の中の電子の魅力あふれる振る舞いの正体を掴むチャンスが何度かあったのに，何時も逃がして居た．神ならぬ愚かな人間の洞察力は本当に限られて居るのだ』
　「100万人の金属学」を読み返して，ショックレーの言葉を噛み締める．
　1998年1月，サン・ディエゴでElectrochemical Societyの国際シンポジウムが開かれた．『シリコン研究の50年』という特別セッションがあり，そこで私は『若い物理屋は如何にしてシリコン結晶と恋に落ちたか？』という話をした．この基調講演で私はシリコン研究の歴史的な展開を自分の研究をもとに紹介したのである．
　私の話の前半は「100万人の金属学」に書いた研究の話，そして後半は，私が1974年に電総研（現・産総研）からソニーの研究所に移って経験した話から始めた．当時ソニーでは，岩間和夫（当時副社長）の指導で電子カメラのプロジェクトが動き出して居た．岩間さんは，ソニーの将来の課題として，『フィルムを使わないカメラ』の研究チームを1972年に密かに立ち上げて居た．今のデジカメの文字通り草分けである．
　ソニーに入って研究所を見て回った私は，この電子カメラの研究グループの部屋に入り，バラックセットのカメラから出たディスプレイの上の映像を見て愕然とした．今だから言えるが，無残な画像がそこにあった．

電子カメラの根幹は，シリコンのチップの上に縦横に小さい『画素（ピクセル）をそれぞれ何100個と並べて作った，CCDと言うセンサーだ．CCDは，光の画像を電子信号に変換するセンサーで，1968年にベル研究所のスミスとボイルが提案したのだが，まだ誰もこれを実際のカメラに本気で使う試みをしていなかった．バラックセットのカメラから出た映像が『無残』と表現したが，画面には，白い点，黒い点，白い線，黒い線が，沢山散らばって居たのである．

　実はこの白と黒の点と線は，「100万人の金属学」に昔私が紹介した，シリコン結晶の中の欠陥に，ある種の金属原子がからまったもの，まさにこれから生じたキズだった．結晶の中にある欠陥に金属が付着すると，その欠陥中心は，電子と正孔を引きつけて結合させ，その存在を消してしまう作用を持つ．電子を殺すので，ショックレーはこれに『deathnium』と言う名前を付けた事がある．CCDを作るプロセスの途中でこういう有害な欠陥中心を作ってしまうと，そこで電子が殺されるから，画面に黒い点や黒い線が現れる．

　こうして，電子カメラの開発研究は，最も基本の所で結晶物理学に回帰する事になった．結晶欠陥だけでは問題は起こらない．これに金属原子が絡み付くからdeathniumになる．そこで，やはり「100万人の金属学」に紹介した『吸い出し』効果が最優先の技術課題となった．結晶表面をエメリーで擦る代わりに，表面に燐などの原子を多量に入れた薄い層を作って巧妙に吸い出し効果を上げる事など，道が開けた．

　1980年1月，ソニーの電子カメラが初めて全日空のジャンボジェット機に装着されて，外の景色を乗客に見せた．これは夜のテレビニュースに紹介されたが，その時にはもう画面にキズは1つも無くなって居た．

　電子カメラはやがてロスアンゼルス・オリンピックの写真報道に使われ，画像の信号は国際電話のラインで東京に送られ，翌日の朝刊を飾った．ビデオカメラもCCDを取り入れ，CCDは生活の場に広がった．

　歴史が展開する中で出来上がった「100万人の金属学」に，私は昔の街道筋に立つ『道しるべ』のような魅力を改めて感じるのである．

　　　　2003年9月

　　　　　　　　　　　　　　　　　　　　　　　　　　菊池　誠

〈執筆者紹介〉—掲載順—

上段は執筆当時の職名 下段は現在	氏　名	執筆項目
「金属物理」編集責任者 （故人）	長崎　誠三	〔1・3〕
東北大学金属材料研究所・教授 （故人）	幸田　成康	〔2・9・13〕
東京大学工学部・教授 （故人）	三島　良績	〔4・14〕
東北大学工学部・助教授 （故人）	平野　賢一	〔5〕
八幡製鉄東京研究所・参与 （社）日本熱処理技術協会名誉会員	大和久重雄	〔6〕
東京大学工学部・教授 （故人）	橋口　隆吉	〔7〕
東京大学物性研究所・教授 （故人）	鈴木　　平	〔8・19・21〕
広島大学理学部・教授 （故人）	吉田　　錮	〔10〕
京都大学工学部・教授 （故人）	高村　仁一	〔11〕
東京大学理学部・教授 （故人）	鈴木　秀次	〔12・16〕
大阪大学基礎工学部・教授 大阪大学名誉教授	藤田　英一	〔15・17〕
日本原子力研究所・主任研究員 （故人）	村上悠紀雄	〔18〕
三菱製鋼・電磁気材料部次長 （株）三菱総合研究所・特別顧問	牧野　　昇	〔20〕
日本電気・基礎研究所長 （故人）	武田　行松	〔22〕
電気試験所・部品基礎研究室長 東海大学名誉客員教授	菊池　　誠	〔23〕

編者のことば

* 「100万人の金属学」という解説記事が，雑誌『金属』に連載され，たいそうな好評を博した．それに力づけられたため，アグネは今回，その基礎的な部分を単行本の形にまとめる企画をたてて，私に編集を委嘱された．

　実は，私も「100万人の金属学」を興味深く愛読した一人である．その一篇一篇は，私の敬愛する一流の諸先生の筆になるものであって，一般にはむずかしいかもしれない話を，極力かみくだいてやさしく伝えようと涙ぐましい努力をされたものである．その努力は立派に成功し，まことに楽しい読みものになっている．おそらく執筆した諸先生にとっては，ご専門の研究報告を書く以上のアルバイトであったと拝察する．なお，さらに有益なことには，一篇一篇のそれぞれに，諸先生の"人となり"や，学問上の"フィロソフィー"がにじみでており，専門家の立場からも参考になる予見が散見することである．そんなわけで，私はこれをまとめる仕事に，微力を尽そうと思った．

* ところで，発表ずみの題目を通覧すると，題目選定上ところどころに穴があり，また逆に内容上での部分的な重複も見受けられた．重複の方は執筆者がちがうのであるから，叙述の進行上やむをえないが，抜けた穴の方はこのさい，さらに数篇の新しいテーマの加筆を願って補充することにした．なお同時に既発表のものも改めて先生方に手を加えていただき，またアグネの企画により，全篇についてのいろいろな欄外記事，術語説明や参考書の推薦をいただいた．また，拙稿

も加えさせていただいた．
* かくしてできあがったものが，いまあなたの前にある本書である．

　人類の現在は，金属を除外しては考えられない．人類が2本足で立ち上がって，火を使い，石を捨てて金属を用いはじめたことから，文化の進歩が生じた．そう考えると，金属はわれわれ人類文化のバック・ボーンであるといっても，過言ではなかろう．ところが一般のかたには，そんなだいじな金属の実体が，あまりにも知られていないように思える．金属学界での現役の諸先生が，アグネの依頼に応じて，解説を書かれた意味も，すこしでも多くの人々に，人類にとってだいじな金属の実体を理解していただきたいという希望にもとづくものと思われる．
* 学問的な内容の書物で，おそらく今までに，こうした種類の書物ははじめてではなかろうか．

　諸先生とアグネ編集部の労苦を感謝するとともに，金属に直接縁のある人，縁のない人も含めて，100万人の愛読者を期待したい．100万人の愛読者のご理解によって，日本の金属学はさらに進歩し，日本の金属工業は世界に冠たるものとなるであろう．

　どうか楽しく，金属というものを知って愛してやってください．

　　　　　　　1964年12月　　　　幸　田　成　康

1	自然はシンプルである		
	≪結晶構造のはなし≫ ・・・・・・・・	長崎 誠三・	1
2	教室のなかのできごと		
	≪合金構造のはなし≫ ・・・・・・・・	幸田 成康・	12
3	デモンの描いた不思議な絵		
	≪状態図のはなし≫ ・・・・・・・・・	長崎 誠三・	24
4	山寺の鐘・教会の鐘		
	≪組織と強さやねばさ≫ ・・・・・・	三島 良績・	44
5	住みにくい社会からの脱出		
	≪変態のはなし≫ ・・・・・・・・・・	平野 賢一・	56
6	鋼にも人生がある		
	≪鋼の変態≫ ・・・・・・・・・・・・	大和久重雄・	74
7	トランジスタ・ラジオの影武者		
	≪転位のはなし≫ ・・・・・・・・・・	橋口 隆吉・	87
8	硬いダイヤとやわらかい鉄		
	≪強度のはなし≫ ・・・・・・・・・・	鈴木 平・	97
9	タヌキと金のタマの話		
	≪塑性のはなし≫ ・・・・・・・・・・	幸田 成康・	108
10	冬山のおきて		
	≪点欠陥のはなし≫ ・・・・・・・・	吉田 鎬・	119
11	結晶内にひそむ忍者		
	≪回復と再結晶≫ ・・・・・・・・・・	高村 仁一・	132
12	コーヒーとミルク		
	≪拡散のはなし≫ ・・・・・・・・・・	鈴木 秀次・	145

目次

13 スタミナ談義
　≪合金の強さ≫・・・・・・・幸田　成康・156

14 幾久しく変わりある話
　≪時効硬化のはなし≫・・・・・・・三島　良績・168

15 人と神の本能
　≪破壊のはなし≫・・・・・・・藤田　英一・181

16 アメの伸び・金属の伸び
　≪クリープのはなし≫・・・・・・・鈴木　秀次・191

17 ある疲れた男
　≪疲労のはなし≫・・・・・・・藤田　英一・203

18 電子が階段をのぼるとき
　≪原子構造のはなし≫・・・・・・・村上悠紀雄・214

19 ミクロの神秘
　≪金属結合の本質≫・・・・・・・鈴木　　平・239

20 磁石ものがたり
　≪磁性のはなし≫・・・・・・・牧野　　昇・257

21 働らく電子蟻
　≪熱と電気伝導≫・・・・・・・鈴木　　平・275

22 しずくと泡のはたらき
　≪半導体のはなし①≫・・・・・・・武田　行松・285

23 不純物と美の結晶
　≪半導体のはなし②≫・・・・・・・菊池　　誠・298

　もっと勉強したい人のために・・・・・・・11〜307
　小さな術語集（さくいんを兼ねて）・・・・・・・309

[v]

100万人の金属学
基礎編

1 自然はシンプルである
《結晶構造のはなし》

これからお話することは，1 cmの長さを東京から大阪まで引伸ばしてみて，やっと角砂糖の大きさくらいにしかならない，そんな小さな原子の建物のことである．いかにも見てきたように，この建物がどういうふうに組み立てられているかを物語ることができる．それは原子の世界をみることのできるX線という光を，われわれは知っているからである．前世紀の終りにX線が発見され，[*]それが原子の世界の構造を解き明かすのに有用であることが立証されるはるか前から，学者たちは水晶のような結晶は原子という球を規則正しくつみ上げて作られたものにちがいあるまい，と考えていた．水晶やダイヤモンドのあの美しい幾何学的な外形の下に，このような＜原子＞[†]の規則正しい建築が横たわっていることは，19世紀の科学知識をもってすれば，それほど想像をこえたことではなかったのである．しかし金属のように，一見何ら幾何学的な外形も，結晶の片鱗すら示さないものが，ダイヤモンドと同じように原子の規則正しい配列から成り立っていること

[*] 1895年12月28日，レントゲンによりX線発見さる．

[†] 原子そのものの構造については，2.《合金構造のはなし》および 18.《原子構造のはなし》参照．

は，X線という光によって，20世紀に入って10余年ののちに
はじめて明らかにされたのである．

われわれが知っている金属，それはまことに多種多様な姿
をしている．あるときはなべ，やかん，スプーン，ナイフ，
時計の側，バンド，針金，カメラのボデーと，まったくどの
ような姿にも変わることができる．しかし，ひとたび，これ
をX線という原子の世界の光で照らし出してみると，あるい
はアルミニウム，あるいは鉄といった金属原子が美しく，規
則正しく積み重なった原子の建築なのである．

X線が，このように結晶構造の解明に役立つのは，レント
ゲン*の発見したX線の波長が，結晶の中での原子相互の距離
と同じ程度であったからである．† 1912年のドイツのラウエ‡
の研究，つづいてイギリスのブラッグ§父子の研究によって
X線は結晶をつくっている原子によって反射され原子の像を
うつしだすことが明らかにされ，そして，いまでは生命物質
のような複雑な有機物質の中でも原子が規則正しく配列して
いることが明らかにされている．

X線のほかに，電子線や原子炉からでてくる中性子の流れ
も，このような結晶中での原子の並び方の解明に最近ではさ
かんに使われている．

*
W. R. Röntgen
(1845～1923)．ドイ
ツ；ヴュルツブルグ
大学教授のときX線
を発見，1901年第1
回ノーベル賞．
†
原子の世界のものさ
しはオングストロー
ム（Å または A と
かく）で，1億分の1
cm にあたる．金属
の結晶では原子と原
子の間隔は 3～4 オ
ングストロームであ
る．
‡
M. von Laue (1879
～1960)．ドイツ，ベ
ルリン大学教授のと
きX線と結晶の研究
で，1914年ノーベル
賞．
§
W. H. Bragg (1862
～1942)．イギリス，
ロイヤル・インステ
ィテューション名誉
教授．子の W. L.
Bragg (1890～   )
とともに1915年ノー
ベル賞．

建築法・その三態

図1-1に示すように100あまりの元素のうち，金属元素と
よばれるものが，およそ3/4ある．これらの大半は，＜面心立
方格子＞，＜稠密（ちゅうみつ）六方格子＞，または，＜体心
立方格子＞といわれる構造のどれかに結晶する．これらの中
には鉄のように，低温と高温で体心立方格子，途中では面心
立方格子というように変態*するものも，またマンガンのよう
に低温では複雑な結晶構造をしているけれども，高温では
面心から体心へと変わってゆくものもある．

これら3種以外の形に結晶するものとしては，ガリウム，
水銀，スズ，マンガン，ウラニウム，そしてプルトニウムな

*
5.《変態のはなし》
参照．

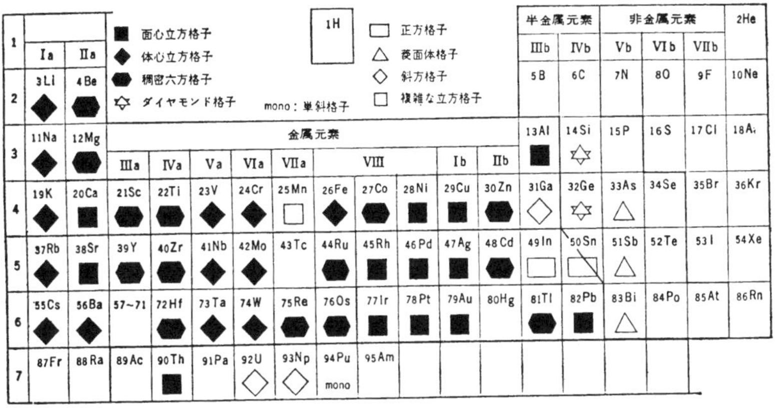

図1-1 元素の周期表と常温での結晶構造.

どがある．したがって，この3通りの結晶構造さえ知っておけば，金属のはなしはおおかた間に合うというわけである．

一般につかわれている金属材料には，純粋な金属はすくなく，多かれ少なかれなんらかの形の＜合金＞ではあるけれども，やはりそれらの構造はこの3種のどれかである．話を半金属といわれるゲルマニウムやシリコンまで拡張しても，これらはともにダイヤモンドと同じ結晶構造であるから，あとひとつつけ加えればよい．なおビスマスとかアンチモンもみじかなものではあるが，これらは単純立方格子をわずかひずませた構造をしている．

結晶学関係の略号で面心立方格子はA1型，体心立方格子はA2型，稠密六方はA3型，そしてダイヤモンド格子はA4型とよばれている．Aは元素をしめすもので算用数字は，整理の順序にしたがってつけられており，たとえば，αウラニウム（ウラニウムにはα，β，γと3つの変態がある）の結晶構造はA20型とよばれている．なおBというのは2通りの元素で構成され，その化学組成比が1：1になっているような化合物の構造を意味し，B1とは塩化ナトリウム(NaCl)，B2とは塩化セシウム(CsCl)型の結晶構造を示している．

球のつめこみ

　さて，結晶を構成する原子は，それ自身ではひじょうに複雑な構造をもっている．モデル的にみれば負の電荷をもった電子が，正の電荷をおびた原子核からいろいろな距離にあって回転している．しかし結晶の中の原子の分布を考えるときは，まず原子を球と考えてもさしつかえない．*金属元素の結晶構造の基本となるものは，この原子の球を密につめた構造となっている．

　まずはじめに，球を密にならべた層を作ってみる．それは図1-2aに示すような並べ方で，これ以上に球を密につめることは不可能である．

　層をつぎつぎにかさねていってみよう．下の層の球の真上に，上の球をおいたのではつめこみは密ではなく，2番目の球を，下の球のすき間の真上にのるようにしなければならない．しかしこれはすべてのすき間の上というわけではなく，一つおきでないとのらない(図1-2b)．第3の層は，第2の層とちがって2通りのつめこみ方が可能である．ひとつは第1層ののこされたすき間の上にならべる方法であり(図1-2c)，いまひとつは第2層のもうひとつのすき間(これはちょうど第1層の球の真上にあたる)の上にならべることである．はじめのやり方でつみあげたのが図1-3であり，あとのやり方が図1-4である．前者が面心立方格子，後者は稠密六方格子といわれるものである．

*2.《合金構造のはなし》参照．

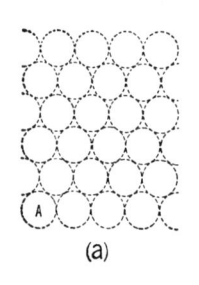

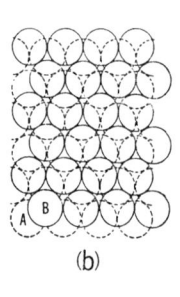

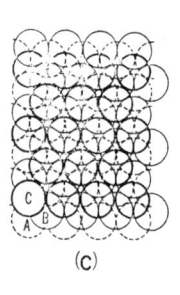

図1-2　球の密なつめ方(立方の場合)，(a)第1層目A，(b)第2層目Bをつんだところ，(c)第3層目Cをつんだところ．

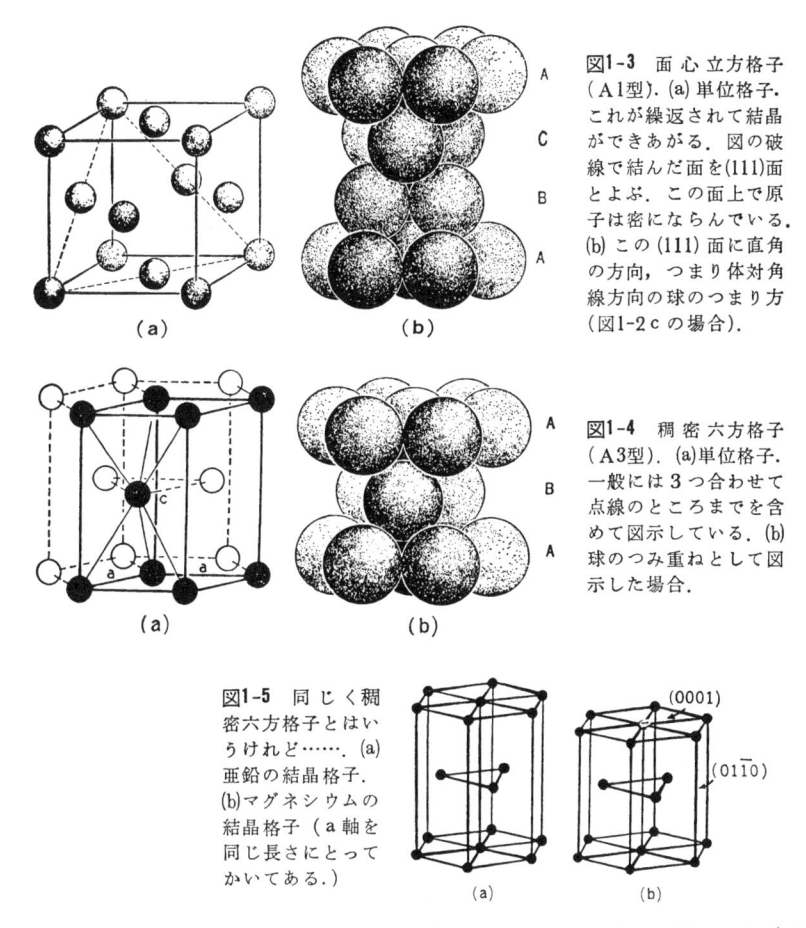

図1-3 面心立方格子（A1型）．(a) 単位格子．これが繰返されて結晶ができあがる．図の破線で結んだ面を(111)面とよぶ．この面上で原子は密にならんでいる．(b) この(111)面に直角の方向，つまり体対角線方向の球のつまり方（図1-2cの場合）．

図1-4 稠密六方格子（A3型）．(a)単位格子．一般には3つ合わせて点線のところまでを含めて図示している．(b) 球のつみ重ねとして図示した場合．

図1-5 同じく稠密六方格子とはいうけれど……．(a) 亜鉛の結晶格子．(b)マグネシウムの結晶格子（a軸を同じ長さにとってかいてある．）

　稠密六方は理想的に密につめこまれた場合はc軸とa軸（図1-4の縦長の稜をc軸，底辺の短い方をa軸といっている）の長さの比が1.633にならなくてはならないが，実際にはこのようなものはない．亜鉛とカドミウムは異状に細長で，1.85もある．これ以外の元素はすべて1.633より小さく，c軸の方向におしつぶされた形になっている．まず理想的な形に近いのはマグネシウムである（図1-5）．

[5]

つまり，立方のつめこみ方では，図1-3bのように球の密な層がＡＢＣＡＢＣＡＢ……といったくりかえしに，また六方のつめこみでは図1-4bのようにＡＢＡＢＡ……とくりかえしになっている．

コバルトは約470℃以上では面心立方，これより下では稠密六方であるが，面心から稠密に変態させたとき，試料の処理方法によって，つみかさねのみだれたＡＢＡＢＣＢＡＢＣＢ……といった構造となることが知られている．*

面心立方の場合はこのように，球をつむと一見六方格子になっているようにみえる．だが，この密につめこまれたＡ面は，いわゆる(111)面といわれるもので，立方体の対角線に垂直な面になっている．結晶の方では，面をよぶのにこのような記号†を用いている．この記号法による立方体の側面，底面と上面は{100}と書かれる．六方の場合は図1-5に書いたようなよび方をする．

このような密な(111)面は面心立方では4通りあり，これを総称するときは{111}とかく．

* このような積みかさね方のみだれを学問上のことばで＜積層欠陥＞とよぶ．

† ミラーの記号法という．

球 は 八 方 美 人

面心立方格子は一見すると，かどに八つの原子，面の中心に六つと合計14原子があるようにみえるが，実は角は隣合う八つの格子に共有されており，また面の中心は両側から共有されている．したがって $\left(8\times\dfrac{1}{8}\right)+\left(6\times\dfrac{1}{2}\right)=4$ で，四つの原子しか所属していないことになる(図1-6)．

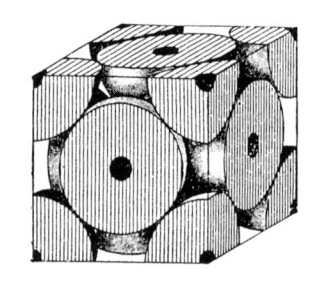

図1-6 面心立方型の単位格子には，平均して何個の原子があるか．　　答え4個．

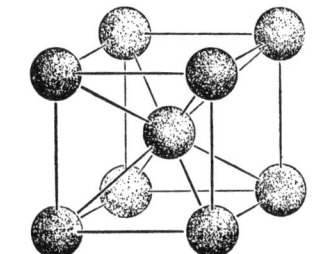

図1-7 体心立方格子（A2型）

図1-8 体心立方型の単位格子には，平均何個の原子があるか．　　答え2個．

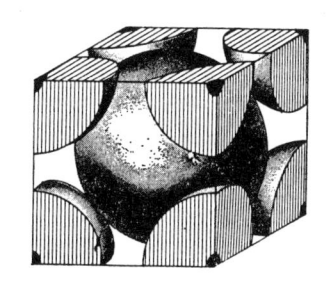

六方の場合にも同じような計算をするとふたつである．

密なつめこみ方ではないけれども，金属の結晶構造にみられるもうひとつの型は体心立方といわれるものである（図1-7）．立方体の角隅と，中心に原子がある構造である．したがって体心立方というよび名が生れた．これにはふたつの原子が所属している（図1-8）．

ダイヤモンド型では，炭素原子はふたつの互いに入りくんだ面心立方格子の上にならんでいる．図1-9aでaと書いたのが一つの面心立方格子で，bと書いたものは（図では一部しか書いていない）aを三方向に¼だけずらせた面心立方格子となっている．したがって，bで組立てられる格子Bの各原子は格子Aの四つの原子でとりかこまれ，またその逆の関係がなりたっている．ふつうよくみかける豆細工は斜線をひいた(111)面を土台としてつみ上げた場合の表現である．この構造は前三者にくらべてひじょうにガサガサで，球のつめこみというより，四面体に結合の手がのびた原子のつみかさねといえる(図1-9b)．

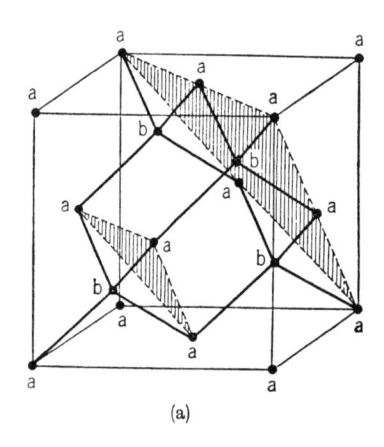

図1-9 ダイヤモンドの構造．(a)単位格子．相つづく(111)面に影をほどこしてある．a, b はおのおの面心立方格子を形づくっている．(b) (111)面を土台にして積み上げた場合．

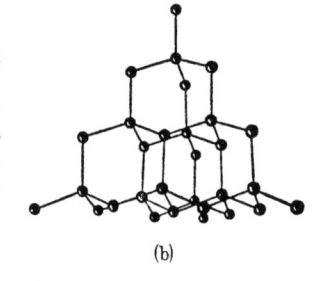

大穴，小穴

　密につめたといってもなにしろ球をつめるのであるから，すき間ができてくる．

　面心の場合にはこのすき間は2通りある．一つは八面体的に原子にかこまれたもので，球の半径を r とすれば（図1-10ではわかりやすいように球は密接させないで小さめに書いてある），$0.41\,r$ の球がちょうど入る．つぎの穴は四面体的に原子にかこまれたもので，ここには $0.225\,r$ の球がちょうど入る．稠密六方（図1-11）の場合には x と書いたのが八面体的にかこまれたすき間，y と書いたのが四面体的にかこまれたすき間である．大きさはもちろん，面心立方の場合と同じであ

図1-10 面心立方格子のすき間．tとかいたのは四面体的すき間．八面体的に囲まれたすき間は，立方体の中心と各稜の中心にある．

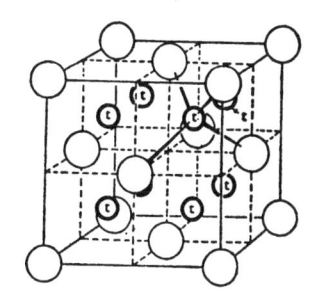

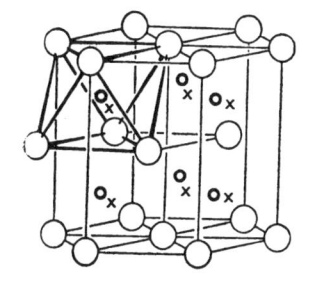

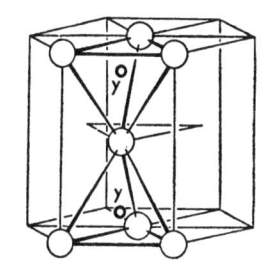

図1-11 稠密六方格子のすき間．

図1-12 体心立方格子の四面体型のすき間．点線は2つの体心立方格子を示している．黒丸がすき間で，これを囲む原子だけ白丸で示してある．

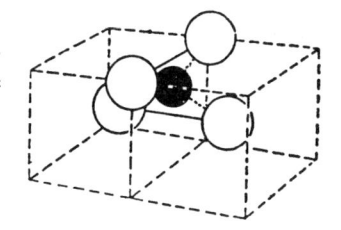

る．

　これにひきかえて体心立方はガサガサの構造だから，より大きなすき間があるような気がする．だが実際にあたってみると，ノーである．まず第一に目につくのは面心のところのすき間であるが，これは計算してみると予想外に小さく（というのは体心にある球におしつめられていて）$0.154\,r$ の球しか入らない．このように歪んでいないすき間は四面体的にかこまれた，図に示す位置のすき間で，ここには $0.291\,r$ の球が入る（図1-12）．

面心立方や稠密六方のような稠密構造の方がすき間が大きいということは、鉄のα相とγ相でどちらがより炭素がとけこむか、ということに関係がある．事実が示すように面心立方格子のγ鉄はよく炭素をとかすが体心のα鉄はほとんどとかさない．窒素などについても同様のことがいえる．同じようなことは、チタニウム、ジルコニウムのように低温で稠密六方、高温で体心になる場合にもあてはまる．

球のならびかえ

金属元素のうち、約半数近いものが、温度によって結晶構造を異にする．いちばん多く姿をかえるのはプルトニウムで、それも融点はアルミニウムとほぼ似た 640°Cという低温であるにもかかわらず6通りも＜変態＞がある．身近かであって、人間生活にひじょうに重要なものは鉄のそれで、もし変態がなかったら鉄器文化はなりたたなかったであろう．ウラニウムも3通りの変態が存在し、これは原子炉の設計にあたっては重要な事柄である．

スズも低温に奇妙な変態をもっている．低温型はダイヤモンド型で灰白色で、灰色スズとよばれている．*この変態は低温でペストのように伝播していくので、ティンペストといわれ、一夜にしてロシヤの美術館のスズ工芸品を灰にしてしまったことがある．また、イギリスのスコット隊を成功を目前にしながら氷原に倒れさせたのは、ドラム缶に使ったはんだがスズの変態によりボロボロになってしまい、燃料がもれてしまったためであるといわれている．

どこといってつかまえどころのない金属も、その構造をつきつめていくと原子の格子からできあがった建築である．それも大方は3通りの構造に分類されてしまう．にもかかわらず、これほど変化きわまりない金属の世界を現出していることは、自然の造化の妙をあらためて思いしらされる．われわれが原子をみる目をもっていなくても幸いである．どれもこれも同じ顔で味気ないことおびただしいであろう．

*ふつうわれわれが見ているスズを区分して呼ぶとき白色スズという．灰色スズから普通の金属スズへの変態温度は約13°Cといわれているが、実際には常温付近では変態速度がひじょうにおそいので、金属スズは零下数10度にならないと灰色スズには変態しない．

[*10*]

もっと勉強したい人のために（1）

- W.H. ブラッグ： 物とは何か，世界教養全集，第29巻，平凡社 〔近代結晶学の開拓者である著者が，イギリスの王立協会で青少年のためにおこなったクリスマスの講演である．結晶学，物理の目でみた物質とはどんな姿をしているか，それらの物質はどのように理解すべきであるかを，平易に解説した名著．〕
- W.H. ブラッグ（永宮健夫訳）：結晶学概論，岩波書店，8刷，1963．〔出版いらい30年たったが，結晶学，構造解析についての，もっともすぐれた入門書のひとつである．〕
- 桐山良一，桐山秀子：**構造無機化学（Ⅰ）**，共立全書，改訂版，1964．〔元素，化合物，合金などの構造について，要領よく，豊富なデータを整理してまとめてある．それぞれの物質が，どんな構造をしているのか調べようとするときに役だつ．〕
- 長崎誠三：**金属と合金の結晶構造**（金属学ハンドブック，第2章，朝倉書店，1958）．〔金属と合金の結晶構造を体系的にまとめたもの．〕
- 以上のほか，ガイ（諸住正太郎訳）：**金属学要論**，アグネ，1964，および，ヴァン・ブラック（相馬純吉・渡辺亮治訳）：**材料科学要論**，アグネ，1964，にも，かなりくわしい解説がある．

〔長崎誠三〕

2　教室のなかのできごと
《合金構造のはなし》

黄金はいかなる物とならば，ともに溶けて結合して，一体となるか？
いかなる物とならば，結合せざるか？
また，いかなる程度まで結合しうるか？
また，結合物は，いかなる種類のものとなるか？
　　　　　　　　　　　　　　　　フランシス・ベーコン (1629年)

　まず初めに原子の姿をみておこう．図2-1 が，1億倍に拡大した1個の金原子の絵である．
　エッ　なにもみえない？　いや，きわめて忠実に描いてある．少し意地悪ジーサンかな．
　あなたもご承知のように，すべての原子は，原子核とそれをとりまく一群の電子からできている．＜原子核＞は重く，原子の質量はほとんど原子核の質量に等しい．逆にいえば電子は軽い．*ところで，そんなに重い原子核の大きさは1兆分の1センチぐらいで，1億倍に拡大しても1000分の1mmぐらいである．それを取巻く電子の大きさは，原子核よりさらに小さい．その電子が金の場合は79個で，1億倍にしてやっ

* 電子の質量は水素の原子核の1800分の1ぐらいである．

図 2-1 原子の絵．四角のわくの中に描いてあるのですが，さて，なにか見えますか？

と直径 3 cm ぐらいの球形の空間に散らばっている．この空間をその原子の大きさと考える．

こうした極微なものの集まりから原子はできているので，1 億倍に拡大しても……図2-1 のごとし．

おシャカさまもいわれたように(?)，「色即是空」(しきそくぜくう)である．さて，ここで色というのは，現象界という意味だそうである．まことに現象界をつくる原子は，空(くう)ばかり．この様子は星の世界に似ている．* 宇宙空間に星が分布している模様は，地球大の球の中にわずか30個たらずの野球のボールがころがっている程度だという．ここもかしこも，隙間だらけ，空間だらけである．一切空である．

こういうと，電子が散らばっている原子の空間は，太陽系に属する星の間の空間のように，まことに風通しのよいように思われるかもしれない．しかし事実は非常にちがう．

原子の空間では，その原子に属する電子が活発に動きまわっている．あまり活発すぎて，ある瞬間にその空間のどこにいるかわからないくらい．もし，ぼくがそこに飛び込んだら，電子はみえず，ただそのあたり一面にマイナスの電気があるので，「ハハー電子がいるのだな」と推察できるに過ぎないであろう．† したがって，電子の動きまわっている空間に入り込むことは容易でない．このように原子中での電子の活動範囲は一応厳然‡ としていて，他のものを近づけない．

* 人間の大きさは，ほぼ星と原子の中間であるという．

† 電子はマイナスの電気をもっている．

‡ 原子核のまわりの電子群のうち，いちばん外側に近いものは，その原子が結晶に組立てられたとき，その原子からはなれて自由に結晶中を動けるようになる．しかし内側の電子は特定の原子に厳然と所属している．

[13]

さあ並んで結晶になろう。

それで，結晶構造を考えるときには，金の原子ならば，直径 3×10^{-8} cm ぐらい* の球のように考えて，これを原子の大きさとしてこの並べ方をひねくりまわすしだいである．

運動場で生徒が，バラバラになって活発に遊びまわっている様子は，金属が気体（蒸気）になったときの原子の様子とソックリである．それぞれの生徒の間の距離は遠く，まったくバラバラである．

ベルが鳴って，教室の自分の座席にみんなが坐ったときの様子は，金属の＜結晶＞状態であろう．座席は規則正しく並んでおり，これは結晶格子に相当する．原子の坐るべき座席を，結晶の＜格子点＞という．原子がみんな坐った状態が結晶である．誰かが欠席してできた空席を，＜空格子点＞あるいは＜原子空孔＞とよぶ．これは結晶での欠陥の一種である．†こう考えると，学校の教室と結晶構造とは，チョット似ているが，大きいちがいもある．

その第一は，原子の教室は座席が立体的に，前後，左右，上下と拡がっていることである．第二は，座席の数がベラボーに多いことである．1グラムの金の結晶の中の座席の数は，約 3×10^{21} 個である．‡

* 10^{-8} は $100,000,000$ 分の 1 を意味する．

† 10.《点欠陥のはなし》参照．

‡ 10^{21} とは $1000\cdots\cdots 0000$ と 0 が 21 ある数字を示す　たとえば 1 兆は 10^{12} である

金属の"人相"をのぞく

金属は規則正しい原子の配列，すなわち結晶からできているといわれても，われわれが見る金属は鉱物の結晶のような結晶らしい形をしていない．また，規則正しく並んでいるといわれる原子も，あまりに小さく，日常の経験からははるか

すぎて実感がない．

　実感として身近かに見る金属は，装身具，日用品，道具，交通機関，建造物，機械などである．これらが原子からできていることは疑う気にならないとしても，あなたの身体は約10^{27}個の原子の集まりであるといわれたと同様，なにかピンとこない．感覚的にピンとこなくては，ほんとの知識とはなりえない．ところで，ピンとこさせるには，やはり目前の金属から考えを出発すべきであろう．このことはけっきょく，学問をその発達してきた経路にしたがって追ってみることになろう．

　金属がどういう内部構造をもっているか——という疑問は，実用上に金属材料を使ったときの故障からまず発せられたにちがいない．あなたは折れない刃物を必要とする．それにもかかわらず，使用中それが折れた．なぜ折れたか．この疑問は，まず破面を観察することに向けられる．あなたは金属が粒状の組織からなっているらしいことを知る．その間になにか黒いまざり物も見える．*これは拡大鏡で見ればなおよく見えるであろう．

* 肉眼では，目に入る角度にして 2～4′ のものならば，点として見わけることができる．

　そのうちあなたは，金属の表面を平らにみがきあげて，適当な薬品で腐食して，ななめから光に照らしてみると，なおいっそう金属が粒状の組織をもつらしいことがよくわかることを知る．つぎに，あなたは光学顕微鏡で，この表面を見ることを思いつく．なにが見えるか，好奇心にふるえる手で顕微鏡を調節し，あなたは見る．材料が純金属ならば図2-2のような，粒状にわかれた組織をあなたは見る．

　かくて，あなたは金属の姿すなわち相を見た最初の人となる．あなたは，金属は地球上の土地のごとく，国々によって細かく分割されていることを知る．そして，これを＜結晶粒＞と名づける．金属は結晶粒の集まりである．結晶粒の一つ一つは同じ金属からできている．あなたは，このような同じものの集まった金属の姿を，1相あるいは単相から成立っているということにする．

図 2-2 顕微鏡でみた純金属の組織．結晶粒に分割されている．

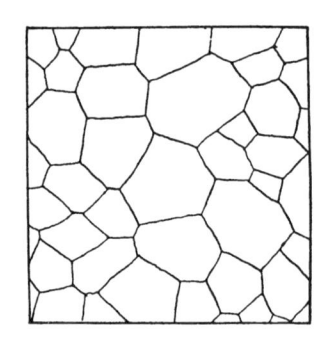

そのうち，あなたは純金属でなくても，純金属の中に他の金属や非金属が溶け込んでいるときは，やはり図2-2 のような1相の組織になることを知る．このような溶け込んで1相になった合金を，＜固溶体＞合金と名づける．溶け込めないときは，顕微鏡で見た＜顕微鏡組織＞の中に異物，すなわち第2の相（第2相）が観察される．あなたは，これを2相合金と名づける．

かくて，あなたは人相見ならぬ，金相見の大家になる．そして，訪ねてきた客に，「刃物が折れたのは組織が悪かったからジャ」という．

顕微鏡組織と結晶構造

さて，原子をならべた結晶構造と，顕微鏡で見た結晶粒の見える組織とは，どうつながるのか？

図 2-3 結晶粒のそれぞれで方位がちがう．

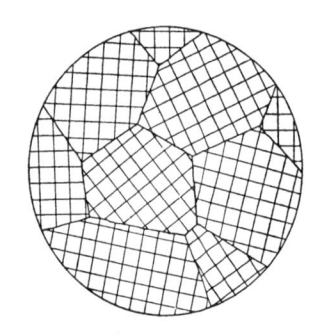

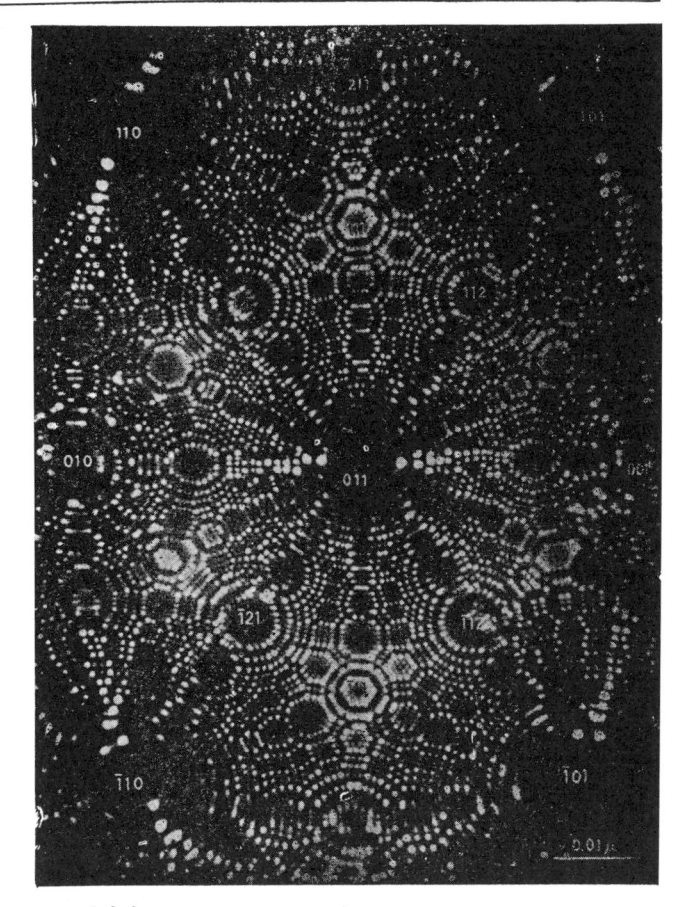

図 2-4 電界イオン電子顕微鏡でタングステンの針の先を100万倍に拡大した像.

1相の場合を例にとれば簡単である．図2-2 の各結晶粒がそれぞれ1つの結晶で，金ならば金の結晶構造をもっている．ただ図2-3 のようにそれぞれの結晶粒の向きがちがっている（図2-3).それで，境界＜結晶粒界＞ができたわけである．もし，結晶粒の一部を，100万倍に拡大すれば，あなたは規則正しい原子の配列を見るであろう．

100万人の金属学

> *
> E. W. Müller，現在，米国ペンシルバニア州立大学教授．ドイツにあったときから，この種の電子顕微鏡の製作研究に志ざし，現在のような原子の見えるものの完成に成功した．

図2-4は，ミューラー先生*が発明した拡大率の高い特殊の電子顕微鏡で，タングステンの針の丸味のある尖端を100万倍に拡大した写真である．原子のまわりの電気の場の像を結ばせているので，個々の原子が丸い点々になってあらわれている．行儀よく原子が並んでいるのが見られるではないか．

この方法は，原子の配列が直接に見えるという特色はあるが，どの金属でも適用できるものではなく，ことに合金ではむずかしい．ふつうの方法は，前のお話で述べられたように，＜X線の回折＞という現象を利用する．これだと，純金属であれ，合金であれ，その中での原子の並び方を知ることができる．

男女生徒の坐り方

さて，はじめの教室に話をもどそう．

男生徒32人，女生徒32人，規則正しく並んだ座席64，ここへの坐り方にどんなタイプがあるだろうか．

もっとも簡単なのは左半分の座席に男の子，右半分に女の子という場合である（図2-5 a）．これは男の子同士の団結力が強く，女の子同士の団結力もまた強いときに起こる．はっきり2つのグループに分かれているから，合金でいえば2相合金である．これほどはっきりしない図2-5 b，cもまた2相合金である．ただちょっと注意しておきたいことは，合金で2相になるときは，集まったところの座席の置き方が男の子は男の子独特の，女の子は女の子独特のものになるのがふつうで，そうなってはじめてほんとの2相合金といえる．

次に簡単な場合は，男の子と女の子がかわりばんこに座席を占める方法である（図2-5 d）．これは男の子同士，女の子同士よりも，異性同士の方がアトラクティブのときに起こる．この坐り方ご希望の人が多いかも知れない．

> †
> 規則合金または規則格子合金という．5.《変態のはなし》を見ていただきたい．

合金でも同様，異種原子の方が仲がよいときにおきる．＜規則合金＞†あるいは，＜金属間化合物＞とよばれる1相の合金がこれに相当する．ただし，これも金属間化合物の場合は，

[18]

図 2-5 教室での坐り方のいろいろ

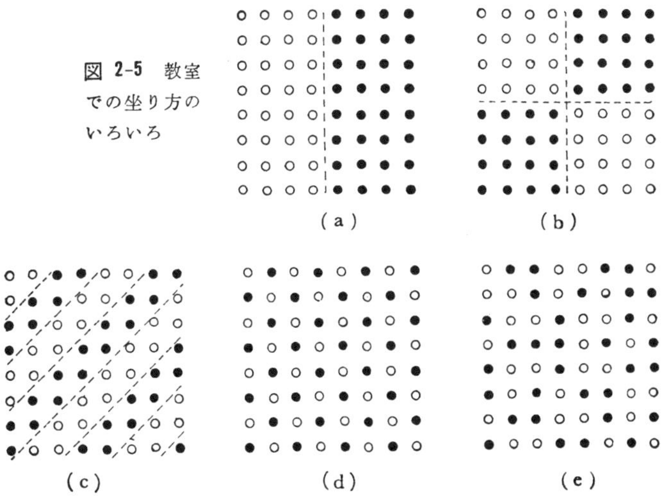

(a) (b) (c) (d) (e)

座席の置き方がもとと変わるのがふつうである．

さて，第三の場合としてゴチャゴチャという坐り方がある（図2-5e）．「同性同士集まりたい」，あるいは「異性のそばへ坐りたい」では，ゴチャゴチャになり兼ねる．お互いが比較的無関心のときに，ゴチャゴチャになる．原子でも同様，好き嫌いは抜きにしてくじ引きで座席を決めれば，ゴチャゴチャに混ざりあうだろう．2つの金属が，お互いに固体でよく溶け合っている場合の原子配列に相当する．これを〈固溶体合金〉という．

女生徒の少ない教室

2種の金属を50対50の割合で合金したときに固溶体になる例は少なく，多くの例では一方の金属が少量のときに固溶体になる．これは水に塩を入れたとき，塩が少量ならば溶け込むが，大量だと溶け込まないのと同様である．たとえば，銅に亜鉛を加えた場合，亜鉛が約38％までは，固溶体合金を作る．それ以上の亜鉛では2相合金になり，亜鉛が47％ぐらい

図 2-6 女性徒8人の教室

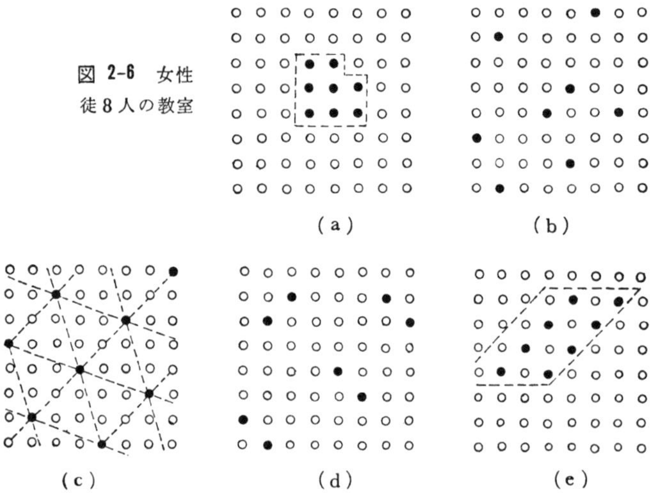

(a) (b)

(c) (d) (e)

になると，ふたたび1相の合金になる．

このような純金属につながる固溶体合金を＜1次固溶体＞*という．1次固溶体の結晶構造は，もととなる純金属と同じである．ただ原子間の間隔がいくらかちがう．

* α（アルファ）固溶体ともいう．

さて，ふたたび学校の教室にもどろう．

男生徒56人，女生徒8人，座席64，このときの坐り方にはどんな種類があるであろうか．

図2-6をみてほしい．前の例からわかるように，aは2相合金，bは固溶体合金に相当すると考えられよう．しかし，ちょっと待っていただきたい．この考え方はbについては完全に正しいが，aについては少し問題がある．図2-5 a, b, cのときの注意事項を思い出してほしい．図 2-6aがほんとの意味で2相合金とよばれるためには，集まった女生徒が，彼女独特の座席の配置をとらなければならない．独特の配置をとって，はじめて合金の場合は1つの相として認められるのである．したがって，ほんとに図示されるように，もとの座席配置（結晶格子）のままで，女生徒だけが集まっても，厳密な意味からいえば2相になったとは見なされない．固溶体

の中で，1種の原子が一局部に集まったというだけのことである．これを女生徒（溶け込んだ原子）が固溶体中で＜偏析＞したという．＜クラスター＞があるということもある．つまり1つの相として認められるためには，そのグループが固有の結晶構造（座席の配置とそこへの坐り方）を持つということを必要とする．男の子の並べた座席配置の中で，女の子が集まってもダメである．それだけでは，やはり固溶体合金の一種である．

次の図2-6 cはちょっと見ると，ゴチャゴチャのようであるが，図のように点線でつないでみると，規則性のある場所に女生徒がいる．実際の合金では，2種の金属AとBが3対1の割合で合金して面心立方格子を作るときにこのようなことが起きることがある．一種の規則性があるので，＜規則合金＞という．

次のdも完全なゴチャゴチャではない．女生徒同士がななめの場所にいる．これも一種の規則――ななめのところにいるという要請――によっているので，やはり規則性がある合金である．このような規則性を＜短範囲の規則性＞という．*

短範囲の規則性は隣りに何がくるかをしばる程度であって規則のあることがそんなに目立たないので，dの程度の合金はやはり固溶体合金の仲間に入れる．

固溶体合金中で同種原子間あるいは異種原子間に特に力を及ぼし合ってなければ，いいかえれば白い球と黒い球を混ぜたような状態ならば，固溶体中の原子の分布は完全にゴチャゴチャであろう．しかし，結晶中の原子は，力を及ぼし合わないような白い球や黒い球ではないから，実際の固溶体合金の中には，完全なゴチャゴチャではなく，若干の短範囲の規則性をもっているものや，あるいは多少の偏析のあるものができるのである．

さて，図2-6 eは，完全に規則性のある部分ができている．この破線で囲んだ部分を，ひとつの集団とみれば2相合金といってもよさそうであるが，はじめに述べたように固有

* それに対してcのようなものや図2-5 dのような場合を＜長範囲の規則性＞という．

の結晶構造を持つという条件から厳密にいえば，やはり固溶体合金といわねばならない．実際の合金でこの図のような状態になれば，規則性のある部分は座席の配置を変えて自分にもっと都合よい座席の置き方をしてしまうであろう．そうなれば，立派な2相合金である．あとで述べられる合金で析出が起こったときが，これに相当する．*

*
5.《変態のはなし》参照．

赤ちゃんは大人の間に坐れる

　教室へ赤ちゃんをつれてきては大変だから汽車に乗る．汽車の座席は大人が2人ずつかけられるようになっている．しかし，赤ちゃんならば，2人の間にどうにか坐ることができる．

　2種の原子が溶け合ってできる固溶体合金でも，1種の原子が小さいと，座席（結晶の格子点）の間に入り込むことができる．ただし金属原子はみんな大きく間へのわりこみは不可能で，赤ちゃんになれる原子は水素，ホウ素，炭素，窒素，酸素という小さい原子に限られる．もっとも相手の都合もあるので，どの金属中にももぐり込めるというわけではない．この種の固溶体を，＜侵入型固溶体＞といい，さきに教室の座席で考えた固溶体を＜置換型固溶体＞という．

　さて，原子の大きさはそれぞれ種類によってちがう．

　教室の座席では起きないが，汽車の座席では，隣りに太ったおばさんが坐れば圧迫されるし，小さい赤ちゃんでも間に入られれば困る．合金でも同じで，置換型の場合を図示すれば，図2-7のように，まわりの結晶格子がひずまされる．小

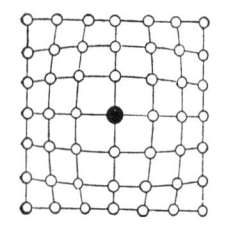

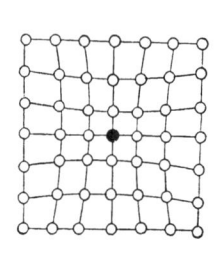

図 2-7　大きさのちがう原子が固溶すると結晶格子がひずむ．

さい原子が置換するときは楽になりそうだが，原子同士が力を作用し合っている（だから結晶という形を保っている）から，小さい原子が入ってもまわりがひずむ．そんなわけで，純金属に他種の原子が溶け込もうとしても，あまり大きさのちがった原子は溶け込むことができない．

　ヒューム・ロザリイ*という英国の学者は，純金属に他種原子が溶けこむ条件——どこまで固溶しうるか——を研究し，ヒューム・ロザリイの法則と今日よばれるものを見出した．また，金属間化合物についても，いろいろ構造上の特徴を分析し，ここにも規則を見出している．ヒューム・ロザリイは，やさしく書いた本が多い，興味ある人は次のものを読んでほしい．

　さて，終業のベルが鳴ったようだ．今日のところはここまで．

*
W. Hume-Rothery, 46 ページ注参照．

もっと勉強したい人のために (2)

- HUME-ROTHERY, W.: *Atomic Theory for Students of Metallurgy*, London. Inst. Metals, 1952; *Electrons, Atoms, Metals and Alloys*, London, Iliffe & Sons. Ltd., 1963. 〔ともに原子の構造から説きおこし，金属や合金の構造をわかりやすく解説した学生向きの参考書である．〕
- カリティ（松村源太郎訳）：**X線回折要論**，アグネ，1961．〔合金の結晶構造はX線によって決定される．本書はその決定方法を主に述べたものである〕．
- BARRET, C. S.: *Structure of Metals*, McGraw-Hill, 2nd ed., 1952. 〔金属合金の結晶構造と，それに関係のあることがらを述べた教科書〕
- HUME-ROTERY, W. and G.V.RAYNOR: *The Structure of Metal and Alloys*, London, Institute of Metals, 1954. 〔金属と合金の結晶構造をくわしく考察した書物で，やや程度が高い．〕

〔幸田成康〕

3 デモンの描いた不思議な絵

《状態図のはなし》

　　　　　　　　　＜生徒＞一昨年，工業高校を卒業して某金属メーカの研究室につとめている．できれば"金属"の勉強をして，一人前のメタル屋になろうと心がけている．
　　　　　　　　　＜先生＞金属物理屋．今は外野的存在．＜状態図＞については，とくに興味をもち何かとうるさい．初学者に講義など頼まれると，冒頭に"銅―スズ"とか"銅―亜鉛"などの複雑な状態図を黒板にフリーで，いとも無雑作に描いて度ぎもをぬくという悪へきがある．

メタル屋を悩ませるデモンの絵

　　　　　　生徒：金属のお話しというと，すぐ状態図が出てきますが，あの縦横に入り乱れた線をみると頭がいたくなります．ひとつ，やさしく話していただけませんか．
　　　　　　先生：やさしくとは，難問です．どうもメタル屋さんは状態図をむずかしくしすぎるきらいがありますね．
　　　　　　生徒：あれがわかるようにならないとメタル屋として一人

前でないというわけですか．
　先生：いや，そんなに悲観することはありませんよ．銅にスズをまぜたら何ができるのか，ごく大ざっぱなことがわかれば十分です．中心あたりのゴチャゴチャは，フン，デモンのやつ，またこんな画を書いたかくらいで結構でしょう．実用上もまず，問題になりません．

ひとつ新しい線を
引いてやろう

　生徒：ショックですね．キチンと線が引いてあるのに，デモンのいたずらとは，おそれいりましたね．
　先生：でたらめというわけではありませんが，まだまだ研究未完の状態図だというわけです．
　生徒：現場では，状態図集はバイブルなみですけど……
　先生：では，あまり異論をとなえると，破門されてしまいますね．

デモンの絵の観賞法

　生徒：ご高説を拝聴するまえに，状態図についての，約束というか，しきたりを話してくれませんか．
　先生：まず，金属で，ふつう，状態図といえば（理科系では＜相図＞ともいいます）横軸に組成を，縦軸に温度をとって，A金属にB金属をまぜたら何ができるか，また何度でとけるかといった関係を図示したものです．
　理解を早めるために「はんだ」の母体になる"鉛―スズ"の状態図（図3-1左）を例にして話を進めましょう．この場合は，鉛の側では，180°あたりではスズが30原子％も（常温で

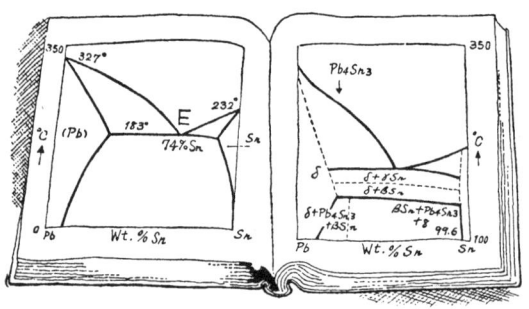

図3-1 鉛-スズの状態図もこんなに変わった．(左)現在一般に容認されている状態図．(右)有名なドイツの金属学者タンマン*(本多光太郎†の先生にあたる)の教科書 "*Lehrbuch der Metallkunde*" 1932年版に掲載されているもの．このころにはSnに170°へんに変態があり，またPb$_4$Sn$_3$という化合物ができると考えられている．Pb$_4$Sn$_3$の存在が考えられたのはたぶん，PbへのSnの溶解度が温度によりいちじるしく変わることにより，見かけ上熱分析曲線(図3-6参照)に出てくる異常によるものと推定される．

*
G.Tammann(1861～1938)．ドイツの化学者で，現在のような金属学の創設者の一人．
†
本多光太郎(1870～1954)．東北大学金属材料研究所の創設者で，磁気の研究および鉄鋼の物理冶金的研究で有名．日本の金属学の基礎をつくる．

はほとんどとけません)とけこんで固溶体を作ります．スズには鉛はまったくといっていいほどとけません．

2成分系では，ある範囲で共存しあうのは2相までで，3相共存の場合には，氷がとけて水になるときのように反応が終るまで，一定温度にとどまります．"鉛-スズ"の場合74原子％スズの組成の合金は(「共晶はんだ」がこれです)ちょうど純鉛のように，183°でとけ始まり，この温度でとけ終ります．このような状態図を＜共晶型＞といい，この温度を＜共晶温度＞といい，Eを＜共晶点＞といいます．

生徒：2成分系のときは，大よそわかりましたが，3成分になると，どう描くのですか．

先生：正三角形の頂点に3成分をとって，この三角形の面に垂直に温度をとります．したがって2成分の場合に線で表現されたものが，面になってきます．3次元的な図では，直観的に理解できにくいので，ふつう各温度での断面図でことをすませています．

生徒：では，4成分，5成分の場合は……．

先生：いろいろ試みられていますが，とても複雑で，直観的にどうというわけにいきません．

生徒：組成をあらわすのに，重量％とか，原子％というの

[26]

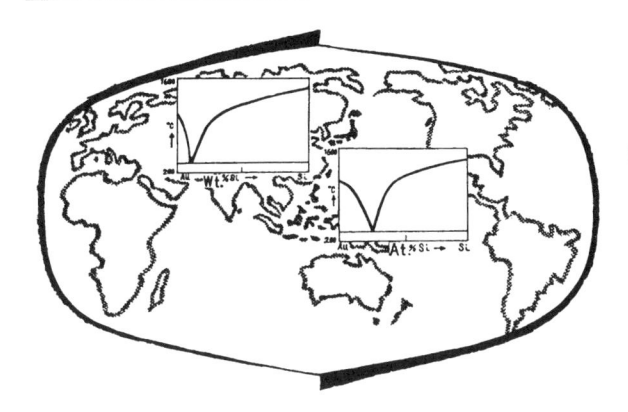

図3-2 重量％で描くか，原子％で描くかで，こんなにみかけのちがいが出てくる．

は，どういう意味ですか．*

先生：重量％とは字の通り重さで何％かということです．原子％とは，原子の数の割合で何％かということです．工学屋さんは主として重量％を使い，理科系のところでは原子％であらわすようです．

生徒：重量％か原子％かで，軽い金属と重い金属の組合わせでは，状態図のみかけがとても違うということになりますね．

先生：ええ，図3-2のように見かけの違いがでてきます．たとえていえば，地図を円筒図法で描くと，シベリヤやカナダがとても広く見えるのと同じ理屈ですね．

生徒：つぎに，状態図ではよくα相とかβ相というようですが，何か名のつけ方にきまりでもあるのですか．それに，＜相＞とは何をいうわけですか．

先生：紋きりがたにいえば，化学的にも，物理的にも各部分が同じ性質を示す部分のことを同一の相にあるといういい方をします．"銅-スズ"系ですと$\alpha, \beta, \varepsilon$とか書いてあるのがこれにあたります（図3-11参照）．

生徒：液体状態のものは液相というわけですね．

先生：呼び方の方は，多分，初めに使いはじめた人にならってギリシャ文字を使っているというわけでしょう．統一的

---

*同じような原子番号の金属同士（たとえば銅と亜鉛）では原子％（At％）でも重量％（Wt％）でもあまりちがわない．しかし，かけはなれたものでは注意しないといけない．もっとも軽い金属元素Beと，いちばん重い金属元素のUとの合金を例にとるとBeにUを90重量％加えても，たかだか約25原子％にしかあたらないが，UにBeを10重量％加えるということは75原子％も加えたことになる．金属中の不純物を考えるとき，同じ重量％でも原子量の小さい元素は，大きい元素よりたくさん存在していることになる．

な名前をつけようと改名もいろいろ企てられているようですが，一長一短ありで，なかなか実現しません．いちおう，どちらかの側から α, β, γ ……と名づけてるようですが，別にきまりがあるわけではありません．

生徒：β' とか書いてあるのが見うけられますが……

先生：ああ，あれは規則格子といわれる特別な構造をしているというしるしです．

生徒：鉄のように変態のある場合にも，α とか β とかいうようですが？

先生：ええ，いちおう，温度の低いところから α, β, γ ……と呼んでるようです．

生徒：鉄の場合，β 鉄とはいわないようですが……

先生：昔は α, β, γ そして δ 鉄といったのですが，α と β とは同じ体心立方格子構造で，ただ強磁性の変態点の上か下かの違いなので，いまではともに α 鉄といって，β 鉄とはいわなくなりました．γ 鉄は面心立方格子，δ 鉄は α と同じ体心立方格子です．*

*
1.《結晶構造のはなし》参照．

デモンの画の作画法（相律のこと）

生徒：基本的な法則というと……．

先生：それは，＜相律＞とよばれているものです．19世紀の末，アメリカの理論物理学者ギッブス† が状態図の熱力学的な考察から導き出したものです．

生徒：というと，あの自由度がどうとかいうのですか．

先生：そうです．熱力学的にどうやって導き出されたかはともかくとして，状態図の場合には，＜自由度＞つまり平衡している模様を変えないで選びうる変数の数（温度とか組成など．金属のような固体の場合には圧力はふつう1気圧として変数から落とします）は，2成分系の場合は3から存在する相の数を引いたものだということです．これを式で書くと………．

$$相の数＋自由度＝成分の数＋1$$

†
J. W. Gibbs (1839～1903)．アメリカの理論物理学者．熱力学の化学への応用を研究し，統計力学の方での先駆的な役割を演ずる．著書が深遠難解なことでも有名．

となります．これが相律です．

これは各語の英語の頭文字をとって P＋F＝C＋1 とかきます．アメリカの学生は，Police Force ＝ Cops＋1（警察力はおまわりさんプラス1である）とおぼえるそうです．

生徒：すると，相が3相ある場合は自由度が0で，温度も，組成も一義的に決まってしまうというわけですね．

先生：そうです．前にお話しした，「はんだ」のもととなる，鉛とスズの状態図の中ごろにみられる共晶点というのがこれにあたります．ここでは，液体と鉛側の固溶体とスズ側の固溶体が共存しています．

生徒：どうも相律は頭からこうなんだときめつけるみたいできらいですが……

先生：まあ何はともあれ，こんなものだと思って下さい．相律と相反するようなことがあったらおかしい状態図といえますし，また，状態図を作り上げてゆくときは，これを手引きとするわけです．

相律で何がわかるか

生徒：では，相律から何がわかるというわけですか．

先生：カドミウムとビスマスの合金が簡単ですからこれで説明しましょう（図3-3）．これはさらにスズと鉛を加えてウッドとかローズ合金とよばれる，お湯の中でもとける特殊な低融点はんだを作るのに使われます．*

* たとえばビスマス50％，鉛27％，スズ13％，カドミウム10％のウッド合金は65°Cでとける．

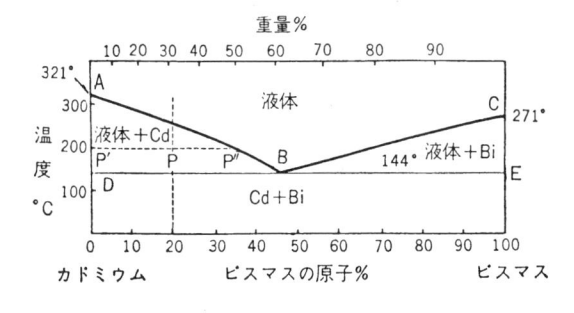

図3-3 簡単な共晶型の例（カドミウム－ビスマスの状態図）．

生徒：はんだの場合ととけあう部分がない点がちがうわけですね．ＡＢ線とＢＣ線の上では，もちろん液体なわけですね．ではＡＢＤの三角形の中は……．

先生：ここでは液相と結晶のカドミウムとからできている固相との2相で，ＢＥＣの三角形の中では液相と結晶のビスマスの2相からなっています．

生徒：水平線ＤＢＥ（共晶線とよびます）より下の領域では，それでは結晶のカドミウムとビスマスとの2相なわけですね．

先生：ええ，まずＡＢＣより上の領域について考えてみます．ここでは，液体だけの1相で，カドミウムとビスマスの2成分ですから自由度は2となります．つまりこの領域の境界線で限られた範囲内で変えられるのは，温度と組成ということになります．

生徒：ＡＤＢの中で，たとえばＰ点の 200℃というような温度にある合金はどうなりますか．

先生：ここでは2相領域ですから，自由度は1，したがって温度を 200℃と指定してしまうと，2相の組成は決まってしまいます．

生徒：つまり純カドミウムＰ′とＰ″とに相当する組成の液体だというわけですね．

先生：組成はきまりますが，2相の割合はいろいろ変えることができます．組成を変えようとすれば，熱を与えるか奪うかして，温度を変えなければだめです．

天秤の法則

生徒：共存する固体と液体との割合には，何か一定の法則でもあるのですか．

先生：ええ，＜天秤の法則＞というもので，（＜てこ＞の法則ともいいますね）

$$液相：固相 = P'P : PP''$$

という関係が成り立ちます．これは固体とか液体にかぎらず

図3-4 固溶体型の例（銅-ニッケルの状態図）．

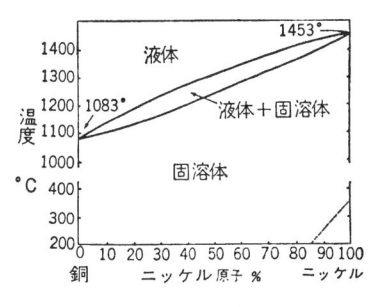

任意の温度で，共存している2相の間に常に成り立ちます．

生徒：では，Pの組成のものを400℃から冷やしてきたらどういうことがおこりますか．

先生：冷えてきて，AB線に交わる温度になりますと，カドミウムの結晶が液体の中から出はじめます．それで，AB線（BC線）のことを＜初晶線＞ともよびます．結晶ができるときに，結晶化の熱が放出されますので温度の下がり方はいく分ゆるやかになります．カドミウムの結晶がでると液相の組成が変わり，さらに晶出*するためには低い温度が必要となります．このようにして，試料の温度が144°に達するまでカドミウムを晶出しつづけながら冷えていきます．

生徒：共晶温度になったときには液相はBの組成になっているわけですね．

先生：そういうことです．ですからこの温度までいきますと，残った液相は一度に固化しはじめて，カドミウムとビスマスの細かくまざった共晶となります．完全に液相がなくなるまで温度は変わりません．

生徒：では，銅とニッケルの状態図（図3-4）の場合には，共晶とちがって液体だけでなく固体でも完全にまざり合うわけですね．

先生：状態図通りにいけばそうなりますが，実際には，図3-5のようにはじめに晶出するものにはニッケルが多く，温度が下がるとしだいに銅の多いものが晶出してきます．です

*
液体（相）から固体（相）が出る場合を晶出といい，固体（相）から固体（相）が出てくることを析出という．

はじめに固まったところ
最後に固まったところ

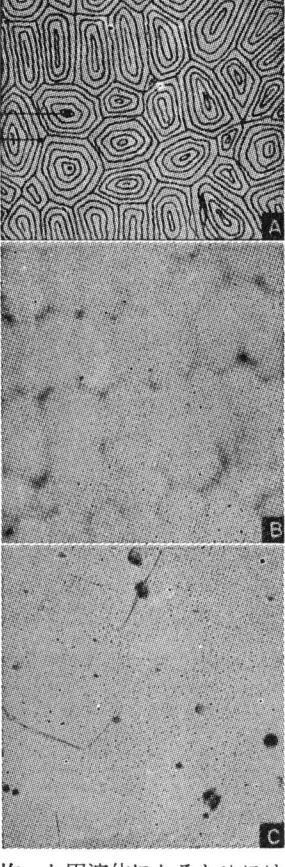

図3-5 70% Ni + 30% Cu 合金の組織．(A)鋳込んだままのもの．模式的に画いたもの．(B)鋳込んだままのもの．明るいところがNiの多い部分．くらいところがCuの多い部分．(C) Bを長時間熱処理して（いく分加工したあと）均一にしたもの．

から均一な固溶体になるためには，固体のなかで銅とニッケルの原子とがさらにまざり合うことが必要です．こうはふつううまくゆかないので，芯があるような組織ができます．

状態図を決めるには

　　生徒：では，状態図の作り方を……．
　　先生：やはり，いちばんオーソドックスな方法は＜熱分析＞

をすることです．しかし，これだけでは感度が足りませんし，正確を期しがたい面もあるので，＜示差熱分析＞とか＜比熱測定＞といった方法をこの頃は使います．また，補助的な手段として，固まってからあとで起こる相変化の検出には，試料の熱膨張を測るとか，電気抵抗の測定をやります．

生徒：カドミウムとビスマスの合金で熱分析をすると，どういうことになりますか？

先生：まず，まあ全量100グラムくらいになるよう10％おきくらいにビスマスとカドミウムを量っておいて，これを順次タンマン管という磁製の試験管にいれて，とかすわけです．

生徒：あとは，とけたらゆっくり冷やしながら試料の温度を一定時間ごとによんで（金属屋は熱電対という異種金属の線を2本組み合わせた温度計をもっぱら使います）冷え方を測るわけですね．

先生：そうすると図3-6のようになるというしだいです．

生徒：この留まるところ，曲がったところの温度を，組成と温度とのグラフに画くと状態図が得られるというわけです

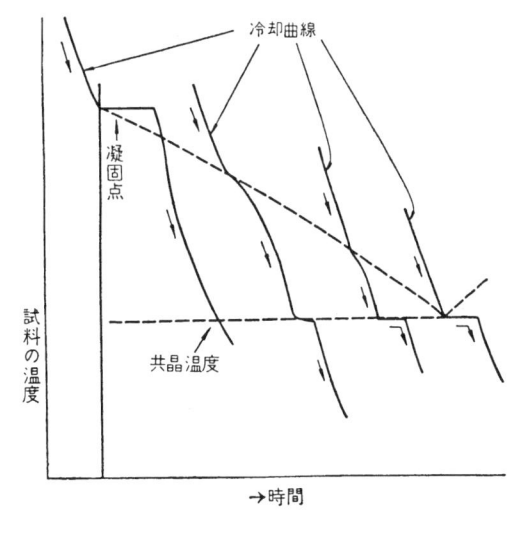

図3-6　カドミウム-ビスマス合金の冷却曲線

か……．何だかずいぶん簡単ですね．

先生：いやそれはこの場合，共晶型だと知っているから点を結んで線となるので，未知の場合には曲がるところが同じ現象によるものかどうか，留まるところもなんの反応かを確認しなくてはだめです．

生徒：確認とはどんなことをするのですか．

先生：結晶化の熱量を求めるとか，また滞留する反応のときも反応の熱量を求めて，組成とどういう関係があるか，それが理論的に要求されるものを満たしているかを追究していくのです．*

生徒：固まってしまうと，カドミウムとビスマスのように共晶でも，また銅-ニッケルのような固溶体でも区別できないように思いますが……．

先生：それは顕微鏡でみるか，＜X線回折＞で調べればいっぺんにわかります．

生徒：顕微鏡でみると両方の結晶がみえるというわけですか．

先生：ええ，実際にはとても細かくて100倍とか，場合によると500倍くらいに拡大してやっと両方の結晶をみることができます．結晶といっても，図にみるように細かい砂粒の集まりのようなものですけど（図3-7）．

生徒：X線回折だと……．

先生：固溶体のときは，ニッケルともまた銅とも単位格子の大きさはちがうけど，同じ結晶構造をもった単一（1相）なものだということがわかります．また共晶のときはカドミウムの結晶とビスマスの結晶と両方別々に存在していることがはっきり出てきます．

生徒：というと，究極的には熱分析だけでは駄目で，X線なり顕微鏡なりで，たしかに目で確認しないといけないということですか．

先生：そうです．最終的に単一か，2相まじっているかどうか，またその構造は何かを明らかにしないと状態図を決定

---

* 実際には，このようなオーソドックスな方法は大変な手間を要するので，熱分析曲線（熱膨張，電気抵抗曲線）などの変化点を結んで状態図を作り上げている．それで誤りも起こりがちなわけである．

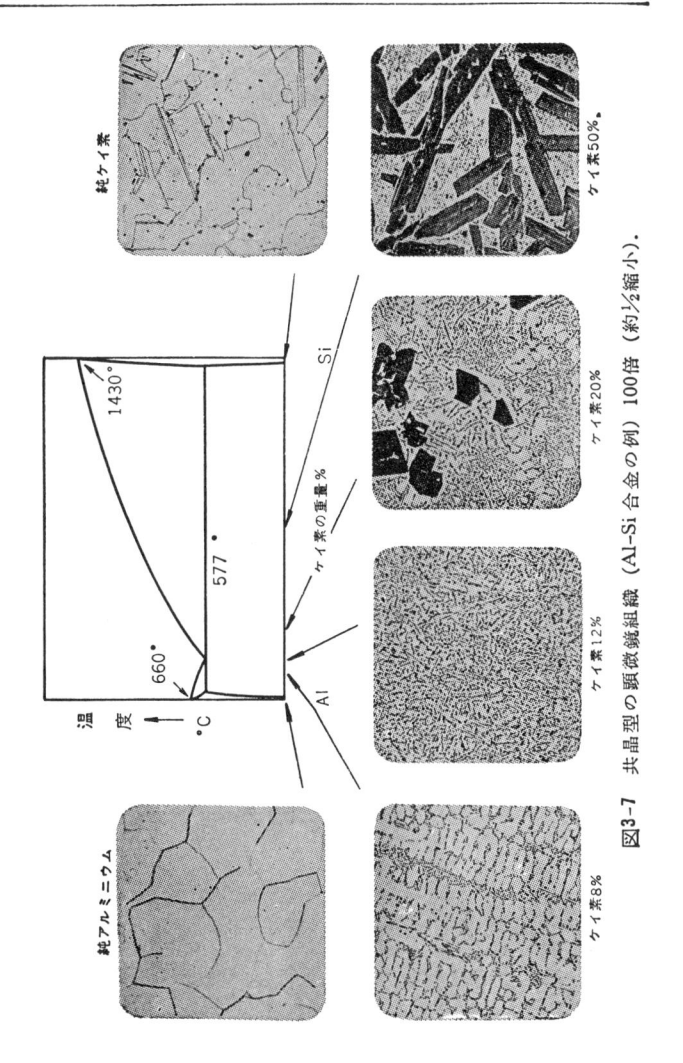

図3-7 共晶型の顕微鏡組織（Al-Si合金の例）100倍（約1/2縮小）．

したとはいえません．そうしないと，昔のように共晶合金を，何か化合物のように考えたりするようなことになります．

生徒：共晶合金は両成分の細かい機械的な混合物だというのに，どうしてそんなに低い温度でとけるのですか，不思議

ですね.
　先生：話がむずかしくなりますが，混合のエントロピーというものの仕業です．むかし，アイスクリームを作るのに氷に塩をまぜて冷やしたものですが，これも共晶の応用です．むずかしい話もそのうちわかるようになるでしょう．

頭で状態図は作れるか

　生徒：A金属とB金属とを合金させたらどんな状態図ができるか計算でだせませんか．
　先生：ギッブス以来たくさんの人が状態図の成立ちを解明しようとやっていますが……．
　生徒：構造や組成がわかっても水素，炭素，酸素から生命を作り出せないといったたぐいの話ですか．
　先生：それほどのことはありませんが……A金属とB金属とを合金させた時，どういう作用が両原子の間で働くかがわかればおおまかに推定はできます．だけど，現在では，どういう状態図だからこれこれの力が両原子に働いているのだろうと，逆に推定している段階です．
　生徒：では，状態図にはどういう種類があるのか理論的にいえるのですか．
　先生：ええ，それは，基本的にはいく通りかに分類できますし，そういうものがどういう場合にあらわれるかも理論的には説明できます．しかし実際には，基本的なものはごくわずかで，たいてい複雑に組合わさっています．*それに簡単なものでもまだまだ成立ちのわからない場合もあります．
　生徒：つっこむとすぐ壁にぶつかるというわけですね．
　先生：だから面白いともいえます．銀，金，銅はひじょうに近い親類同士の金属ですが，この3者の間の3通りの状態図は，ごらんのように一見ひじょうにちがいます(図3-8)．
　生徒：ずいぶんちがいますね．お互いの間に働く力がほんのわずかちがっても，状態図の上ではこんなにちがうというわけですか．

*
銀とストロンチウムの合金（図3-10a）は5つの共晶型を順次組合わせたものだし，一見複雑にみえる銅-亜鉛系（図3-10b）も5つの包晶反応型とひとつの共析反応型とを組合わせたものである．

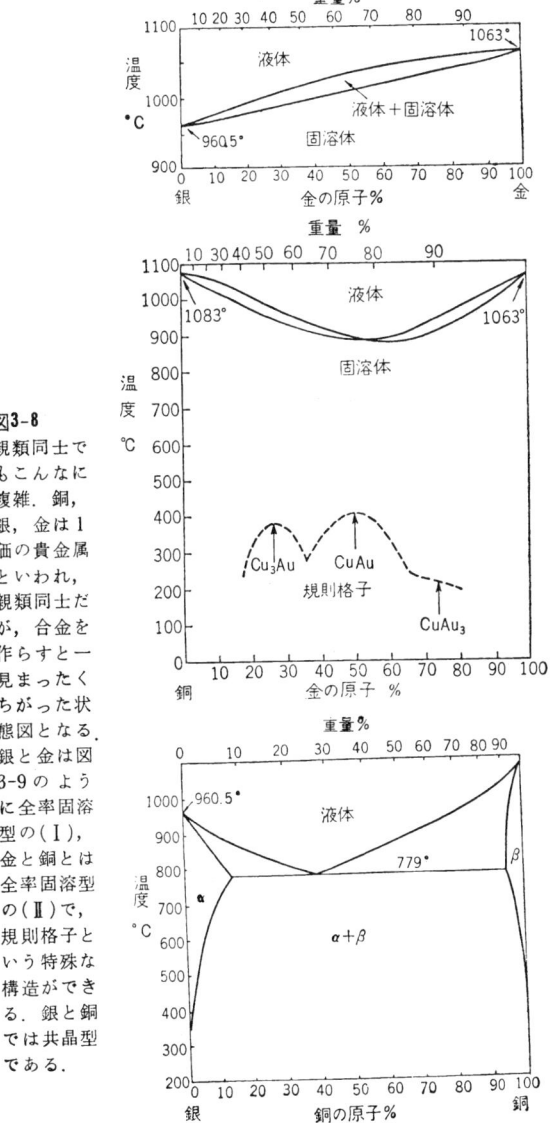

図3-8
親類同士でもこんなに複雑．銅，銀，金は1価の貴金属といわれ，親類同士だが，合金を作らすと一見まったくちがった状態図となる．銀と金は図3-9のように全率固溶型の(Ⅰ)，金と銅とは全率固溶型の(Ⅱ)で，規則格子という特殊な構造ができる．銀と銅では共晶型である．

先生：そういうことになります．ひとすじなわではいかないというわけです．そこで，以上のことを頭に入れて，つぎの図3-9，3-10をよくみてください．

デモンは浮気者

生徒：基礎的な話をだいぶ，うかがいましたからこんどは，先ほどの"デモンのいたずら"はどうして起こるのか話していただけませんか．

先生：銅―スズの状態図で説明しましょう．青銅というものは，5000年以上も前から使われているものです．しかし状態図というものが，おぼろげながらもわかるようになったのは19世紀の末です．それ以来青銅だけで200篇以上の状態図

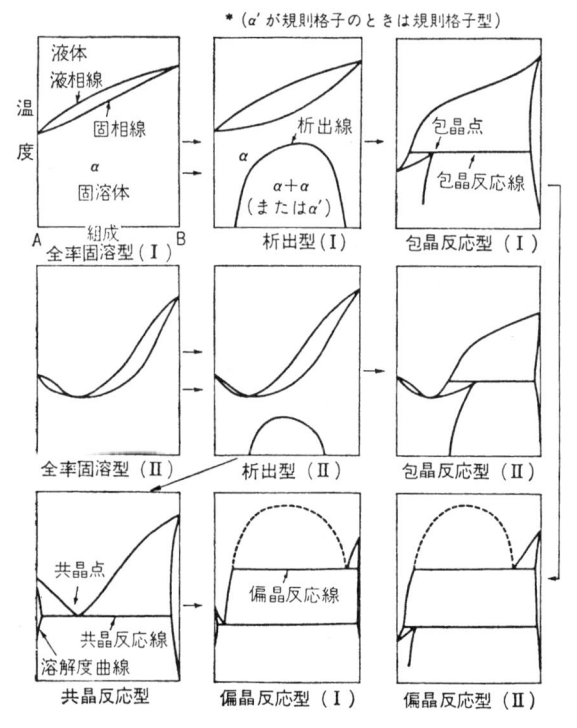

* ($α'$ が規則格子のときは規則格子型)

図3-9　2元合金状態図の基本型．
注1．液相の代わりに固相同士の反応の場合は，共晶 (eutectic) → 共析 (eutectoid)．包晶 (peritectic) → 包析 (peritectoid)．偏晶 (monotectic) → モノテクトイド (monotectoid) とよぶ．
2．固相線 (solidus)，溶解度曲線 (solvus)，液相線 (liquidus)．

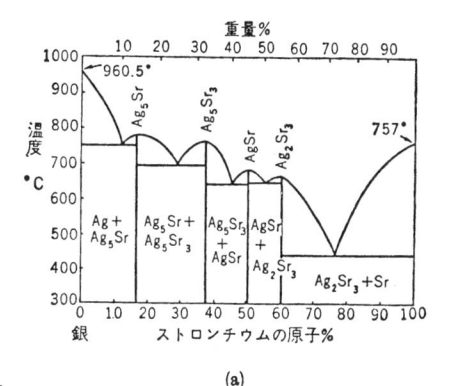

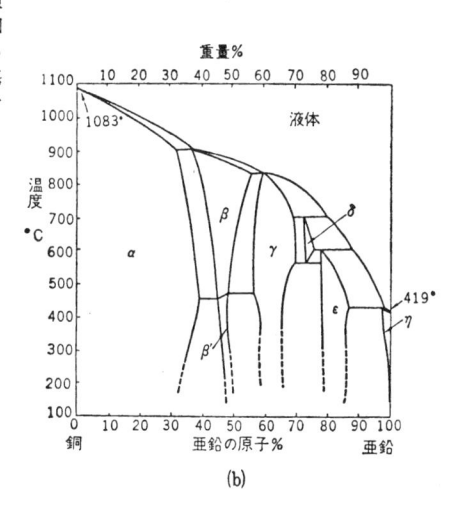

図3-10 複雑な状態図もよくみると簡単な基本型の組合わせ.

(a)

(b)

についての研究が報告されています．

状態図の研究がもっとも盛んだったのは明治の末頃です．

生徒：じゃ，おやじが生まれた頃というわけですか．それにしても200篇とはおどろきですね．

先生：まあ，いちばん研究されてるものといっていいかもしれません．しかし，だいたい，1935年ころまでの仕事がほとんどです．状態図の解説にはいろいろもっともらしく書い

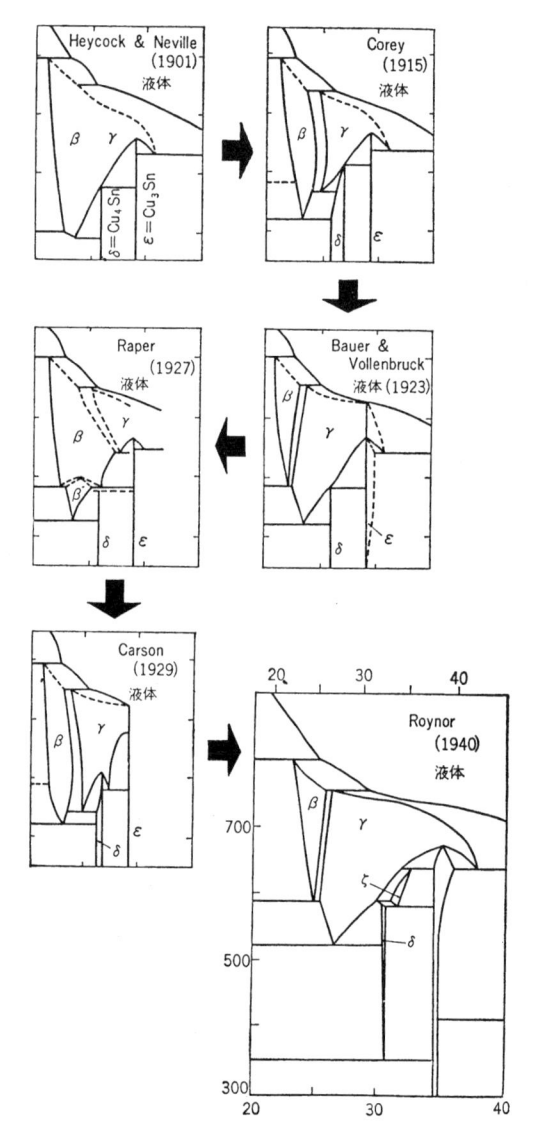

図3-11 わたしはどれでしょうか．銅-スズ合金系状態図の中心部の移り変わりの主なもの．

てありますが，何しろ30年も前の測定技術で，どうして，こんなに複雑な部分を明確にきめられたのかというわけです．右に曲がったり，左に曲がったりしていたのを強引にケリをつけたというわけです（図3-11）．

生徒：何かそれなりの根拠はあったわけでしょう．

先生：もちろん，それ相応の理屈はあるでしょう．だけど，たくさんの複雑な測定値をどう解釈するかは，各人各様，当時の金属学の発展に制約されているわけです．1920年から1930年にかけては，規則格子もまだよくわかってませんし，物理測定手段も幼稚で，焼入れに近いような状態で測定をしていたものもあるようです．

生徒：よくわからなかったけど，空白にしておくことは権威にかかわるので，無理やり，線をひいたということですね．

先生：まあ，いってみればそういうことです．先覚者たちには失礼ですが……．

生徒：いっそ正直に点線か空白にしておいてくれれば，頭をいためなくてもすむのに，罪つくりですね．

先生：まあ，そうかもしれませんが，研究する方の身にもなる必要がありますね．時間とお金をかけて，よくわかりませんでは，学位論文にもならなかったわけです．ドイツでも日本でも状態図の研究は格好のテーマでしたので，たくさんの博士を生んだようです（図3-12）．

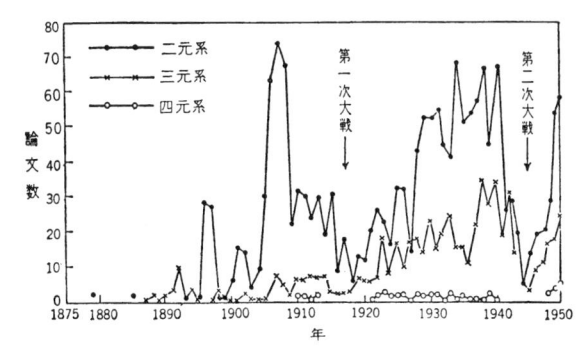

図3-12 状態図についての論文はこんなに発表されてきた（SpenglerとHaughtonによる）．

デモンの絵を葬ろう

生徒：まだ，よく事実をあげてくださらないと，よくわかったとはいえないんですが……怪しげなものだということはわかりました．全面的にやり直す必要があるということになりますね．

先生：まあ，そうなりますが，実際にやるとなると大変です．いまさら状態図でもないという気もしますしね．いま1000くらいの2成分系状態図がわかっていますが，この半分以上はやり直す価値があります．

身近かなところでは，まず鋼の基礎になる鉄─炭素系があります．また銅側は船舶用のプロペラに使われるアルミブロンズであり，アルミ側はジュラルミンの基本合金である銅─アルミニウム系も，その中央部は銅─スズと並んで奇々怪々なものの代表でしょう．アルミニウム─亜鉛系なども簡単な状態図のほうですが，このところまた異説がソビエト，カナダなどからでて物議をかもしています．*

生徒：ロケットで月にも行こうという世の中に，ゴジラがのさばっているというわけですね．

先生：おかげでこちらは当分，失職しないですみそうです．"浜の真砂はつきるとも，世に状態図屋のたねはつきまじ"といったところです．

しかし線1本消すことも，はたで考えるほど容易ではありません．雪男や空とぶ円盤の話とちがって，れっきとした研究者たちが，新発見，新見解だと主張しているわけですから，たとえ間違っている可能性が大きくても，慎重にことを運ぶ必要があるわけです．

生徒：アフリカの海で，シーラカンスとかいう化石時代の生き残りの魚が見つかったという話もありますから，油断はできませんね．

はたでみてると，何で重箱のすみをほじくっているのか，よっぽど仕事がないのかなと思ってましたけど．

---

* アルミニウム-亜鉛系が共析型だという主張は1930年代に数多くの綿密な研究によって完全に否定されてしまったが，再び主張されている．

ところで，これはデモンが描いたらしいというのは見わけられますか．

先生：包晶反応，偏晶反応，それに高温で，しかもせまい範囲で金属間化合物の存在するものなど……．

生徒：じゃ，デモン画くところの傑作は何と何ですか，先生ご推奨の……．

先生：銅―スズの中央部も国宝級ですが，銅とアルミニウムの状態図も傑作中の傑作でしょう．こういう傑作だけを集めても一つの博物館ぐらいできそうですが……．

生徒：いや，今まで何か厳然として近づきにくかった状態図も何だと思うようになったというわけです．

2成分系だけでは物たりませんから，いずれ3成分系のお話でも……．

先生：3成分系は複雑なわりにあまり批評家には面白くないので苦手です．それより金属や合金の結晶構造をぜひ勉強しておく必要がありますね．

もっと勉強したい人のために（3）

- 長崎誠三：**平衡状態図**（金属ハンドブック，第4章，朝倉書店，1958).〔状態図のなりたちを，系統的に解説したもの．〕
- 清水要蔵著，長崎誠三補訂：**合金状態図の解説**，アグネ，1964.〔大学初年級を対象とした入門書．〕
- 三島良績：**合金状態図**，日刊工業，1964.〔状態図について理論的なりたちが解説してある．〕

§ このほか，《1》であげた，ガイ，ヴァン・ブラックの著書にも，かなりくわしい解説がある．

§ 状態図の問題点については，長崎誠三，金属物理 **1** (1955) 135, 金属 **34** (1964) 9号, 25を参照されたい．

§ 合金の状態図集としては，権威あるものとして，大部ではあるが，HANSEN M. and ANDERKO K.: *Constitution of Binary Alloys*, New York, McGraw-Hill, 1958. が有名である．国内で出ているものは，金属学会編：**金属便覧**（新版)，丸善，1961の末尾に状態図集がある．

〔長崎　誠三〕

4　山寺の鐘・教会の鐘
《組織と強さやねばさ》

　"山寺の鐘の音がゴオン，ゴオンと鳴るといえども，童子来って鐘に撞木を当てざれば，鐘が鳴るか撞木が鳴るか，トントその区別がわからない．あいやお立ち合い"というのはガマの油の口上．"Bells are tinkling, bells are tinkling. Work begins, work begins, Merrily come to school……"というのは中学1年のリーダーでおなじみの学校の鐘の音．"鐘が鳴りますチンコンカン"は終戦後NHKの放送で全国を風びした菊田一夫作のドラマ"鐘が鳴る丘"の主題歌の一節．そして"フランチェスカの鐘の音が，チンカラカンと鳴り渡りゃ"というのは……．
　さてこれを科学的にとりまとめると，東洋式のつり鐘の音はゴーンと鳴り，西洋式のベルの声はカンカンとかリンリンとなるのは，いったいどういう原因によるのであろうか．
　鐘の音というものはかなりいろいろのファクターで決まるものだそうで，音響学とかその他もろもろの物理学の基礎知識のないものが，うかつなことを知ったかぶりでいわぬこと

だと思う．

しかし，鐘の形，そのつくり方などと並んで，鐘の材質そのものの影響もあることだけは確かだと思われる．形がまずいために，とうとう鳴らずじまいのつり鐘もあるというくらいで，あの除夜の鐘などでおなじみのグヮーンと尾を引くうなりを出すためには，イボのついたあの独特のつり鐘のかっこうが大いに関係があるものらしいが，いわゆる鐘の音色に対して鐘の材質がまた大切なファクターであることを忘れてはなるまい．

いつやらの格子欠陥の国際会議の景物に同じ太さの同じ材料の棒を2本ならべ，一方は原子炉に入れて照射*して金属の原子のならび方の不完全なところ，つまり＜格子欠陥＞をたくさんつくったものにしておいて，"これこのとおり，たたいてごらんなさい．音色がちがいます"という展示があったそうであるが，これは内耗などといって振動の減りぐあいをしらべて格子欠陥が研究できるのから見て考えられることでもある．

これよりもっとマクロ的な巣とかクラックのような内部欠陥は，近ごろでは超音波などの＜非破壊試験＞でしらべることができるが，これの先祖は，昔から駅に停車している列車の車台の下の機械装置を金づちでたたいて歩いて，その音で異常をしらべていた保安員さんのやり方なのである．というわけで金属製品をたたいて出る音，いわゆる音色は，その金属の格子欠陥までをふくめた構造を反映しているのであるが，もう一つ重要なのが，その材料の金属組織である．

箱づめのミカンにリンゴをまぜると

そもそも金属の固体はどういうふうに組立てられているかというと，その元素の原子がちょうどミカンをギッチリと箱につめたときのように，タテヨコ上下にきまった間隔で規則正しくならんだ結晶格子というものになっている．そこでAの金属にBの金属が入ろうとすると（合金をつくる），この箱

* 照射によって金属の結晶格子中にいろいろの欠陥ができて，その特性が変化する——だいたい硬くモロくなる方向へ変わる——ことを＜照射損傷＞という．

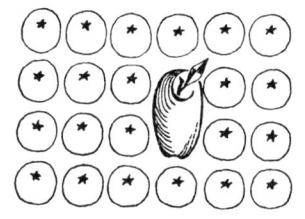

ミカンの中に入ったリンゴ

づめのみかんの中から一つを抜いて，そこにミカンとは大きさも素性もちがうリンゴを一つ入れ変えるということになる．このようにAの結晶格子の中にB原子がとけこんで，ところどころミカンがリンゴと入れかわったようなものを＜固溶体＞という．これはふつう金属学の教科書に書いてあるとおりである．*

*2. 《合金構造のはなし》参照．

このようにとけ込んでいる範囲ではBの数はAにくらべて圧倒的に少ないから，合金しても外から見ると，だいたいにおいてAだけのときと同じであるが，ただAより少々硬いとか，色が多少かわるというくらいの変化がおこる．そしてこの固溶体は砂糖水がどこをとっても同じくらいあまいのと同じで，性質は一応，一様と考えてよく，つまり固体で溶液のようだから＜固溶体＞というのである．

ところで，このようにして，BがAの中に入っても固溶体でいられるためには，ある限度がある．その"程度"は何できまるかというと，これだけでもそう簡単には片づけられない．しかし，だいたいのことをいうと，Aの原子に比べて，B原子の大きさがあまりちがうと，Aの結晶格子をところどころ，Bでおきかえたために起こるヒズミが大きいから，いくらもBが入らぬうちに，このヒズミが大きくなり，もうそうは受け入れられないから止めてくれということになってしまう．

† W. Hume-Rothery (1899～)．オックスフォード大学冶金学教授．数々の金属物理に関する名著がある．

この点を法則として述べたのが，ヒューム・ロザリイ†という人で，AとBの原子半径の差，つまり，前の例でいうとミカンとリンゴの径のちがいが，15％以上にもなるような場

合は，ろくろくAのなかに固溶できないということをいったものであった．

しかしこれ一本槍ではゆかぬのがふつうで，このほかに，AとBが金属間化合物をつくりやすい程度の大小や，A，Bの原子がイオンになるときの大きさを示すイオン半径の大小のちがいあたりも関係するから，実際，何パーセントまでとけこめるかという，いわゆる＜固溶限＞を理くつから計算で出そうとしてもなかなか骨が折れるのである．*

しかしそれはともかく，Aにある程度Bが入ると固溶限になることは事実で，それから先は固溶しきれなくなった余分のB原子は別の相になってA固溶体と共存するようになる．これを合金学では第2相といっている．このように合金がどの組成のときにはどの辺の温度でどれどれの相が出てくるというような関係を図に書いたものが状態図である．

ふつうA-B 2元合金の状態図といってAを左において状態図をかくときには，A側の左から最初の固溶体の相をα相，第2番相の相をβ，以下つぎつぎに別の相があらわれるごとにγ，δ，……と名づける習慣である．

> * 原子半径のちがいだけからいうと30％もちがう銀が，ベリリウムの中に3重量％も固溶する事実は，イオン半径の方で説明されている．

これ以上はもろくて硬いという境界

さてこの辺で図4-1をみていただこう．これは銅とスズの状態図で，ごらんのように実物の状態図はたいへん複雑で一筋縄ではいかない．左下部を拡大したところだけ見てくださると，銅側では水平線のハッチをしたゾーンの中では銅の中にスズがとけこんでα固溶体ができることを示している．これ以上にスズが入ると，高温ではβ，γ，δなどという相があらわれることが図4-1からわかるが，いまここでは左下の拡大図の中しか気にしないとすれば，要するに室温の近所へきてしまうと，スズの量が約40w/o†くらいより少ない合金は，みんなこの図のアミのかかったゾーンつまりα相とε相とよばれる硬くてモロい相との2つだけが同居するゾーンに入ってしまうのである．そしてこの約40w/o以下の合金の中のス

> † 重量％を簡単にw/oであらわす．スズ40w/oの合金は重量で4割のスズが入っている．

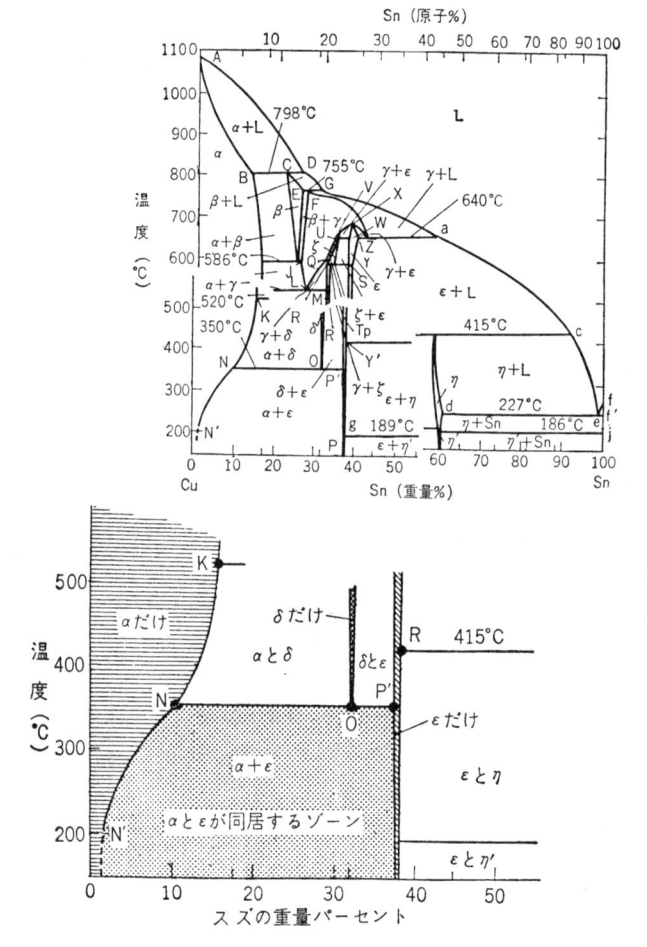

図4-1 銅-スズ系状態図．一筋ナワではいかない複雑なものだが，左下の部分を拡大すると下のようになる．

ズ量が多くなるにつれて ε の α に対する比率が多くなるということになる．

そこで図4-2のように，銅—スズ合金は14w/o以上スズが入ると急に硬くはなるが，ねばさを示す伸びの値（引張試験で試験片の伸び分をもとの長さで割った値をパーセントで表

[48]

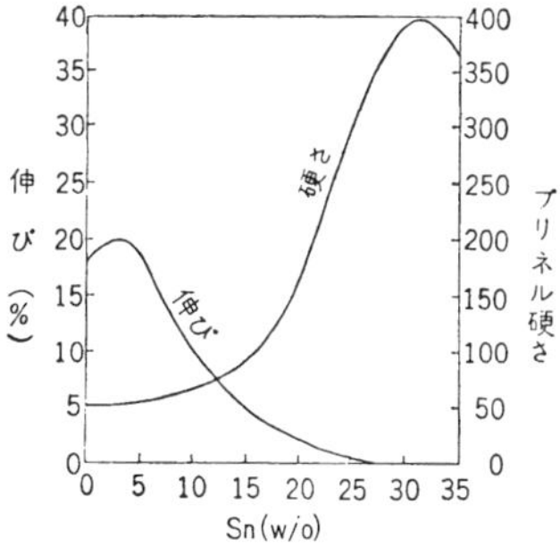

組織と強さやねばさ

図4-2 銅-スズ合金"青銅"のスズ量と硬さ,伸びの関係.

わしたもの)は5%以下になり,かなりモロくなってくる.そうして,さらに25w/oもスズが入ると,ほとんど伸びはなくなってしまう.

いっぽう,合金の色の方も3w/oスズくらいまではまだ銅らしい赤の色をしているが,だんだん,スズの量がふえるにつれて黄色っぽくなり,14w/oをこえてε相が出ると灰色味が加わって,20w/oスズ以上ではすっかり灰色がかり,銀白色になってしまう.*

* 合金の色がどうるなかは,固溶体の範囲ならある程度電子論から予測がつくけれども,金属間化合物相が出るとなると今のところやってみないと色の予測はつかないようである.

これまた金属組織学の教科書ですでにご存じのように,状態図というのは平衡状態図なのであって,合金に十分に時間をあたえて原子がお互いにうごきたい放題にさせて,すっかり落着かせたときの各相の関係を示しているのであるから,実際の材料ではかならずしもこのとおりにはゆかない.とくに鋳物などになるとふつうなかなか一様な組成になりにくいものである.とくに銅合金ではいわゆる樹枝状晶(デンドライト)がはびこって,よほど加工してからナマさないと多角形のよせ木細工式の顕微鏡組織にはならない.

図4-3は,JISの青銅4種の鋳物の組織で,金型,砂型,ろう型と冷却速度がかわると,ごらんのように同じ倍率でみてもこんなに樹枝状晶のあらさがちがう.とにかくこの浴衣もようでもわかるように鋳物の組織は一様にはならない.

そのうえ,図4-1にみるようにNN′というように銅側の

[49]

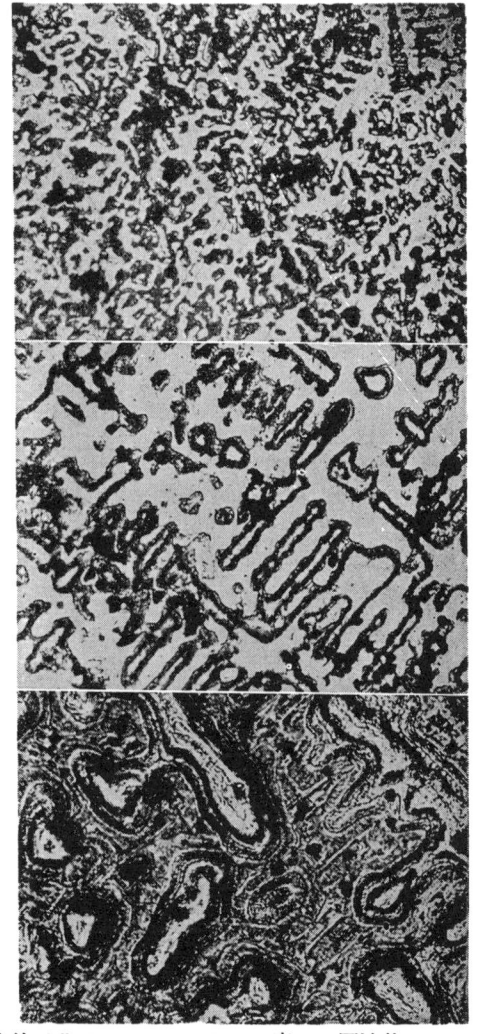

図4-3 青銅の鋳造組織は冷却速度が変わり，こんなにもようも変わる（同一倍率）．上より金型・砂型・ろう型

スズの溶解度線が曲がっているから，一度は α 固溶体になっても冷えるうちにこの線に当たって α の中に ε が析出してきたりする．というわけで実際の青銅はこの状態図どおりにはいかず，14w/o より，もう少しスズが少なくても 1 相ではな

くなるが，とにかく大よそこの 14w/o スズあたりを境いにして，モロくて硬いεのまじった組織になるという見当は，大して間違っていないのである．

東洋の鐘はスズ 14w/o どまり

この銅とスズの合金を古来，青銅（ブロンズ）といっているが，この合金は人間の使った最古の銅合金で，すでに数千年の歴史があり，ローマ時代からあらわれた黄銅（しんちゅう）よりはだいぶ先輩である．このため，この青銅という名が古くから銅合金の代名詞になっていて，グルタミン酸ソーダの調味料なら何でも味の素というごとく，銅合金なら何でも何々青銅という習慣ができてしまい，スズなんかチッとも入っていなくても，アルミニウムだけ入った銅合金をアルミ青銅という始末である．

*
銅合金の名には色のついたものが多い．青銅，赤銅，白銅，黄銅，……，さらに着色して出る色まで入れるとさらに多彩である．

このくらい有名な青銅* なのであるが，いったい，いつごろからあったのだろうか．では表 4-1 をみていただきたい．

なんと中国の5000年の昔，いわゆる唐虞（とうぐ）三代といわれる夏殷周（かいんしゅう）の周代にすでに東洋では今日のJISに当たる標準規格があったのである．青銅を用途によって6種にわけ，その合金組成をいちいち銅とスズの量の比で規定した"金の六斉"というのがあった．

今日でもかなり工業的に作られるようにならないと，JISを制定するという話にならないのでもわかるように，規格の

表 4-1　周代の金の六斉 (近重：東洋錬金術より)

種　別	Sn [w/o]
鐘　鼎　の　斉	14
斧　斤　の　斉	17
才　戟　の　斉	20
大　刃　の　斉	25
削　殺　矢　の　斉	30
鑒　燧　の　斉	50

注：原文には銅とスズの割合で示してある

あるということは，そうとう，その合金についての使用経験があり，合金の特性についての知識もつまれていたということを示している．東洋の昔の金属工業はすでに5000年前でも相当のものだったわけで，これは遠く西洋のおよぶところではない．だから，この点はお互い東洋の金属屋さんは大いにご先祖さまを誇ってよいと思う．

さてこの規格でごらんのように，東洋では14w/o スズまでのところ，つまり図4-1の状態図からいうとα固溶体の範囲のものをカネやカナエに使っていたことになる．では実際に古来使われていた青銅の成分はどんな調子だろうか．というわけで，数ある青銅のなかで，今日，この話のテーマに関係ある鐘に注目してみることにしよう．

表4-2をごらん下さい．この表の中の東洋の鐘や銅鐸（どうたく）の分析値をしらべてみると，表4-1の金の六斉が示しているように，なるほど14w/o以下のスズのものばかりである．日本の鐘は戦争中に供出させて鋳つぶしたときの分析値なので，慶長以後のものしかなく，亜鉛の多いものや，鉛の多いものもあるが，古いものでもスズの量はふつう数w/oで，10w/o以上のものは少ない．*

> * 昔は製錬技術が未熟だったので，鉱石中の不純物をそのまま合金まで持ちこんでいることが多い．それでわざと入れた以外の元素の種類と量比をX線ケイ光分析などの非破壊手段でしらべ，これからその古美術品の産地を推測することがある程度でき，文化財研究に役立っている．

表 4-2 東洋の鐘と西洋の鐘を分析すると

分類			Sn	Zn	Pb	Fe	Ni	Sb	Cu
東洋	中国の鐘鼎（銅鐸）		5.66	—	5.80	0.12	—	—	87.99
	〃		15.45	—	5.63	0.04	1.35	8.32	68.96
西洋	ジルツマットの鐘 (1370年)		21.1	—	—	—	—	—	78.9
	オッテンゼーの鐘 (1518年)		25.0	—	—	—	—	—	75.0
	ダルムシュタットの鐘 (1670年)		21.67	—	1.19	—	—	—	73.94
	ウィレルスハウゼンの鐘 (1704年)		20.29	1.85	3.00	—	—	—	74.79
日本(慶長以後)	米子 西念寺の鐘 (1768年)		1.28	—	0.68	1.62	—	—	95.63
	兵庫 西法寺 〃 (1758年)		14.73	1.94	4.24	0.45	—	—	74.96
	倉敷 円福寺 〃 (—)		7.12	14.23	3.50	0.76	—	—	70.08
	岡山 宝積院 〃 (1908年)		6.21	1.00	10.65	1.06	—	—	78.79

このように実際の青銅は鋳造をたやすくしたり，値段を安くするために鉛を入れたり，後期のものは亜鉛をさらにまぜたりしているが，大ざっぱに 銅-スズの2元合金として 状態図と比べると，東洋の鐘は，だいたい α 固溶体で，ε はもしまじっていてもチョピリということがわかるであろう．

ところがこれに対して，西洋の方はどうだろうか．同じ表4-2の中段のところに西洋の鐘の分析値が出ているが，これこのとおり，東洋の鐘より，だいぶスズが多く，20から25 w/o のものが大部分である．これでは図4-1の状態図にてらすと，もう相当に硬くてモロい ε 相がまじって，$\alpha+\varepsilon$ の2相になっており，東洋の使い方なら，表4-1の金の六斉からみて武器であるほこや，やいばの材料に近いスズの量なのである．

したがって西洋の鐘は色も銅赤色よりはだいぶ黄色味が多くなっており，中には灰色がかったものがあって，古くなって酸化膜におおわれていても東洋の鐘より色に黄色味が多くなっている．

"相"はゴーンとリンリンを決める

ごらんのとおりの次第であるので，ではこの辺で東西の鐘の組織を比較検討して，主題の音色に考えおよぶことにしてみよう．上にのべたとおり，東洋の鐘は金属組織的にいうと，だいたいにおいて α 相から成っているのに対し，西洋のは硬くてモロい ε のまじった $\alpha+\varepsilon$ 相の2相である．

合金学の本をひもといてみるとわかるように，α 相は成形性にとんでおり，刻印しやすく，ねばいが，$\alpha+\varepsilon$ 相の合金は，α 相合金よりもはるかに硬いわりにモロい．そこで同じ形の金属片をたたいたとすれば，α 相のものより $\alpha+\varepsilon$ 相の合金の方が，カン高い音が出るが，そのかわり割れやすいということになる．

この理由から東洋のつり鐘はゴーンという低い音を出すかわりに，ねばいのでいくらたたいても，ついても割れるということが少なく，弁慶が鐘を比叡山の上まで引きずり上げた

ときも，イボはα相で軟かいのですりへっても御本尊は石や岩角に少々当たっても割れたという話は伝わっていない．

これに反して西洋の鐘は硬いので，カンカンカンと高い音を出すかわりに音が尾を引くこともなく，モロいので少々たたきすぎるか，落としたりすると割れてしまう．

鐘つり堂が火事にあって鐘がおちると，西洋の鐘は簡単にわれてしまうし，独立の自由の鐘だなどといって，たくさんの人がよってたかってたたくと，これまたすぐ割れてしまう．図4-4にお目にかけたのはアメリカ独立の自由の鐘を描く切手であるが，ごらんのようにわれていることが切手でもよくわかるし，モスコーにある鐘も割れていることご承知のとおりである．（図4-5）

もう一度，図4-2に示した青銅のスズの量と硬さ，伸びの関係と，表4-2に示した洋の東西の鐘の組成の表を比べてみ

図4-4 アメリカ独立150年記念切手（1962年発行）．ヒビの入った独立自由の鐘を画く．

図4-5 クレムリン陳列物のひとつ，イワン雷帝の鐘（ブロンズ製）．西洋の鐘はこうもハデに割れたりする．

ていただきたい．α相というものの機械的性質，そしてε相のような合金中間相の性質というものが，鐘の音色や，割れるか割れないかなどの事実と対比して，なるほどなとわかっていただけたら幸いである．

もっと勉強したい人のために（4）

§ 金属の組織については，ふつう金属組織学とか金相学とかいわれる学問についての参考書をみるとよいが，これには古くからいくつもよい本が出ている．外国書にもよいものがいくつかあるが，ここでは邦語で書かれた，手に入れやすいものをあげておいた．
- 橋口隆吉：金属組織学，資料社　1947．
- 美馬源次郎：金属組職学，朝倉書店　1960．
- ガイ（諸住正太郎訳）：金属学要論，アグネ，1964．
- 橋口隆吉：金属学ハンドブック，朝倉書店，1958．
- 三島良績：金属材料概論，日刊工業，増訂版，1964．
- 三島良績：合金状態図，日刊工業，1964．

〔三島良績〕

5　住みにくい社会からの脱出
《変態のはなし》

「山路を登りながら，こう考えた．智に働けば角がたつ．情に棹させば流される．意地を通せば窮屈だ．とかく人の世は住みにくい．住みにくさが高じると，安い所へ引越したくなる．……
越す事のならぬ世が住みにくければ，住みにくい所をどれほどか，くつろげて，束の間の命を束の間でも住みよくせねばならぬ……」

『草枕』の冒頭，漱石の名句を借りるまでもなく，住みよいところに住むということは人間の最大の希望のひとつである．科学技術の究極の目的も人類の生活環境の改善，向上にあるといってよいであろう．
　話を物質的な衣食住のなかの"住"に限ってみると，われわれの住居というものは生活程度をもっともはっきり示すものであろう．収入，生活費，便利さ，家族構成，環境等々，われわれの生活程度を制約するものは数多くあるが，与えられた条件の下で許される限り住みよく安定したところへゆきたいというのが人間共通の望みなのである．都市の改造，住居の新築，改造，増築，引越しなどは，上のような願望に対するわれわれの努力の現われといってよいだろう．金属や合金を形づくっている原子というものも人間と同じように，自分にもっとも都合のよい住みよいところへ住もうとする傾向をもっているのである．金属や合金にかぎらず，すべての物質はきわめて多数の原子の集団が社会を形づくっているのであ

って，この社会での原子の配列の仕方は与えられた環境に対して，もっとも住みよい状態として実現されているのである．

経済学的尺度と熱力学的尺度

上のように環境とか状態とか，住みやすさなどといっても原子の社会におけるものを人間社会におけるものとまったく同一視できないことはもちろんである．たとえば住みやすさの"経済学的尺度"というものが人間社会の現象を分析するのにひじょうに役立つのに対し，物質の場合には住みやすさの"熱力学的尺度"を考えると，これが特有な効能を発揮していろいろな現象が説明できるのである．

物質の世界では外部的条件として大きな影響力をもつのは温度とか圧力というものであって，これらが物質の性質にどのような影響を与えるかを調べるのが熱力学という学問である．熱力学的外部条件が与えられると，それに対応してもっとも生活費の安い状態になろうとして物質のなかに住んでいる原子は配列の仕方を変えるのである．"生活費"という言葉は経済社会を形成していない原子の世の中では適当ではないので，物理学者は＜自由エネルギー＞という言葉を用いている．

与えられた条件の下ではすべての物質において原子は，その物質の自由エネルギーがもっとも低くなるような具合に配列している．われわれは多数の原子の個々を見ることはできないが，集団社会としてのまとまった挙動や配列状況はいろいろな方法で知ることができ，また，理論的に取扱うことができる．外部条件が変われば，それに応じて原子の配列の状態も変わりうるのであって，それが集団社会の挙動の変化となって現われた場合，物質は＜相変態＞（略して＜変態＞ともいう）または＜転移＞を起こしたと称する．

ここで＜相＞という言葉は人相，地相，家相というように吉凶を指すのではなくて，原子が相当数集まって，ものとしての形状をもつに至った状態を意味する．

金属社会の変態

　氷が融けると水になり，水が蒸発すると水蒸気になるのとまったく同様に，金属も固体状態(固相という)のものを熱してゆくと融点に至って液体(液相)となり，もっと加熱してゆくと沸点で沸騰をはじめて気体(気相)となる．高温から冷やしてゆけばこの逆の過程をたどってゆく．このようにすべての物質は温度変化にともなって固相*⇄液相⇄気相という変態を起こすことによって，おのおのの温度において自由エネルギーが最低となるような原子配列をとる．

　われわれは日常生活に必要な機械や道具をつくるのに固体の金属を用いることがきわめて多いが，液体金属から固体金属への変態を利用して必要な形の金属を作ることもできるわけで，鋳物はその応用である．

　図5-1 bで示すように金属が固相の状態にあるときは，原子は幾何学的にきわめて規則正しい配列をしており(これを結晶状態という)いわば秩序が整然として住みよい社会を形成しているので，原子の生活はかなり安定していて，少しくらいの外部からの"圧力"によっては社会状態を乱して相を変えることはできない．金属が丈夫で役に立つのはこのためである．

　図5-1 aのような液相状態では，配列が固相におけるほど規則正しくはないが，任意の原子に注目してその周囲のごくせまい範囲をみるとかなり規則正しくなっている．気相では

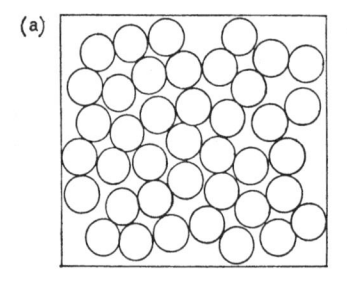

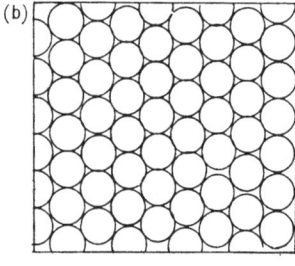

*
原子または分子が規則正しい結晶配列を作らずに集合して固体のような状態をとる場合，すなわち無定形状態のもの(ガラスなど)は液相の特殊な状態とみなされるので，ここでは固相として取扱わない．

図5-1 液体金属(a)の原子配列は固体金属(b)にくらべて秩序が乱れている．

個々の原子は勝手な方向に動きまわっていて配列の規則性はまったくなくなってしまっている．

　社会状態が安定し，収入がよくなれば生活程度は向上し，レジャーを楽しむことが盛んになり，住宅も改築が必要となるというように，金属結晶は"温度"という"所得"の変化にはきわめて敏感に反応して，しばしば異なった結晶状態へ変態することができる．このようなひとつの固相から他の固相への変態では，超高圧の場合をのぞけば圧力の影響が少ないので，外部条件としては温度だけを問題にすればよく，自由エネルギーと温度の関係のみが重要となるのである．

　固相変態によって，金属のいろいろな性質が変化するので，これを利用して，熱処理によって適当な相変態を起こさせることにより，金属材料の性能が改善できる．金属が軟い間に加工成形し，その後に相変態を起こさせて硬化することもできる．鉄鋼については古くから変態について多くのことが知られ応用されてきたが，近年では軽合金や銅合金でもひろく応用されている．

　以下ではまず純金属および合金における変態の種類について固相におけるものを主として述べ，つぎに変態がどのようにして進んでゆくかについて述べてゆくことにする．

独身者の引越し

　"純粋"な金属，すなわちたった1種類の原子だけが集まって結晶を作っている場合は，合金の場合にくらべて，変態の仕方が簡単であり，変態の種類も少ない．これはちょうど，引越しをする場合，独身者の方が世帯持ちの引越しにくらべてはるかに身軽で簡単であるのと同じである．合金の場合は結晶を作っている原子の種類が2種以上あるため，結晶のなかで同種の原子が互いに隣りあって配列することを好む場合もあれば，逆に異種の原子が互いに隣りあう方を好む場合もあるので，変態は結晶形の変化だけではなく，結晶中での各種の原子の離合集散の仕方の変化が入ってきて複雑にな

図5-2 同素変態をする場合の自由エネルギーと温度との関係.(b)では同素変態をする前に金属が融けてしまうので,事実上,変態が起こらない.

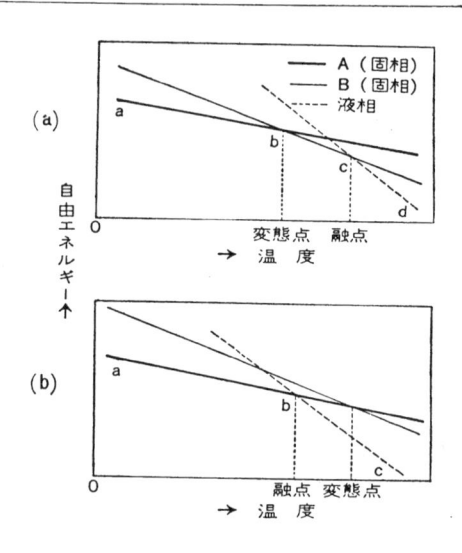

ってくる.

　純粋な金属の固体が,その金属に特有な温度において,たとえば,面心立方格子から体心立方格子に変化するというように,ひとつの結晶格子から他の結晶格子に変化することを＜同素変態＞*という.この場合の自由エネルギーの変化は図5-2 a のようになり,変態温度のところで結晶Aの自由エネルギーの線が結晶Bのそれと交差しているので,自由エネルギーが低い方が安定な状態であるという考え方からすれば,自由エネルギーは a,b,c,d に沿って変化するので変態温度(変態点という)より低い温度ではA型の結晶が安定であり,変態温度以上になるとB型の結晶が安定である.

　このように交差が融点より低い温度で起こっていれば,その金属は同素変態をするのであるが,多くの金属結晶が同素変態をしないのは図5-2 b のように同素変態の変態点よりも固相→液相の変態点,すなわち融点の方が低く自由エネルギーが図中のa,b,cに沿って変化するためと考えられる.

　ひとつの金属で数種の同素変態をするものもある.その典型的な例は純鉄であるが,これについてはつぎの章で詳しい

*厳密にいえば同一の元素で原子の配列または結合のしかたが変わることであるが,ここでは結晶形の変化のみに注目する.

変態のはなし

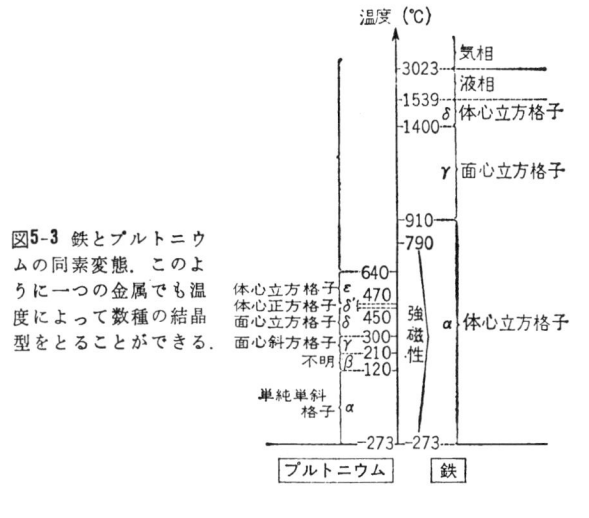

図5-3 鉄とプルトニウムの同素変態. このように一つの金属でも温度によって数種の結晶型をとることができる.

プルトニウム：単純単斜格子 α, 不明 β -120, 面心斜方格子 γ -210, 面心立方格子 δ -300, 体心正方格子 δ' -450, 体心立方格子 ε -470, -640

鉄：強磁性 α 体心立方格子 -790, γ 面心立方格子 -910, δ 体心立方格子 -1400, -1539 液相, -3023 気相, -273

温度(℃)

* Plutonium, Pu. 原子炉の中でウランをもやすとプルトニウムができる. プルトニウムは原子燃料として使われ，また原子爆弾（長崎型）のもとにもなる.

話があるので，ここでは詳しく述べずに，同素変態がたくさん起こる極端な例であるプルトニウム*の場合と比較して図に示すだけにする（図5-3）．

この図で鉄は790℃以上では磁気を失って強磁性から常磁性へ変化するのであるが，この変態は原子の配列に関係がなく，原子のなかの電子の状態変化によるものであるため相の変態とはみなされない．この変化は家のなかの道具のおき場所を変えるのと同じで，たしかに住み心地は変わるであろうが，家のひろさや住人は元のままであって何の変化もないのである．このように磁性に関係のある変態は＜磁気変態＞と名づけられているが，相変態ではないことに注意しなければならない．

世帯持ちの引越し

向こう三軒両隣りというのは他人のなかではもっとも親しいつきあいをする最小範囲であるが，合金のなかの原子にとってはこの交際がひじょうに重要であって，向こう三軒両隣

りの住人たちと仲よくすることによって自由エネルギーを低くすることができるのである．このため合金の変態の場合には結晶形の変化だけでなく，各種の原子の配置の仕方も変化するのが常である．神経質な人は向こう三軒両隣りばかりでなく，そのまた周囲の広い範囲の住人との交際がうまくゆくかどうかを気にするのであるが，原子の場合にはお互いの交際は距離が少し遠くなるといちじるしく弱くなってしまうことがわかっているので，もっとも近いところに隣接しているものとの交際だけを考えればだいたいよろしい．

この考え方を＜最隣接原子の仮定＞といい，合金の自由エネルギーを理論的に計算したりするのに役立っている．合金の性質が成分によっていちじるしく変るのは上のようなことが大きな原因となっているのである．*

ある与えられた成分の合金の温度を変えてゆくと純金属と同じようにいろいろな変態を起こすが，どの相がどの温度範囲で安定であるかは成分によって異なることは当然である．それゆえ，合金の変態の様子は，相の安定な温度範囲が成分によってどのように変化するかを図に画けばはっきりわかる．これが＜状態図＞といわれるもので合金の研究には欠くことのできないものである．

もっとも簡単な2元合金をとってみると，この場合にはA原子およびB原子の2種類の原子が集まって相を作っているわけであるが，AとBの仲がよいか悪いかによって相の作り方もひじょうに異なってしまう．これは原子の大きさや電気的性質の差に起因することが明らかになっている．

図5-4aは鉄の原子と炭素の原子が面心立方格子の固相の状態をとっているとき，すなわち鋼のオーステナイト†の原子の配列を示すものであるが，小さい炭素原子が大きい鉄原子の結晶の空隙にもぐり込んでいる形になっている．このような入り方を＜侵入型＞という．

図5-4bの黄銅‡の結晶では純銅と同じ結晶形であるが銅の原子の位置に亜鉛の原子が置きかわって入っているので，

---

* この仮定は，合金の自由エネルギーに何か合金の結晶の長期範囲にわたる性質が影響をおよぼすような場合（たとえば金属電子のブリュアン帯効果がある場合）にはあまりよく成り立たない．合金中の原子の結合が電気化学的なもののみである場合には，この仮定がきわめてよく成り立つ．

† 6.《鋼の変態》をみられたい．

‡ 黄銅は銅と亜鉛との合金で，しんちゅうともいわれる．銅に亜鉛を入れると，亜鉛の量によって色が金色から黄色に変わる．亜鉛が30％ていどのものは延・展性にとみ，板や線としてよく使われ，40％ていどのものは強くて硬い鋳物として用いられる．

図5-4
(a)面心立方構造の鉄原子の配列の間隙へ炭素原子が入って侵入型合金を形成している．
(b)しんちゅうの結晶．亜鉛原子（黒丸）が銅の結晶の中に置換型で入って固溶体を形成．
(c)置換型固溶体で規則配列をしている場合．

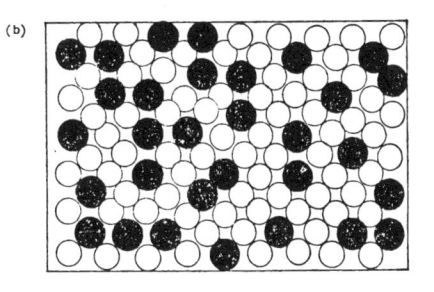

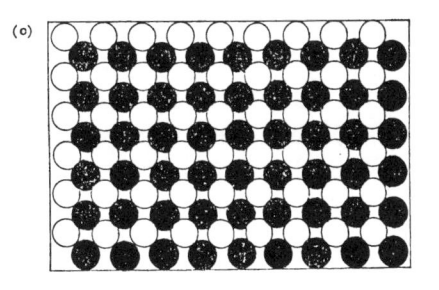

＜置換型合金＞とよばれる．この場合，両原子はまったくでたらめな位置を占めている．この状態はＡ金属の結晶のなかへＢ原子が溶け込んでいるものと考えればよい．

　各人の所得がかなりよくて景気がよければ，親交の程度がＡ―Ａ間，Ｂ―Ｂ間，およびＡ―Ｂ間で少しくらい異なっても，向こう三軒両隣りの住人が誰であるかに無関係に安定した生活ができるのであるから，図5-4ｂの状態は温度が比較

的高い場合には多くの合金によく現われるものである．もちろん，A—A，B—BおよびA—B間の仲がまったく等しい場合には，温度が低くて景気が悪くてもこの状態が現われうる．

一般的には，温度が低くて不景気であれば，隣人間の親交の差によって住み心地がひどく異なってくるので引越をして"束の間でもくつろげる状態"を作ろうとする．

A—B間の仲がよくない場合には，A金属のなかへ溶け込んでいたB原子が締め出しをくって追い出されてしまうであろう．これがいわゆる＜析出現象＞である．

逆にA—B間の仲がひじょうによい場合には，不景気になればなるほど，お互いの結束を固めて社会不安を乗り越えようとするであろう．このときには図5-4 cのような配列がもっとも好都合なのである．

すなわち温度を下げてゆくと，特定の温度で図5-4 bのようなでたらめな配列からcの規則的な配列への変態が起こるのであって，これが＜規則―不規則変態＞といわれているものである．図5-4 cをみてわかるとおり，規則配列ではすべてのA原子の最隣接原子はB原子，すべてのB原子の最隣接原子はA原子になっているが，これが可能になるためには合金の組成が簡単な整数比（AB，またはAB$_3$）*であり，また合金が置換型であることが必要である．規則―不規則変態をする合金としてよく知られているのはAuCu, AuCu$_3$, CuZnなどである．

合金の変態は上記のような固相におけるもの以外に，液相におけるもの，あるいは液相と固相にまたがるものもあることはもちろんであって，そのすべては状態図上に表示されている．合金で起こりうる変態を列挙すると，溶融（または融解），凝固，共晶反応，包晶反応，偏晶反応，共析反応，包析反応，析出，規則―不規則変態などである．† ひとつの合金で共晶反応と析出の両変態を起こす典型的な場合の状態図と相の顕微鏡組織との関係を図5-5に示す．

*
規則格子が生成する場合，単に原子配列だけが変わる場合を考えると，面心立方格子構造の金と銅の合金で金の原子が結晶単位格子の位置を占め，銅の原子が面の中心の位置を占めることによって規則格子状態をとることができるためには，原子の数はAuCu$_3$の割合，すなわちAB$_3$になっていなければならない．他方，体心立方格子構造の場合，たとえば銅と亜鉛の合金で銅原子が角の位置を占め亜鉛原子が立方体の中心の位置を占めることによって規則状態をとることができるためにはCuZnの割合，すなわちABでなければならない．

†
図3-9参照．

変態のはなし

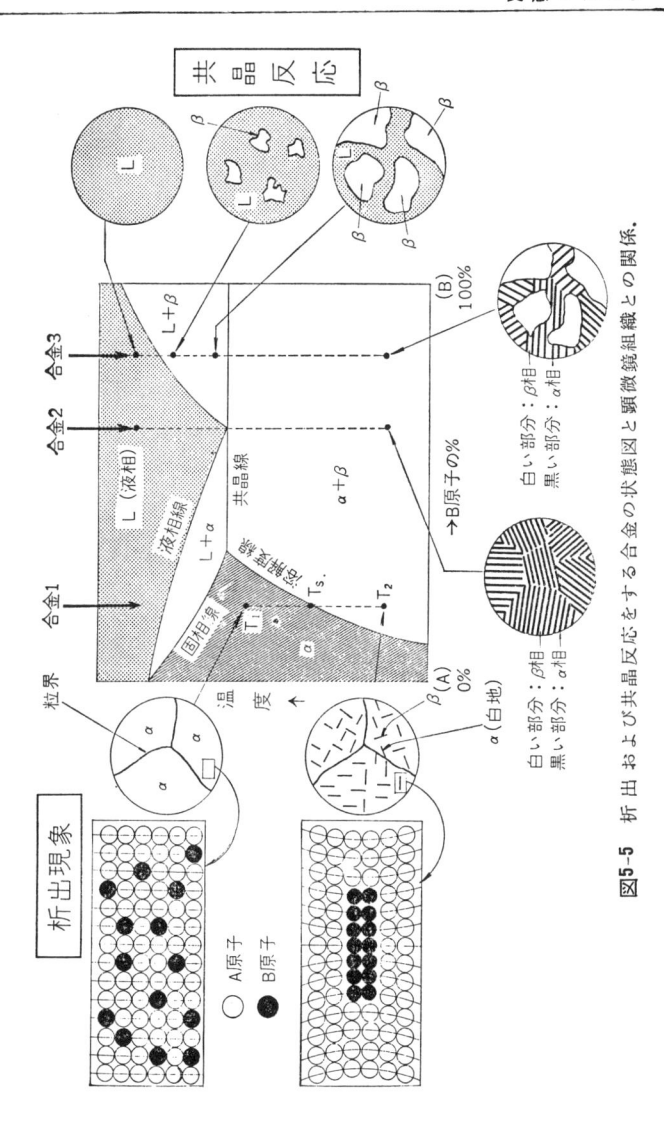

図5-5 析出および共晶反応をする合金の状態図と顕微鏡組織との関係。

締め出された者のゆく先

　図 5-5 の状態図で斜線で示した温度と組成の範囲では合金はα相と名づけられ，A金属の結晶のなかへB原子が同居（ここではこの言葉を向こう三軒両隣りに住んでいるという意味にも用いる）して固溶体をつくっている．

　この図をみると，温度が高ければ同居できるB原子の数が増すことができ，その限度が溶解度線で示されていることがわかる．A金属とB金属の組成が合金Ⅰの地点で示した割合になっている場合には，温度 T_1 ではAとBの原子が仲よく同居することができるが，温度を下げていって，T_S より低くなると同居できるB原子の数が少なくなるため（溶解度が減少）締め出しをくったB原子は，β相という集団を作って自分たちだけの住みやすい住宅地帯を作ろうとする．すなわちα相からβ相が析出して $(α+β)$ の状態が安定となるのである．

　この図では析出相であるβ相がB原子だけの集団である場合を示してあるが，実際には合金の種類によっては析出相のなかにもA原子が入っている場合もある．たとえば軽合金で重要なジュラルミンでは，アルミニウムの結晶の中にアルミニウム原子60個に対して2個程度の割合で同居していた銅原子が締め出しをくって，アルミニウム原子4個に対して2個の銅原子の割合になっている集団，すなわち $CuAl_2$ 相*が結晶のなかのところどころに析出し，残りの部分では銅原子の濃度はひじょうに希薄になってしまう．

　T_1 の温度ではα相という同居生活が安定であり，T_2 の温度では最終的に $(α+β)$ という別居生活が安定であることがわかったのであるが，このように固相のなかに別の固相（一般には析出相のなかでは，組成ばかりでなく結晶形も新しい別のものになることが多い）をつくるには，原子がかなり大きく移動（拡散）しなければならないので，純粋な金属の変態のように簡単にはゆかない．同居人を締め出すのにはかなり

---

*
$CuAl_2$ 相には準安定相であるθ'相と安定相の θ 相とがあり，ともに正方晶型であるが，θ'相はアルミニウムの母体格子と <100> 方向で連続的につながっているが，θ 相は母体とはまったくつながりがないことが示されている．

の立ち退き料を払わないとスムースにゆかないのと同じである．

このため T_1 の温度から T_2 の温度に急冷した場合には，しばらくのあいだは無理やりの同居生活（過飽和固溶体）をつづけて不安定な状態になっている．これが＜焼入れ状態＞といわれるものであって，T_2 の温度に保ったまま待っていると，しだいに別居のための引越しが始まる．この引越しの仕方は T_2 の温度が高いか低いかによってもいろいろ異なった仕方をする．時には引越しの中途の状態でひと休みしてしまうこともあり，*これを＜準安定状態＞といっている．ふつう，この中途半端の状態では合金が硬くなり実用的に役に立つので，この状態をうまく作り出すことを＜時効硬化＞と称している．†

さて，図5-5の状態図の液相（L）では，AとBの原子は完全に互いに溶け合って同居できることが示され，固相ではAのなかへBは一部分溶けあい，BのなかへはAは全然溶けあわないことが示されている．このように液相で完全に溶け合うが，固相では互いに一部分溶けあうか，あるいは全然とけあわない場合かであるが，全然溶けあわない場合にはこの合金を液体の状態から共晶線として示してある横線を通過するように冷却していくと共晶反応といわれる変態が起こる．合金2の組成のもの（共晶組成という）では冷却にさいして

　　　液相→α相（固相）＋β相（固相）

の変態を起こし，2種の固相が同時に新しくできる．この場合，α相のなかでA原子と同居できるB原子の数は，液相のなかで同居できるB原子の数よりも少なく，またβ相のなかにはB原子だけが入居できるのであるから，この反応では液相が凝固するさい，B原子を締め出しつつ，α相ができてくるのと同時に，締め出されたB原子だけで別の固相（β相）をつくるので＜共晶＞という名がつけられている．

原子の移動から考えると，図のように層状に縞模様となって，α相とβ相が交互にできるのがもっとも都合がよいであろう．これが＜パーライト組織＞といわれているものである．

---

* β相が析出した状態の自由エネルギーが最低であるが，この状態になるまでの途中ではエネルギーの高い状態を通らなければならない（後述）．
完全にβ相析出状態と同じ状態でなくても，何かそれに近い状態（β′相）が存在して，それに到達するため途中で通過すべきエネルギーの高さがβ相の場合よりも低ければ，β′相の析出が一時的に起こり得る．
これは最終的な安定状態ではないので準安定状態と名付けられる．

† 14.《時効硬化のはなし》参照．

合金3ではB原子の数が共晶組成よりも多すぎるので，冷却のさいには

　　液相 → 液相＋β相（固相）→ α相（固相）＋β相（固相）

という変態をすることによって，まず最初に液相からB原子が締め出されて，残った液相の組成が共晶組成になったあとに共晶反応を起こす．

ほとんどすべての合金は凝固のさいには上にのべたような共晶反応をともなった液相→固相の変化をするので，合金の鋳造その他においてこの変態を研究することがきわめて重要となるのである．

共晶の場合と逆に，液相のなかではAとBの仲が比較的悪いのに，固相になると仲がよくなる場合もあり，そのときには

　　液相＋β相（固相）→ α相（固相）

という変化を起こす．この場合には，B原子は液相からは別居してB相をつくっていたのに，最後にはよりを戻してふたたびA原子と同居生活をするのである．これが＜包晶反応＞とよばれている変態である．

共晶および包晶反応と同じような変態が固相間だけで起こる場合が＜共析＞および＜包析反応＞といわれているもので，冷却にさいしてつぎのような変態をする．

　　共析反応：α相（固相）→ α相（固相）＋β相（固相）
　　包析反応：α相（固相）＋β相（固相）→ α相（固相）

共晶および包晶反応は液体中の原子の移動によるものであるので，変態は割合に速く進むが，共析および包析反応は析出の場合とまったく同様に固体中の原子の移動を必要とするので，*急に冷した場合には反応がそれに追いつかず焼入れ状態がえられ，その後の保持温度の高低によって変態速度が異なるのである．＜共析変態＞でよく知られているのは鋼の恒温変態とよばれているものであって，オーステナイトからセメンタイト相およびフェライト相がパーライト組織となって生成する．

*
液相金属中での原子の拡散についてのデータはまだあまり多くないが，固相の場合にくらべていちじるしく速いことが示されている．これは図5-1から予想できる．

引越すことのならぬ世が住みにくければ……

これまで述べた合金の変態は，すべて原子の引越し，すなわち拡散をともなうものであるが，個々の原子が引越しをせずに一挙に住みやすい状態を作ることができる場合もある．資金が十分用意されていても，土地がなければ越すことができないわけで，越すことのならぬ世の中が住みにくければ，その資金を使って現在の住宅の改築をするほかには方法がない．この変態が＜マルテンサイト変態＞といわれるものである．

これは原子の移動はともなわずに，結晶全体が一様に歪むことによって，別な結晶形に変わってしまう相変化であり，他の変態と区別するため"拡散をともなわない変態"ともよんでいる．鋼の場合には高温のオーステナイトの状態から，ある特定な温度（炭素の含有量で異なる）以下に急冷すると，この変態が起こるのはよく知られている事実であり，コバルト合金，銅合金でもこの変態を起こすものが見出されている．この変態の速度はきわめて速く，ほとんど一瞬のうちにすんでしまう．

急冷によって高温相のなかには余分な自由エネルギーがたくわえられて，これが結晶全体をひとかたまりに変形改築させるための資金源となっているのであろう．このときには変態の結果として新しくできる相が，自由エネルギーが最低な安定相であるかどうかは問題にしなくてもよい．とにかく，マルテンサイト変態だけでは他の変態とはまったく異なった様相をしているのである．

変態はどのようにして進むか

これまでの話では純金属や合金の変態の種類を説明してきたが，それでは実際に新しい相がどのようにして姿を現わしてくるのであろうかという疑問が出てくるであろう．

住みにくさがこうじて住みやすいところへ引越そうと計画

しても仕事の都合もあるし，引越しの費用も馬鹿にならないから，なにかキッカケでもない限りなかなかふんぎりがつかないものである．これと同じように金属や合金のすべての変態にさいしては，最初のキッカケが必要であり，キッカケさえできれば，つぎつぎと変態が進行してゆく．

析出の場合を例にとって，このキッカケのでき方を説明しよう．図5-5で合金1のα相を温度T_1からT_2まで急冷したあとでは，A原子との同居に不服なB原子が別居を開始して，しだいにB原子だけの集団が析出相となってゆくのであるが，実はα相のような固溶体のなかでもすでにこのような集団はいたるところで，大小さまざまなものができたり，つぶれたりしている．*

この集団の大きさがあまりにも小さすぎると「実力のないのに生意気な奴だ」というわけで，まわりのA原子の集団によってただちに押しつぶされて消えてしまう．しかし，たまたま，運よくかなり大きいB原子の集団ができた場合には，そう簡単にはつぶされなくなって生き残る．そうなれば，B原子の方も負けてはいずに周囲の護りを堅固にしたり，集団のなかの原子配列を変え，住みやすくしたりするので，この新しい集団はますます安定したものになる．このようになってしまえばB原子の集団のキッカケが確保されたわけであり，他の場所で集団が押しつぶされて行き場所がなくなったB原子も，ここへ集まってくる．一度，安定な大きさの集団ができてしまえばそれはますます大きくなってゆく．

このようにつぶされないための必要な最小限度の大きさをもっている集団を，析出相の＜核＞と名づけている．このような核の大きさや数は統計熱力学によって調べることができるが，合金の種類や温度によって異なることはもちろんである．このような核が結晶のなかのいたるところで同じ程度にできやすい場合には＜均一核生成＞と名づけられる．

住宅の新築にくらべて増築は経済的に楽であるのと同じで，核の個数がある程度に達したあとでは，さらに新しい核をつ

* α相固溶体においてこのような集団が存在することはX線散漫散乱法により，Al-Ag, Al-Zn系合金などについて示されている．

くるよりも既存の核が成長することによって全体としての析出相の分量を増してゆく方がはるかに楽であろう．このようにして＜核生成と成長＞という過程で析出が進んでゆくことが実際にも多くの合金でたしかめられている．ここでは析出の場合を例にして話したが，実際には析出のみならずすべての変態において核生成と成長とによって新しい相ができてゆくことが明らかにされている．

　住宅の新築，引越や増築にさいして一時的に意外なくらい出費がかさむのと同じように，変態の核生成と成長が起こる場合にも一時的の自由エネルギーの増加が必要となる．変態によって最初の状態よりも自由エネルギーの低い状態へ移行することは前に述べたとおりであるが，その途中で一度は必ず最初よりも自由エネルギーの高い状態を通ってゆかなければならない．そのさいの自由エネルギーの増加分が変態の＜活性化エネルギー＞と名づけられるもので，これが大きければ大きいほど，変態が進みにくいことになる．

　実際には，変態の活性化エネルギーは新相の核*ができるさい，核の周囲に元の相に対する境界の壁を築かなければならないため，あるいは成長のさい，原子が拡散によって移動しなければならないことなどに必要な，余分のエネルギーと考えればよい．

　結晶のなかに転位線とか粒界というような欠陥部分が存在する時は，その場所の結晶がゆるんでいるので，さっそく，B原子が集まって核を作ってしまう．これはちょうど，新開地に住宅が建ちはじめる場合，まず道路に沿って住宅が建ちはじめるのと同じであって，他の場所に優先して特定な場所だけに核生成が起こるので，＜優先核生成＞あるいは＜不均一核生成＞と称される．図5-6は結晶粒界に沿った不均一析出と，道路に沿っての郊外住宅の発展とを比較して示したものである．このような不均一生成も析出の場合ばかりでなくすべての変態で起こりうるものである．

*
新相の核ができるために必要な活性化エネルギーや核が成長できるための最小の大きさは，新相と母相との化学的エネルギーの差，新相が母相に囲まれて存在することに伴う弾性的歪のエネルギー，新相と母相の境界の表面エネルギー等を考慮して計算することができる．

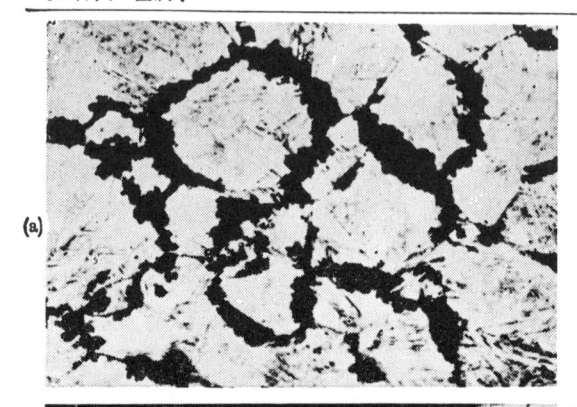

図5-6
(a) 銅-ベリリウム(2%)合金における粒界に沿った優先析出の光学顕微鏡写真.
(b) アルミニウム-銅(4%)合金における粒界に沿った優先析出の透過電子顕微鏡写真.
(c) アメリカのクリーブランド市郊外の道路に沿った住宅群.

もっと勉強したい人のために (5)

- SMOLUCHOWSKI R., MAYER J.E., and WEYL W.A., *Phase Transformation in Solid*, John Wiley and Sons, Inc. New York, 1951. 〔1948年にコーネル大学で開かれたシンポジウムの報告書．固体の変態に関する各分野の最高権威による17篇の総合報告の集録．金属関係では，純金属の変態 (BARRETT C.S.), 規則—不規則変態 (SIEGEL S.), 析出 (GEISLER A.H.), 共析変態 (MEHL R.F.) および，マルテンサイト変態 (COHEN M.) の5篇のすぐれた解説的総説が収められている．引用文献がきわめて豊富な点，研究者に役立つ．〕
- *The Mechanism of Phase Transformation*, The Institute of Metals, London, 1956. 〔1955年にロンドンで開かれたシンポジウムで発表された18篇の研究論文を集録．析出とマルテンサイト変態に関するものが過半数を占めている．専門家向き．〕
- *Thermodynamics in Physical Metallurgy*, American Society for Metals, Cleveland, 1950. 〔1949年にクリーブランドで開かれたゼミナールの論文集．14篇のうち7篇が金属の変態の熱力学的取扱いに関するもので，上級学生および研究者向き．〕
- *Precipitation from Solid Solution*, American Society for Metals, Cleveland, 1959. 〔1957年にシカゴで開かれた講習会のテキスト・9篇の集録で学生向き．とくに NEWKIRK J.B. による析出の一般論は教育的に書かれている．〕
- RHINES F.N., *Phase Diagrams in Metallurgy*, McGraw-Hill, New York, 1956. 〔状態図についての学生向き解説書であるが，変態に関する知識が定性的に巧妙に説明されている．〕
- CHALMERS B., *Progress in Metal Physics*, Pergamon Press, London, 1949〜1963. 〔金属物理関係の研究の進歩を，それぞれの分野の専門家がまとめた総合報告集で，現在まで10巻が出版されている (1963年の第10巻以後は，Progress in Materials Sciense と改称)．金属および合金の変態に関しては1, 2, 3, 4, 5, 6, 7, 10巻に解説的総合報告がのっている．〕
- SEITZ F. and TURNBULL D., *Solid State Physics*, Academic Press, Inc., New York, 1955〜1964. 〔固体物理関係の総合報告集で，現在まで15巻が出版された．変態に関して1, 3, 6, 9巻に5篇がとりあげられている．〕

〔平野賢一〕

6 鋼にも人生がある

《鋼の変態》

　金(カネ)——"キン"と読んではいけない．"キン"と読むと山吹色の黄金を意味するが，ここでは"カネ"と読む．金物屋の金"カネ"である．そのカネには生金(ナマガネ)と刃金(ハガネ)の2種類がある．生金は箸にも棒にもかからないほど軟かいものであるが，刃金は読んで字のごとく刃物になるごく重宝な金(カネ)である．

　生金と刃金はどこがちがうのだろうか．まず生まれがちがう．生金は純粋な鉄で，なんの混りけもないが，刃金は鉄に炭素(C)が混ざったものである．いずれも母体が鉄であることには変わりはない．純粋な鉄は軟かいが，これに炭素が混ざると，硬い刃金(鋼)になる．*

　この刃金は，むかしから刃物に使われた材料である．刃物といえば，その代表的なものに，日本刀がある．「抜けば玉散る氷の刃……」といえば研ぎすまされた名刀をすぐ連想するが，なかにはなまくら刀もある．

　よく，町のチンピラどもが"焼きを入れてやる"というこ

*
鋼(こう)は百工(こう)の本ともいわれる．

とばを口にするが,この意味はグズの土性骨をシャンとさせることをいうのである.名刀と鈍刀のちがいは,この"焼きの入れ"具合にかかっている.日本刀は"焼き"を入れて初めて名刀になり,"焼き"がうまく入らないものは,鈍刀というのである.*

* 日本刀の刃金の部分は1.1~1.3% Cの高炭素鋼である.JISでいえば SK2 に該当している.

生金は"焼き"が入らない.だから生金と刃金のちがいは,その生まれがちがうばかりでなく,教育の受け入れ体制がちがうのである.鉄鋼やその他の金属を,希望する性質や状態のものにかえるために,熱したり,冷したりすることを＜熱処理＞というが,この熱からの教育のされ方がちがうのである.

だから生金と刃金がその本性を暴露するのは熱処理を行なったときである.ふだんは,あまり差はないが,熱を受けると,がぜんその正体を現わしてくる.その理由はなぜであろうか.

生金も刃金も,すべて金(カネ)と名のつくものは,温度をあげればそれにしたがって性質がだんだんに変化する.しかし,ある温度に達すると,突然変異を起こす.この突然変異を＜変態＞といっている.

たとえば,温度をあげると長さがだんだんと伸びていくが,これは変態でなく,変化である.しかし,ある温度に達すると,いままで伸びつつあったものが,急に縮まってしまう.伸びつつあるものが,急に縮まるのであるから,これは変態である.

変態を起こす温度を＜変態点＞といっている.変態は生金も刃金も等しくもっているが,その内容がいささか異なるのであって,これが生金と刃金の運命を左右するものである.

生 金 の 変 態

人間社会にも変態があるように,金属にも変態をおこす時期がある(表6-1).

生金(純粋の鉄)の室温における状態を別名 α (アルファー)

表 6-1　各種変態の比較

人間…	幼年期	→	少年期	→	青年期	→	壮年期	→	老年期	→	死
鋼 …	A_0	→	A_1	→	A_2	→	A_3	→	A_4	→	溶融
温度…	210°C	→	730°C	→	770°C	→	910〜730°C	→	1400°C	→	1500°C
変化…	セメンタイトが磁気を失う	→	P→A	→	鉄が磁気を失う	→	$\alpha \to \gamma$	→	$\gamma \to \delta$	→	溶融

注：P……パーライト，A……オーステナイト

＊
さいきんでは，平衡状態における変態，つまり加熱でも冷却でもズレない変態を表わすのに Ae という記号を使うことがある．たとえば，A_3 変態の平衡状態におけるものを Ae_3 という．加熱あるいは冷却で変態にズレがあるときは，加熱の変態には c (*chauffage*, 仏語の加熱の意)，冷却の変態には r (*refroidissement*, 仏語の冷却の意) の字をつける．

鉄といっているが，これは温度をあげていくと，910℃で突然変異をおこして γ（ガンマー）鉄というものになる．すなわち，$\alpha \to \gamma$ の化身を行なうわけである．

変態には記号として A の文字を使用し，これに番号をつけて識別する．A は変態（*Allotropic transformation*）の頭文字である．したがって，さきの $\alpha \to \gamma$ の変異は A_3 変態とよぶわけである．＊

冷やしてくるときには，これとちょうど逆の変態 $\gamma \to \alpha$ を生ずる．いいかえれば生金の A_3 変態は逆もどりも可能であって（可逆的），$\alpha \rightleftarrows \gamma$ となる．

変態の内幕

さて，変態の内幕をのぞいてみよう．α 鉄というのは鉄原子の配列からいえば，図 6-1 のようにサイコロの各隅角に，

図6-1　α 鉄の鉄原子の配列（体心立方型）．
2.86Å

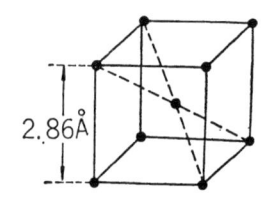

ちょうど豆細工のような形で鉄の原子が規則正しく並んでおり，おまけにサイコロの真中にもう一つの鉄原子があるよう

な構造になっている．このサイコロを体心立方格子 (B.C.C.) といっている．

サイコロの大きさは一辺の長さが $2.86Å$ ($Å = 10^{-8}$cm) で，この一つのサイコロを組立てるのに2個の鉄原子が必要である．*

ところが，γ鉄は同じサイコロでも図6-2に示すように，一辺の長さが長くなり，面心立方格子 (F.C.C.) となるからサ

* 1 《結晶構造のはなし》参照．

図6-2 γ鉄の鉄原子の配列 (面心立方型)． 3.56Å

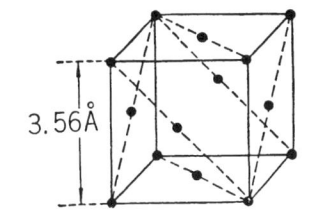

イコロを組立てるのに要する鉄原子の数は4個ということになる．要するに，

　α鉄はサイコロの大きさが小さくて，原子の数が2個
　γ鉄はサイコロが大きくて原子の数が4個

であるから，α→γになると，サイコロが大きくなって膨張するけれども，これを組立てるのに原子が余分に2ついることになる．けっきょくサイコロの数が減ることになって，収縮として現われるのである．こう考えると＜A_3変態＞というものは，鉄原子が配列の組替えをやって

$$B.C.C. \rightleftharpoons F.C.C.$$

になることであってこの組替えがなんのレジスタンスもなしにスムーズに行なわれるので，変態のズレがないのである．

刃金はひねくれ者である

ところが，刃金になると鉄に炭素が入っているために，A_3変態に多少の手心が加わってくる．

まず炭素が入るにつれて変態温度が低くなって，しまいには730℃になり，変態の記号も A_1 となる(表6-1参照)．A_1

変態の内容は基本的には

$$\alpha \rightleftarrows \gamma$$

である．しかし，これに炭素（C）が入っているために，常温では$\alpha+C$，*高温ではγの中に炭素がとけ込んだ形，$\gamma(C)$となる．すなわち

$$\alpha+C \rightleftarrows \gamma(C) \cdots\cdots A_1 変態$$

γの中にとけ込んだという炭素はγサイコロのどこにあるのだろうか．γが面心立方格子であるから，サイコロの体心が空いている．だから，ここに炭素がもぐり込んでいる．このために冷却した場合には

$$\gamma(C) \longrightarrow \alpha+C$$

の変化がスムーズに行なわれにくくなる．ごくゆっくり冷やせば変化はどうやら$\gamma(C) \longrightarrow \alpha+C$となるが，少し早く冷やすと，$\alpha+C$の状態までたどりつかないで，途中でひっかかった状態，つまり，αに炭素がとけ込んだ状態になる．すなわち，

$$\gamma(C) \longrightarrow \alpha(C)$$

となる．要するに生金のときは，

$$\alpha \rightleftarrows \gamma \cdots\cdots (A_3変態)$$

の変態が単純で，可逆的であるが，刃金のときには炭素が入っているだけに

$$\alpha+C \rightleftarrows \gamma(C) \cdots\cdots (A_1変態)$$

が複雑になって可逆的にゆかなくなる．

記号に弱いので名前でいこう

記号よりも名前でよんだ方がピンとくるし，おぼえやすいので，ここで名前をつけよう．

α鉄………フェライト（純鉄の意）[†]
$\alpha+C$……パーライト（フェライトとセメンタイト）[‡]
γ鉄………オーステナイト式
$\gamma(C)$……オーステナイト[§]
$\alpha(C)$……マルテンサイト[**]

---

* $\alpha+C$ のときの炭素は，Fe_3Cであらわされるセメンタイトという化合物になってα鉄中に別の相として存在する．

[†] フェライトとは，ラテン語の鉄（*Ferrum*）からきたことばである．

[78]

† パーライトは斜光線を用いて検鏡すると，ちょうど真珠（パール）のような光沢を呈するのでパーライトと名づけられた．本多博士はその組織が波打ちぎわの砂模様に似ているので，"波来土"とあて字された．

§ オーステナイトはイギリス人の Sir Robert Austen の偉大な研究を記念するために命名された．日本では本多博士が顕微鏡組織に関連させて"大洲田"とあて字された．

** マルテンサイトはドイツ人の Martens の名にちなんで命名されたもので，本多博士により"麻留田"とあて字されている．日本刀の沸（ニエ）はこの組織に該当する．

前述の記号をこれらの名前で書きかえると

 生金は……フェライト $\rightleftarrows$ オーステナイト式……
     A_3変態
 刃金は……パーライト（P）$\rightleftarrows$ オーステナイト（A）
     ……A_1変態

ということになる．

生金は常温ではフェライトといわれる組織であるが，A_3変態点（910℃）以上に加熱されるとオーステナイト式の組織に変身し，レジスタンスを示す炭素がないので，その変化はきわめてスムーズに，しかも可逆的に行なわれる．したがって，焼きが入らない．

ところが，刃金の場合は加熱の時には

  パーライト（P）$\longrightarrow$ オーステナイト（A）

に容易になるが，冷却の時の

  オーステナイト（A）$\longrightarrow$ パーライト（P）

は炭素というレジスタンス坊やがいるために，冷やし方の早い，遅いによって，素直になってくれない．

この冷却による変態にタメライがあるので，刃金に焼きが入ったり，あるいは鈍して軟かくなったりするのである．素直な変態よりもゴテル変態の方が利用価値の多いのもおもしろい．図 6-3 は100〜600倍の光学顕微鏡で見た代表的な組織を示すものである．

冷やし方で刃金は千万変化の変態を起こす

パーライト（P）を加熱して A_1 変態点（730℃）以上になると，オーステナイト（A）に変身するが，この温度から非常にゆっくり冷やせば，もとのPにもどる．

これをもっと早く冷やせば，Pにならずに α（C）の状態，すなわちマルテンサイト（M）というものになる．

Pになるよりも早く，Mになるよりは遅く，いわば中間の速度で冷やせばM＋Pの混合組織がえられる．

また同じPになる場合でも，炉の中でごくゆっくり冷やし

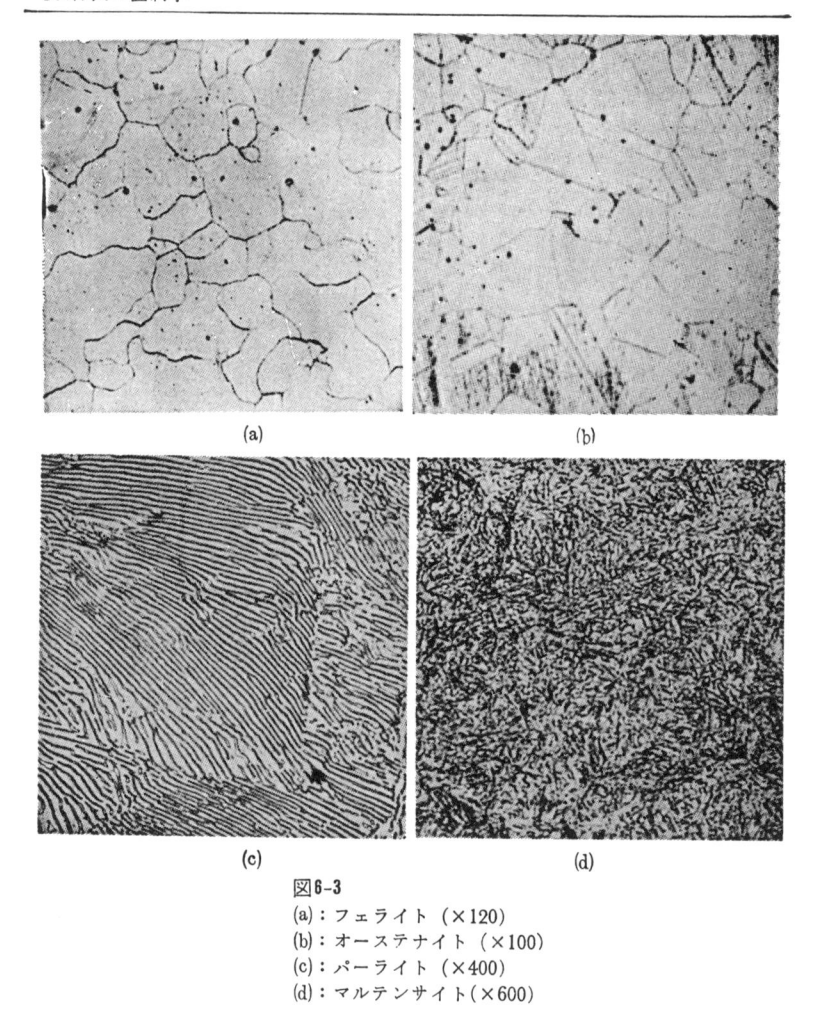

図6-3
(a)：フェライト（×120）
(b)：オーステナイト（×100）
(c)：パーライト（×400）
(d)：マルテンサイト（×600）

た場合と，空気中で冷やした場合，あるいは扇風機の風（衝風）で冷やしたときでは同じPではあるが，細かさがちがってくる．炉冷の場合がいちばん粗いので，これを粗大パーライト(P_C)，空冷の場合は中位のパーライト(P_M)，衝風冷の場合には微細パーライト(P_F)となる．

鋼 の 変 態

水で急冷すればM一色であるが，油などで冷却すればM＋P_Fの混合組織となる．

A→Mに変わる変態を M_S といい,* 昔は Ar'' の記号で表わしていた．またA→Pは Ar_1 変態で，とくにA→P_Fの変態を Ar' といっていたこともある．

またAの状態からいったん途中の温度まで急冷し，この温度にしばらく保定してから，ふたたび冷やすというような特殊な冷やし方をすると，MともPともつかない，合いの子組織が現われてくる．これは1930年にベイン博士によって見つけられたもので，＜ベイナイト＞(B)とよんでいる．本質的には $\alpha + C$ であるが，その存在状態が特殊なので，特別な性質をもっている．

図6-4は冷やし方による組織の変化をわかりやすく図に示したものである．

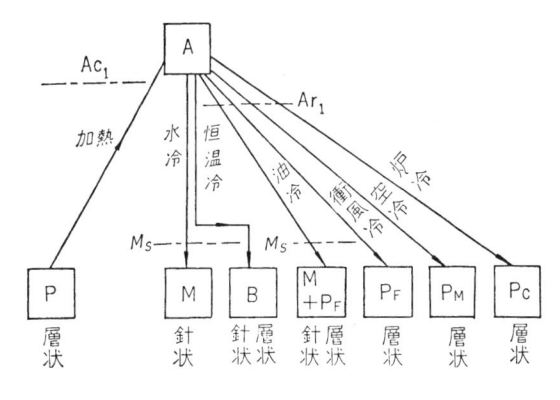

* M_S とは Martensite start の意味である．マルテンサイトになり終る点を，M_F，つまり Martensite finish といっている．すなわちマルテンサイト変態は M_S で始まり，M_F で終ることになる．

図6-4 刃金の冷却による組織の変化：冷却の早い，遅いによって得られる組織が違ってくることでよくわかる

組織が変われば硬さも変わるのは当然で，人相がちがえば性質がちがうという人間社会と，一脈相通ずるものがある．マルテンサイト(M)というのは鋼の組織の中でいちばん硬く，つぎは P_F, P_M, P_C の順に軟かくなる．したがって，MにPが混ざれば，その混ざる割合に応じてその硬さが低くなっていく．

マルテンサイト(M)はゴツゴツした針状であるから，チクチクと痛いように硬い．パーライト(P)は波打ちぎわの砂模

様のような層状になって軟かい．しかし同じ層状でも層状が
つんでいるほど硬くなる．したがって，A状態から急冷すれ
ばMになって硬くなり，徐々に冷やしていけばPになって軟
かくなる．

上に述べたように，刃金はA状態から急冷すればMになっ
て硬くなり，徐冷すればPになって軟くなるのであって，要
するに硬い，軟かいは冷やしの加減一つということになる．
刃金はこのように水で急冷すれば硬くなるので，これを＜水
焼入れ＞といっている．日本刀を赤めて，水で急冷するのは
このためである．逆にゆっくり冷やせば軟かくなるので，こ
れを＜焼なまし＞という．ついでにいうならばB組織を得る
ような冷やし方（恒温冷却）を＜オーステンパー＞という．こ
れは日本刀の時代にはなかった新しい冷やし方である．

"アブリ返し"でスタミナをつける

刃金は焼きを入れると硬くなるけれども，もろくなる．こ
のもろさをなくすために，再び加熱して軟かく粘くする方法
がある．いうなれば，アブリ返すわけで，これを＜焼戻し＞
といっている．

それでは，焼戻しをすると，どんな変化が起こるのであろ
うか．

まず焼入れしたときの組織はマルテンサイト（M）であるか
ら，焼戻しというのはマルテンサイトを再加熱することにな
る．マルテンサイトは，$\alpha(C)$つまり炭素（C）が溶け込んだ
α鉄である．

そして，これは，冷却の途中でゴテル変態を起こした"ひ
ねくれ組織"であるから，400℃くらいに加熱してやると容易
に炭素が飛びだして，

$$\alpha(C) \longrightarrow \alpha + C$$

となる．このとき，α鉄から飛びだした炭素は，まるく細か
いツブツブをなしている．これを金属組織学上，＜トルース
タイト＞*（T）といっている．

---

* トルースタイトはフランス人のTroostの名にちなんで命名されたもので，本多博士はこれに"吐粒洲"とあて字された．日本刀の匂（ニオイ）はこの組織に該当する．

硬さからいうと，マルテンサイトよりやや低いが，ねばいので刃工具などによく使われる．

加熱温度をもっとあげる（600℃）と，細かい炭素のツブツブがかたまり合って，大きめの粒状になる．これを＜ソルバイト＞*（S）といっている．

> *ソルバイトはイギリス人の Sorby の名にちなんで命名されたもので，本多博士は"粗粒陂"とあて字された．

この状態になると，以前のマルテンサイト（M）のトゲトゲしい針状がなくなって，円満な粒状になるので，もろかろうはずはない．バネのように，ねばさとスタミナがでてくるのである．

焼戻しの加熱温度はどんなにあげても A_1 変態点以下である．A_1 変態点以上に加熱すると，冷却前の状態，つまり，オーステナイト組織に戻ってしまう．

最初から，パーライト組織，つまり，常温で炭素の入った刃金 α＋C のものは，A_1 変態点以下の温度の加熱では組織の変化は起こらないから，焼戻しという操作はありえない．

すなわち，A_1 変態点以上に温度をあげて，いったんオーステナイト組織に変え，さらに，これを冷やしてマルテンサイト（M）に組織変えしてはじめて，焼戻しができるのである．

だから，パーライト（P）から必ずオーステナイト（A）を経

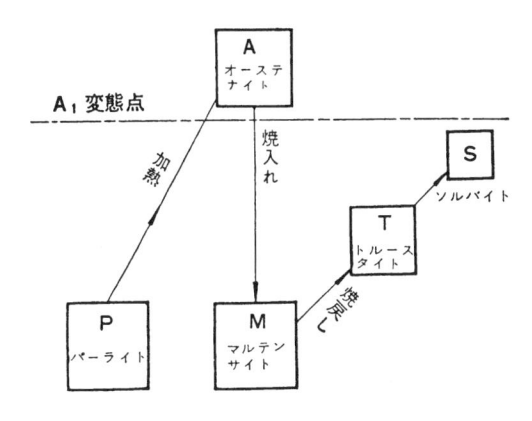

図 6-5　焼戻しはオーステナイトを経てマルテンサイトをスタート点とすることが絶対条件である．

由して，マルテンサイト(M)に変身したものでなければ，焼戻しにはならない．焼戻しのスタートの組織は，マルテンサイト(M)であることが前提条件である(図6-5)．

体質改善で"味"をつける

　　一般に，焼入れして，焼戻しをするということは，いったん硬くしたものを再加熱して軟かくするということになるから，たいへんな体質改善が行なわれたことになる．だから，焼入れ——焼戻しの操作を＜調質＞*という場合もある．

　　焼入れして，硬くなったものほど，焼戻しをすれば，なかなか深みのある味がでてくるのであって，この点，苦労した人ほど人間味があるのと同じであるのは，まことに興味が深い．

　　つぎに各組織の硬さを比較してみよう．

　　いちばん硬いのはマルテンサイト(M)，いちばん軟かいのはオーステナイト(A)であって，このほか組織は，みなこの間に入ってくる．

　　マルテンサイト(M)＞トルースタイト(T)＞ソルバイト(S)＞パーライト(P_F)＞パーライト(P_M)＞パーライト(P_C)＞オーステナイト(A)

* 調質には機械的調質と熱的調質とがある．焼入れ焼戻しによる調質は後者にぞくする．

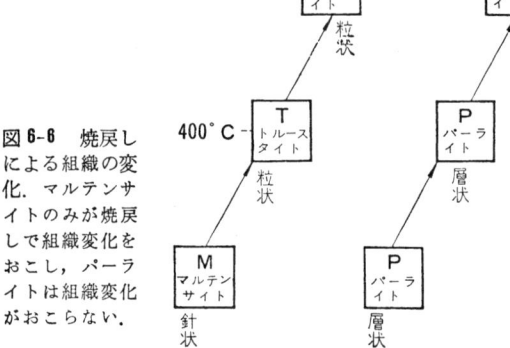

図6-6　焼戻しによる組織の変化．マルテンサイトのみが焼戻しで組織変化をおこし，パーライトは組織変化がおこらない．

鋼の変態

表 6-2 組織と性質

組織名	あて字	内容	性質	備考
フェライト	Fe	α鉄 B.C.C. 純鉄	軟かい 強磁性体	ラテン語 フェルーム
セメンタイト	Fe_3C	炭化鉄	硬く,もろい 210°Cキュリー点	
パーライト	波来土	$Fe+Fe_3C$の層状混合物	硬い	パール
普通 P	C.P.	×100で層状の見えるもの		
中 P	M.P.	×1000で見えないが×2000で見える	焼入れソルバイト	
細 P	F.P.	×2000以上でも見えないもの	焼入れトルースタイト ノジュラートルースタイト	
オーステナイト	大洲田	γ鉄の炭素固溶体	強くねばい,非磁性体	オーステン(英)
マルテンサイト	麻留田	α鉄の炭素固溶体	硬くもろい	マルテン(独)
ハーデナイト		0.9%Cのマルテンサイト	硬い	
トルースタイト	吐粒洲	$Fe+Fe_3C$の粒状混合物	焼戻組織 強くねばい	トルース(仏)
ソルバイト	粗粒陂	$Fe+Fe_3C$の粒状混合物	焼戻組織 強くねばい	ソルビー(英)
オスモンダイト	—	$Fe+Fe_3C$の粒状混合物	400C°戻し	ハイン(独)
スフェロイダイト	—	粒状パーライト	軟かくねばい	
ベイナイト	B.	オーステンパー	恒温変態組織強くねばい	ベイン(米)
上 B	U.B.	$Fe+Fe_3C$の層状混合物	〃 軟かくねばい	
下 B	L.B.	$Fe+Fe_3C$の針状混合物	〃 硬くねばい	

冷却組織	徐冷	パーライト (C・P, M・P, F・P)	
	急冷	オーステナイト,マルテンサイト,ベイナイト	
焼戻し組織		トルースタイト,ソルバイト	

図6-6は焼戻しによる組織の変化を示したものである.

けっきょく,鋼は熱処理によって表6-2のようにいろいろの組織が現われてくる.鋼の熱処理は,変態を利用し,組織を変化させて性質を変えるための熱の取り扱いということになる.

日本刀の昔から熱処理は鋼を生かす道とされていたが,その内容は昔もいまも変わりはないのである.

もっと勉強したい人のために (6)

・本多光太郎:鋼の焼入(大正10年).〔鋼の焼入れに関する本多理論をわかりやすく講義したもので,本書により鋼の焼入理論が進

展し，焼入技術が開発されたものである．日本における焼入れの古典である．温故知新には必読の書．〕
- GROSSMANN M.A.: *Principles of Heat Treatment*, Cleveland, ASM, 3rd. ed., 1959.
〔アメリカ金属学会 (ASM) 推奨の熱処理の基礎読本である．熱処理の基礎を学ぶには好適な中級教科書．〕
- BULLEN: *Steel and its Heat Treatment*,
〔全3巻で，熱処理の全般を知るには，ひじょうに良い本．鋼の製法，熱処理方法，熱処理設備に至るまで，ていねいに説明してある．熱処理技術者が必ず一度は目を通しておくべき本である．〕
- 日本鉄鋼協会編：鋼の熱処理一基礎と作業標準一，改訂版，1963.
〔日本における熱処理の作業標準を解説したもので，日本の現状を知るには好適な本である　JIS鋼材を対象にしているので，現場技術者によい指針を与える．〕

〔大和久重雄〕

7 トランジスタ・ラジオの影武者

《転位のはなし》

　　先日モスコウを訪れたとき，ホテル・ミンスクの食堂で，ソ連の若者夫婦と同席した．彼らはロシヤ語以外は何もしゃべれない．私はまたロシヤ語がほとんどしゃべれない．しかし身振り手振りで何とか話したことは，日本のトランジスタ・ラジオとトランジスタ・テレビのことであった．おどろいたことには，彼らは日本の某トランジスタ・メーカの名前を知っていた．

　　外国の雑誌には，日本のトランジスタ・ラジオ，テレビの広告が盛んに出ている．外人客の多い空港への道路には，それらのメーカの広告が，いやというほど並んでいる．日本のトランジスタとその製品は，まさに世界をかっ歩しているといってよいだろう．

　　しかし"もしも〈転位〉に関する知識がなかったら，こうはなっていなかっただろう"といったら，あるいはさらに"もしも転位に関する知識がなかったら，トランジスタ・メーカの1社や2社はつぶれていたかもしれない"といったら，お

どろく人が多いかもしれない．

トランジスタのおシャカ

日本のトランジスタ工業の初期においては，トランジスタのおシャカがたくさんできた．むしろ検査に合格する製品の方が少ないくらいで，歩どまりがいちじるしく悪く，おシャカ製造会社の感があった．

トランジスタはいうまでもなく，ゲルマニウムやシリコンとよばれる半導体でできている．*ふつうのラジオやテレビに使われるトランジスタはゲルマニウム製だ．おシャカになったトランジスタのゲルマニウムを化学薬品で腐食して顕微鏡で観察すると，多数の斑点が見える．この斑点は（エッチ・ピット）とよばれているが，よくみがいたゲルマニウムの表面を特定の化学薬品で腐食したときにできる食刻である．

図7-1はゲルマニウムのインゴットの切断面に現われたエッチ・ピットである．これは低倍率の写真であるが，白い小さな斑点として見えているのが，＜エッチ・ピット＞である．いまその一つの斑点を拡大してみると，図7-2のように見える．すなわち，エッチ・ピットは錐状に凹んだ孔であること

*
トランジスタ作用の発見者はバーディーン，ショックレー，ブラッテーンの3人である．3氏はこれによってノーベル物理学賞を受けた．

図7-1 ゲルマニウム・インゴットのエッチ・ピット．白い斑点の一つ一つがエッチ・ピットで，その一つを拡大すると，図7-2のように見える（クレセル・バウエルによる）．

図7-2 ゲルマニウムのエッチ・ピットを拡大して，孔の細部を見たもの．2,600倍（クレセル・バウエルによる）．

がわかる．このようなエッチ・ピットが多数現われるようなゲルマニウムは，＜トランジスタ＞として使いものにならないのである．

エッチ・ピットと転位

　金属とか半導体の結晶はいろいろな化学薬品で腐食される．＜エッチング＞とよばれる技術で，看板や表札を作ったり，芸術作品も作られるが，それは金属が化学的に腐食されるという性質を応用したものにほかならない．

　金属，その他の結晶の表面は，化学薬品が触れたところは一様に均一に腐食される場合もあるが，多くの場合は，局部的に，または不均一に腐食されるものである．ことに結晶の表面を顕微鏡的に観察するならば，つねに局部的な不均一な腐食が見られるといってよい．

　そのような不均一な腐食が起こる原因は，結晶の表面が均一になっていないからである．すなわち，いろいろな異物が夾雑物として結晶の中に入っているからだ．異物にはいろいろな種類がある．不純物の原子もあるし，不純物の原子が集

図7-3 完全結晶の原子配列

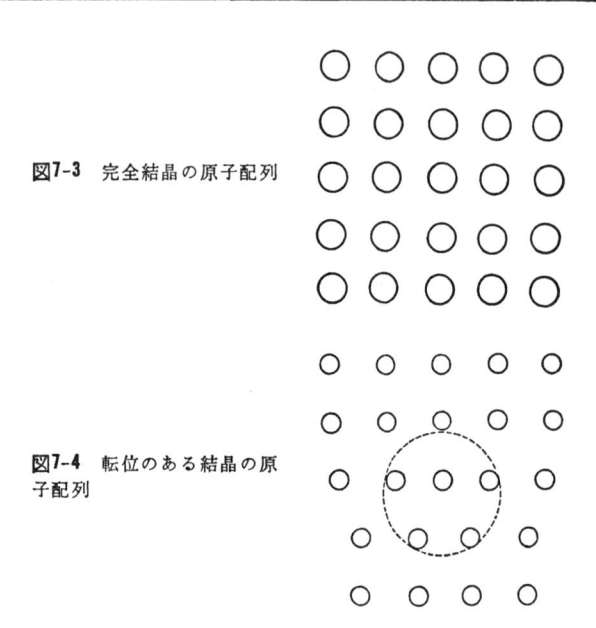

図7-4 転位のある結晶の原子配列

まった析出物もある．また不純物はないとしても，結晶の中の原子の配列が乱れていて，そこだけ異質になっている場合もある．このような原子配列の乱れは，しばしば結晶の＜内部歪（ひずみ）＞とよばれている．このような異物，異質があるところは，腐食されやすい．

結晶というものは，原子が規則正しく配列した物質であることは，よくご承知のとおりである．図7-3はその規則配列を碁石のような模型で示したものである．このような結晶は乱れのない完全結晶である．この結晶のなかに，原子配列の乱れができると，内部歪を生じて，そこが局部的に腐食されやすくなる．

原子の配列の乱れの一例を図7-4に示そう．中央の縦の原子列が途中で切れた例である．すなわち，この模型では，縦の列が5個の原子からなるはずであるのに，中央の列では3個しかない．下の2個がないので，両側の原子が中央に寄っ

てきている．このような乱れの場合には，図の中で点線の円で示した部分がもっともゆがみ（内部歪）が大きい．なぜならば，完全結晶（図7-3）の正規の配列においては，4個の原子が正方形に並んでいるのであるが，図7-4の円内では5個の原子が妙な形に並んでいるから，明らかに乱れが生じていることがわかる．

このような乱れがあると，そこがいちじるしく腐食される．すなわち，図7-2の写真に示したような孔が，そこを中心として錐状にできるのである．

図7-4に示したような原子配列の乱れが転位であるが，転位とエッチ・ピットの関係をもっとくわしく述べる前に，転位の原子的な構造をもう少し述べておこう．

転 位 の 素 顔

図7-3，7-4は碁石を平面的に並べたようなものであるが，実際の結晶は平面的なものではなくて，もちろん立体的なものである．球を立体的にならべれば，いちばんよい模型ができるはずであるが，それは図に書くとかえってわかりにくくなるから，平面を重ねて立体としたような模型を使うことにする．

図7-5が完全結晶であって，平面模型としては図7-3に該

図7-5 完全結晶を原子面の配列で模型的に示したもの．

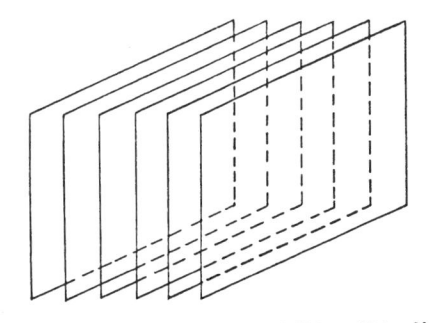

当する．すなわち，図7-5は完全な平面が等間隔で平行に並んでいる模型である．もしも図7-6のように，平面（原子面）

図 7-6 転位のある結晶，すなわち原子面が一部欠けた結晶を原子面の配列で模型的に示したもの．

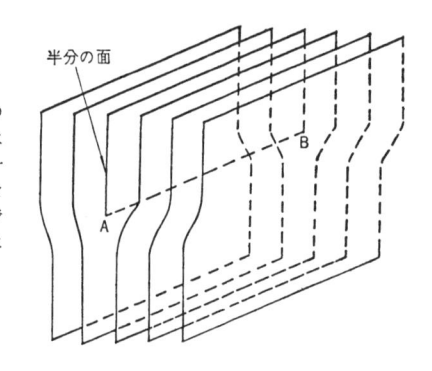

の一つが半分欠けていたとしたらどうなるだろうか．この平面は下半分がないから，その両側の面が寄ってくることになる．そして半分の面の下縁に沿って，結晶内に内部歪（原子配列の乱れ）を生ずることになる．なお，この図形の手前の切口は，図 7-4 の原子配列とまったく同じであることがただちにわかるであろう．すなわち，図 7-6 は転位の立体的な構造図なのである．

図 7-6 の半分の面の下縁に沿って原子配列の乱れ（内部歪）が存在することを前に述べた．すなわち，半分の面の下縁に沿って転位が存在することになる．あるいはもっと簡単にいえば，半分の面の下縁が転位なのである．あるいは図 7-6 の AB という長さの線が転位であるといってもよい．このように転位というものは，線状のものなのである．

図 7-6 の半分の面は，図からわかるように，カミソリの刃で切り込んだような形をしている．AB 部がカミソリの刃先である．そのことからこれを＜刃状転位＞とよんでいる．* 刃状でない転位も存在するが，† ここでは述べないことにする．

図 7-6 の転位 AB が結晶の中に存在している模様は，図 7-7 のように書けばもっとわかりよいであろう．すなわち，転位は線状に結晶を貫いているのである．A の点で結晶の手前の面に顔を出しているところを腐食すれば，そこにエッチ・ピットができる．

* いまから約30年前（1934年）に，刃状転位の模型を提案したのは G. I. テーラーであるが，この優れた転位論の先駆者は，転位論学者としてよりも，流体力学者として有名．

† 16 《クリープのはなし》の図16-7をみてほしい．

図7-7 転位が貫いている結晶.

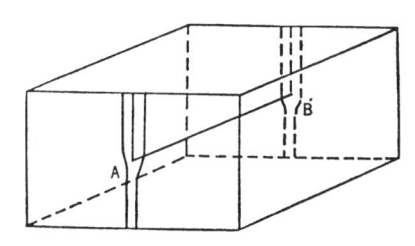

転 位 の 行 列

　図7-7のような転位が，縦に多数並んだところを考えてみよう．それは図7-8のようになる．ここではA，B，Cと3個の転位を並べてみた．ここで注目すべき重大なことが起こる．すなわち3個の転位が並ぶということは，3枚の半分の面が，少しずつずれて入るということであって，図7-8をみれば一見して明瞭である．

　当然の帰結として，結晶の上の方が開いてくる．その結果図7-8に示したように，結晶の左半分と右半分とが互いに傾いてくる．これは別の言葉でいえば，ABC……の線が境界となって，ここで二つの結晶が相接していることになる．すなわちABC……線は結晶粒界の線なのである．

　さらに別の言葉でいうならば，刃状転位が縦に並んだものは，結晶粒の境界にほかならないのである．ただし，この種

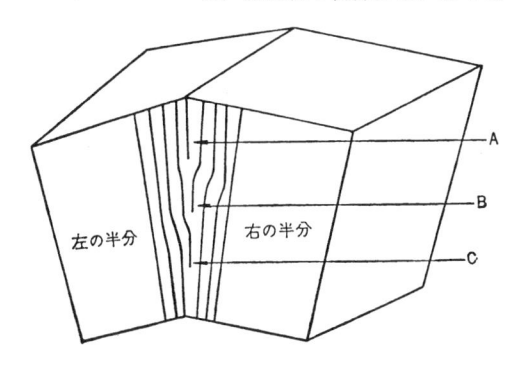

図7-8 転位の列，すなわち小角結晶粒界．

*小角結晶粒界とよぶ．

の粒界は，左右の結晶粒の間のお互いの傾きの角が小さい場合*に限られる．

エッチ・ピットと転位の符合性

　エッチ・ピットで転位を観察する場合に，ひとつのエッチ・ピットがひとつの転位に対応し，またひとつの転位が必ずひとつのエッチ・ピットを生ずるということが必要である．結晶の中にはいろいろな腐食の原因があるから，場合によっては，転位でないところにピットができたり，転位があっても腐食されなかったりする．そのようなことはまったく化学薬品の種類と腐食の方法によるのであって，それらを適当にすれば，エッチ・ピットと転位を1対1に対応させることができる．そして，この対応が完全であるかどうかを検証する方法としては，転位の配列からなる小角結晶粒界，すなわち前節に述べたような左右の結晶粒の間のお互いの傾きの角が小さい場合の粒界を使うのがよい．

　いま，A，B，C……と多数の刃状転位が等間隔で縦に並んでいるとする．図7-8のような状態である．左側の結晶と右側の結晶の間の傾きの角は，上述の転位間の間隔に逆比例するという，きわめて厳密に成立する法則が見出されている．すなわち転位の間隔が2倍になれば，左右の結晶粒の間の傾きの角は2分の1になるということである．

　いまひとつの結晶粒界が与えられたときに，その両側の結晶の間の傾きの角を，X線によって測定する．そうすると粒界の中の転位の間隔，すなわち図7-8のABの間隔，BCの間隔などが，上述の逆比例の法則を使った計算によって求められる．つぎにその粒界のエッチ・ピットを調べて，それらのエッチ・ピットの間隔が上記の計算値と一致するならば，それらのエッチ・ピットが転位と1対1に対応すると結論して差支えないであろう．†

　図7-9の写真はゲルマニウムの中の粒界のエッチ・ピットの例であって，計算値とぴったり一致している．

†ゲルマニウムやシリコンの中にふつうに存在する転位の数は1平方cmを貫く数が，数100本から数1000本という程度で，金属の場合に較べて10万分1のぐらいに少ない．すなわち金属にくらべて，いちぢるしくきれいな結晶なのである．

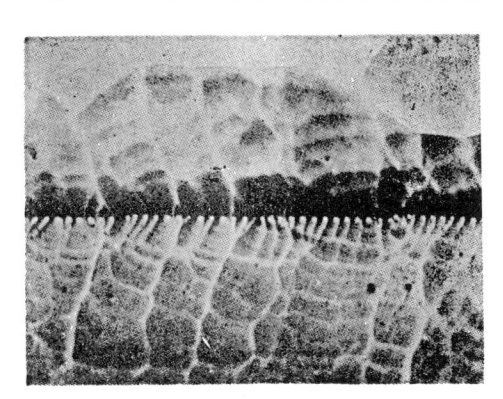

図7-9 ゲルマニウムの小角結晶粒界をつくる転位のエッチ・ピット．中央に横に一列に並んだ小白点（橋口と松浦による）．

転位のはたらき

　転位が多数あるゲルマニウムは，トランジスタとして使いものにならないと述べた．それは転位がゲルマニウムの半導体としての性質をいちじるしく左右するからである．転位はゲルマニウムの中で，ある種の不純物と似た作用をする．トランジスタ，その他の電子工学部品として使われるゲルマニウムは，99.99999999 %，いわゆるテン・ナインあるいはそれ以上の純度のものとして作られる．不純物と似た転位が多数入った結晶が使いものにならないことが，容易に想像されよう．

　ゲルマニウム中における転位のはたらきは，原子価が3価の不純物に似ている．ゲルマニウムは4価であるから電子が1個足りない不純物である．そのほか電子が散乱される中心になったり，電子と正孔が再結合する中心になったりする．これらのことが各種電子部品の性能を害するのである．*

*くわしくは，22《半導体のはなし》をみてほしい．

　ゲルマニウムやシリコンのような半導体の中の転位の電気的なはたらきは上述のようなものであるが，電気的なはたらきはむしろ転位のはたらきのごく一部分である．

　転位のはたらきの中でいちばん古くから研究され，また，きわめて重要であるのは，結晶の塑性や機械的強度に関するも

のである．それらについては，後章に述べられるはずである．

ここでは，転位の構造を十分頭に入れていただくことと，ゲルマニウムにおいて見出された歴史的に有名なエッチ・ピットと転位の1対1の対応（これを最初に見出したのは米国ベル・テレフォン研究所の研究者たちであった）によって転位を観察することができることをお話ししだいである．*

転位の構造は結晶の種類によって多少異なっているが，ここに述べた程度の大ざっぱな話（図7-4, 6, 7, 8）は，どんな結晶にも通用するのであって，金属の場合でも同様であることをつけ加えておきたい．

* 転位論発展の主流は，なんといっても金属にある．しかしゲルマニウムやシリコンは，不純物や転位が少ないきれいな結晶ができることや，金属の場合とはちがったいろいろな特性を転位が持っていることのために，転位論発展の上に重要な役割を演じている．

もっと勉強したい人のために（7）

- 日本金属学会編：格子欠陥と金属の機械的性質，日本金属学会，1963．
- 藤田英一，結晶塑性（橋口隆吉編・金属学ハンドブック，第10章，朝倉書店，1963）．

〔最初に勉強する読者には，以上2点をおすすめする．〕

- 日本金属学会編：転位論の金属学への応用．丸善，1957．〔以上2点を済ませた人にこれをおすすめする．さらに進んだ段階の文献は，以上の3冊に多数あがっている．〕

〔橋口隆吉〕

8 硬いダイヤとやわらかい鉄
《強度のはなし》

　最近は，ダイヤモンドも人工的に作られるようになり，一時は宝石好きのご婦人の肝を冷やしたり，喜ばせたりしたものである．もちろん喜んだのはダイヤとは縁遠かったご婦人たち．しかし幸か不幸か，今のところ，小さいものしかできないし，姿よく透明なものとなると天然のより高くつく．砥石にしかならないからニューヨークのウォール街も，東京の兜町もあわてた形跡がない．もっとも，あるアメリカ人が，大きな宝石を作って世界市場を引っかき回わすかも知れないのは日本人とドイツ人だとありがたくないことをいった．*

　さて，余計なことを考えずに，ダイヤモンドはなぜ硬いのかの問題にとりくもう．

　ダイヤモンドは炭素の原子からできている．それらの炭素原子の核から最も遠い軌道を回っている4個の電子が，隣り合わせの原子に属する同類の電子と結合する．このようにして2個ずつの電子が組を作るので，1個の原子は4本の継ぎ手で隣り合いの4個の原子と結合している．　かくして，高名

---

* 人工ダイヤモンドは，ふつうグラファイト（黒鉛または石墨ともいう）に触媒としてニッケルなどの金属をまぜたものを高温高圧下においてつくられる．グラファイトもダイヤモンドも炭素の同素体であるが，グラファイトは六方晶で軟かな物質であることはご存知であろう．このように，物の硬さは結晶構造に敏感であるが，それは原子の結合の本質的なちがいに由来する．

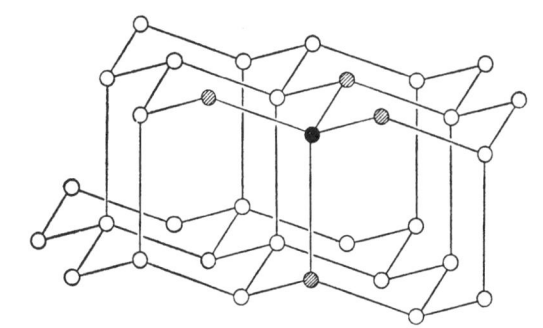

図8-1 ダイヤモンド格子では1個の炭素原子は4本の継ぎ手で隣り合う4個の原子と結合している．

* 図8-1. を見てほしい．

なダイヤモンド構造という結晶構造ができあがる．* 硬い理由は，2個の電子の組でできている継ぎ手が強いのと，これらの継ぎ手が4方向に向いていて，方向性があるためである．結晶が変形しようとすると，この強い継ぎ手を伸ばしたり，あるいはねじったり，果てはそれを切らねばならない．

　それでは，金属はなぜやわらかいのか．原子同士の結びつきが，原子の核から最も遠くにいる電子に原因する点では，ダイヤモンドと同じだが，原子核を島とすればこれらの電子は海の水のように島から島をとり巻いていて，ある電子が特定の島に所属するということがない．ダイヤモンドの電子を良妻とすれば，金属の電子は娼婦型といえる．金属では隣接する原子数に比べ結合に関係する電子の数が不足している．需要供給のアンバランスがあるので，かくなるのも経済の原理であり，人情のしからしめることでやむをえない．満ち足りた姿がダイヤモンドなら，金属は不満の極みというところ．このため，一般に，金属の原子間の結びつきはダイヤモンドの類にくらべれば弱いし，方向性もない．†

† 19.《金属結合の本質》参照

　結晶に力を加えて引張ったり，縮めたりすると，はじめはその原子間の結合力で決められる弾性に応じた抵抗力を受けるが，やがて，ある限界を越えると，もはや元に戻らない，いわゆる＜塑性変形＞がはじまる．塑性変形のはじまる応力（単位面積当たりの力）が大きいものが硬くて，それが小さいものを軟かいといっている．塑性変形は結晶の原子面の"す

強度のはなし

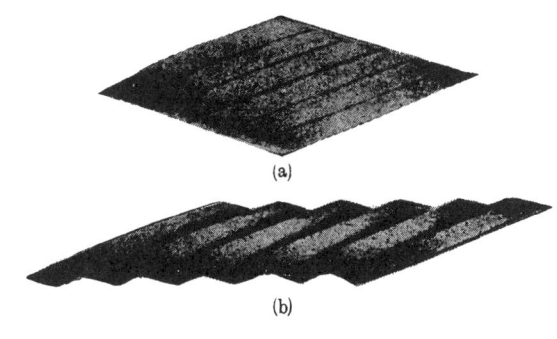

図 8-2 結晶のすべりのモデル．a を水平に引っぱると b になる．

べり"でおこる．したがって物の硬さは，すべり易いか難いかで決まるといえる．地すべりとか断層とかを想像して欲しい．結晶は図 8-2 のようにトランプのカードを重ねてずらせたようにすべる．このため，すべり面をはさむ両側の原子の結合がいったん切れ，再び結び合ったりするのを繰返して，すべりが進行する．原子の結合が強いと，すべりにくいわけである．

やさしくいおうとしてトランプカードをもち出したりすると，実は，間違いのもとで，物ごとの本質を見失ってしまう危険がある．トランプカードの比喩は厳密ではない．ここで，転位の登場を願わなければならない．

舞台裏のはなし

ディスロケーション（転位）というのは，もと医学用語であり，地質学でも早くから使われていた．それぞれ，脱臼であり，断層であり，総じてくいちがいの意味である．結晶の転位については，7.≪転位のはなし≫ですでに解説ずみでもあるので，舞台裏の話をしよう．

トランプのカードのように結晶の原子面がすべるものとして理論的に計算すると，剛性率 G^* の約30分の1（$G/30$）の応力が必要である．どの金属もこんなに強ければ苦労はない．実際は，もっともっと低い応力で塑性変形がおこってしまう．たとえば，銅に対する $G/30$ は 160 kg/mm^2 で，実測値 50g/mm^2

*せん断力を作用させて物体を弾性変形させたとき，せん断力とそのときのせん断ひずみの比を剛性率という．剛性率の大きいものは変形しにくい．

図8-3 2本の刃状転位が右より入り(a), 左へぬけると(b), 上下の結晶は2原子距離だけ相互にすべる．(a)は刃状転位線の垂直断面図である．

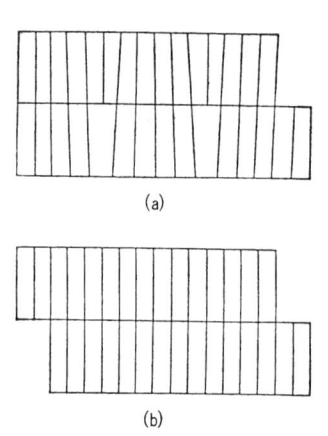

*一般に，転位の動きやすさは，移動度＝＜平均速度/力＞の大小によって判定する．転位のポテンシャルエネルギーは，転位の中心が，格子点に対応する対称位置にある時に最低で(図8-3a)，格子点と格子点との中間位置にある時に最大となり，格子点間距離にひとしい周期で変動するものである．このポテンシャルをパイエルスポテンシャルといい，それに由来する抵抗力をパイエルス力とよぶ．

†材料の表面の凸凹を樹脂で型にとり，そこへ金属のうすい膜を蒸発でつけ，樹脂をとかし去りうすい金属の膜にして観察する方法．

(室温)の3200倍にもなる．7.＜転位のはなし＞の説明にあるように，転位はまわりの多数の原子のわずかの弾性変形で支えられている原子配列の大きな乱れで，お神輿にのっかっているような調子でぐらぐらと小さな応力で，結晶中を運動することができる．*すべり面を結晶の端から端まで動くと，1原子間距離のズリがおこる(図8-3)．n個の転位が動けばn原子分のズリがおこることになる．結晶の表面にこのすべりの断層が現われるが，図8-4はこの断層をレプリカ法†でうつし取ったものを電子顕微鏡で見たものである．断層の大きなものは，すべり線として光学顕微鏡でもみえる．光学顕微鏡では，いくつかの断層が束になって見えることが多いので，＜すべり帯＞とよぶ方が適当かもしれない．さて転位の運動に必要な力を計算してみると，$G/1,000$から$G/10,000$程度になり，実際とよく合う．

転位の模型図から想像できるように，その中心近くでは原子間に伸び縮みだけでなく，ズリがおこっている．このため，原子同士の継ぎ手に曲げやねじれがおこり，ダイヤモンドのように結合に方向性がある場合は，転位の運動に対する抵抗力がそれだけ大きくなり，すべり変形がおこりにくい．

図8-4 黄銅の結晶表面にあらわれた断層(すべり線).

金属の生まれと育ち―硬いのと強いのと

たとえば世の男性が女性に対して,「あいつはかたい」といわれるのと,「あいつは強い」といわれるのとではだいぶ感じがちがう.意味も,時には180°ちがうことさえある.中性である物質の硬さと強さでは,これほどちがうことはないが,物理的にもう少しはっきりさせておきたい言葉である.

"硬い"というのは,塑性変形のはじまる応力(降伏強さという)が大きいということで,ダイヤモンドが硬い物質のチャンピオンである.

強いというのは? 力を加えて,塑性的に変形してみて切れにくいものを"強い"という.しかし,アメのように小さな力でズルズル伸びるのは,強いとはいわない.工学的には引張強さの大きいものを強いという.

金属を引張ると,図8-5のようにすべりを起こして変形してゆく.これは,ゴムやプラスチックとちがって弾性変形ではないから,元の形に戻らない.また,すべりが進行すると

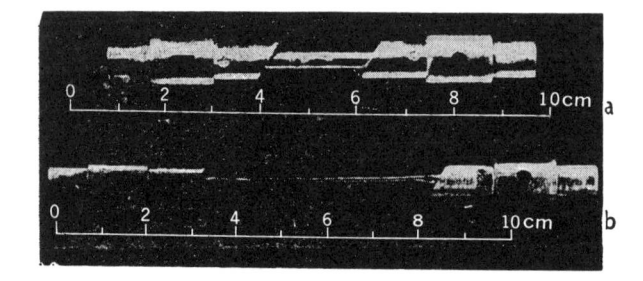

図 8-5 亜鉛の塑性変形. (a)は変形前, (b)は変形後.

*ふつうの金属結晶は十分に焼鈍された状態で転位線密度が$10^6 cm/cm^3$ぐらいある. 任意の結晶断面に現われる転位を数えて, その数を面積で割ったものを転位密度といってもよい. 上の場合には, $10^6 cm^{-2}$ということである. 加工硬化した状態では, それが$10^{10} cm^{-2}$以上にもなる.

ともにすべりの抵抗力が増してゆく. 変形を進めるためには外力をつねに増加しなければならない. その最高値が引張強さである. 金属の強さは引張強さの大小, いいかえれば, 硬さに加えて＜加工硬化＞の大小で決まる.*

工業材料としては, 切れるまでの加工硬化の程度が大きく, 同時に切れるまでの伸びが大きいのがよろしい. さらに硬ければ上々であるが, よくしたもので, 硬いものは, たいていもろい. いいかえれば, 伸びが少ないということになっている. 小さく産んで大きく育てるというのは母親の念願であろうが, 金属学者は大きく産んで大きく育てたいという欲ばった念願をもっている.

鉄とアルミニウムの硬くなり方

鉄は体心立方, アルミニウムは面心立方の金属で, 工業材料としては硬軟の両代表かも知れないが"育ちの強さ"はその逆だといったら信用するだろうか. それは図 8-6 にご覧の通りで, 加工硬化問題が難問のゆえん. このグラフのたて軸は, 変形応力であるが, 生まれ（弾性）のちがいをとり除くために, 剛性率で割ってある. また, 環境の差（測定温度の影響）はそれぞれの融点の0.16に相当する温度で測定したものを比較することによってなくしたつもりである. 同じ条件下で育てたとしたらどのくらいの差がでるかというのを知るためである. 鉄は硬さは硬いが, 塑性変形後の強度からいえばアルミより軟かい. すなわち, ＜加工硬化率＞が小さい. これは

強度のはなし

図8-6 鉄とアルミニウムの加工硬化のちがい。縦軸については本文を参照のこと。$\left(\frac{\tau}{G}\times 10^4\right)$

体心立方金属に通有の性格で，面心立方金属では金，銀，銅の方がアルミニウムより硬化率は大きい．面心立方金属の中でも弱いアルミニウムに鉄は負けるというわけである．*

ナイロン靴下の"伝染"をとめる糸のもつれと同じように，すべりをとめる加工硬化の機構の一つに"転位のもつれ"がある．このもつれを＜タングリング＞とよんでいるが，現在，加工硬化に関する研究の中心問題の一つである．転位のもつれは転位同士が互いに切り合いにくいために起こる，もっとも一般的にみられる現象である．これに対して，銅合金などでは転位同士の弾性的な相互作用のために平行転位の堆積も起こる．これも加工硬化の重要な一因とされている．図8-7は鉄の中でおこっている転位のもつれの透過電子顕微鏡写真である．鉄でもアルミでも同じような"もつれ"が見られるにもかかわらず，加工硬化の程度が鉄とアルミニウムで，かくもちがうのはなぜだろうか．

タクシーの運転士が大通りの混合いをさけて，横道をする抜けていくように，転位もしばしば本来のすべり面から別のすべり面へ抜けて"もつれ"をさけることができる．これを＜交叉すべり＞というが，実は，この難易が加工硬化率の大小を決定している．面心立方金属では，体対角線に垂直な

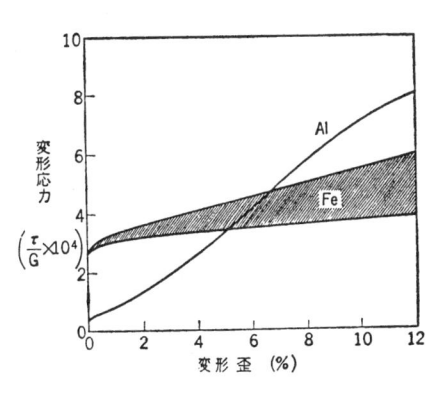

* 加工硬化曲線は，一般に，変形の速度でちがうものである．図の例は，ひずみ速度が約10^{-4} sec^{-1}の場合に対応する．さいきん火薬爆発を利用したりして，金属材料の高速加工が盛んに実用されている．伸び率をひじょうに増大できたり，精密な成型ができるという利点がある．また，溶接効果があるので管の内張りに他の金属を圧着するのに用いられる．

[103]

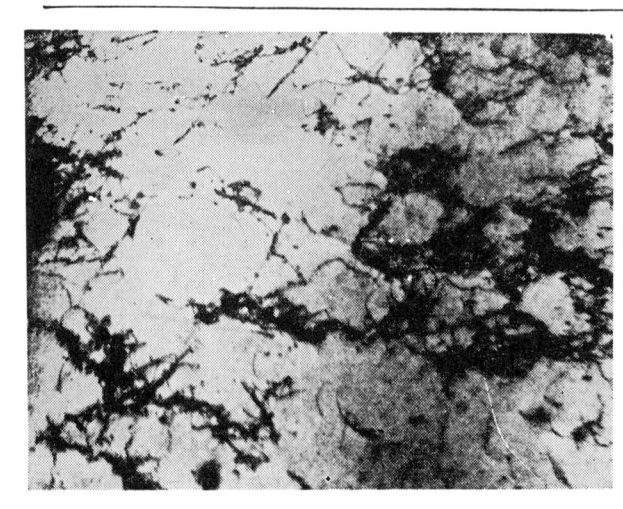

図 8-7　加工した鉄の内部に見られる転位の"もつれ".

*図 1-3 または図 9-4 を見てほしい.

面，すなわち，(111)面*がすべり面(転位の最も動き易い原子面)であるが，4種類の(111)面がある．その中で作用するズリ応力の最大の面が実際のすべり面として活躍する．しかし，変形が進むと，加工硬化によってこの面上を転位は走りづらくなる．そこで次善の策として別種の(111)面へ抜け，抵抗を避けようとする．

　鉄は面心立方金属と事情がちがって，結晶学的に同等でない数種類のすべり面が同時に可能であり，それぞれに対して結晶学的に同等な数種類の面がある．面心立方金属のすべり面は結晶学的には同等の4種類の(111)面に限られている．ちょっと面倒ないいまわしをしたが，たとえば立方体のサイコロの6つの表面は，ともに結晶学的には同等で，(100)面とよばれる．これに対して，体対角線に垂直な面(111)は(100)面とは同等でない．(111)面は4本の体対角線に対応して4種類ある．

　さて，鉄はこのために変形のはじめから，いくつかのすべり面ですべることができるので，転位のもつれがひどくなる以前から，低い応力で交叉すべりが起こっている．このため，

強度のはなし

もつれは起こっても比較的に容易にこれを避けられる態勢にある．すべりの模様は，したがって独特で，昔から＜ペンシル型すべり＞とよばれ，図8-4のような直線的のすべり線を示さず，なめくじのはったようなすべり線になる（図8-8）．ペンシル型というのは，さる英国人がつけた名で，私だったら"なめくじ型"とよんだろう．*

*
ペンシル型すべりの本性がはっきりしたのは1933年の昔である．注意深くあつかうと，水銀の結晶（菱面体結晶）でも観察されるらしい．

面心立方金属の特長はこの交叉すべりの起こりにくいことにある．中でも，銅や銀ではアルミニウムにくらべると起こりにくい．このため，加工硬化率も大きい．図8-6のアルミニウムの硬化曲線で，はじめの比較的傾斜の急な部分では，まだ交叉すべりが起こっていない．交叉すべりが起こると，曲線はねてくる．加工硬化の度合いが減少する．

鉄をさらに強くする法

金属の機械的性質は，これまでも適当な合金にしたり，また適切な熱処理を加えることが試みられ，改良に改良が加えられてきた．その多くは経験的に開拓し，暗中に模索するがごとくして目的を達したものである．なめくじ対策はもっと基礎的な知識に根ざした指針であって"なめくじ型"すべり

図8-8 鉄のすべり線（なめくじ型）．図8-4とくらべればその差がはっきりするだろう．

> *面心立方金属中の転位は，ふつう2つの部分転位に分裂してその間に面状の欠陥ができている．これは(111)原子面の積み重ね方に生じたあやまりで，〈積層欠陥〉とよばれている．このような転位を〈拡張転位〉という．

を防止しろということである．やや専門的になるが，面心立方金属の転位のように，転位を拡張させるのは妙手である．*ひろがりをもった転位は，線状の転位がするように，すべり面から別のすべり面へ移りにくい．タクシーなら曲がれても，車の2台以上つながったトレーラーは横町へ曲がりにくい理屈である．これしも，すでに経験的に問題を解決している例もある．とくに，銅合金に多いが，やりがいのあるのは鉄である．決して，夢物語ではなく，アルミに負けないような育ちのよさをみせることも可能であろうと思う．

いくら，経済的に鉄鋼業の規模が大きくとも，金属をよくし，材料科学を発展させるためには，従来のように鉄と非鉄とに金属を分類するやり方を学問の場にもちこむのは，時代錯誤もはなはだしいと思っている．この話に，非金属と鉄とアルミの3者に登場願った理由もそこにある．

もっと勉強したい人のために (8)

- COTTRELL A.H.: *Dislocation and Plastic Flow in Crystals*, Oxford, Clarendon Press, 1953. 〔古典的名著．転位論と結晶の機械的性質に関する総合的入門書．やや古いが，入門書としては依然として最適であろう．〕
- SEEGER A.: *Theorie der Gitterfehlstellen*, Handbuch der Physik VII-1, Springer, 1955.
- SEEGER A.: *Kristallplastizität*, Handbuch der Physik VII-2, Springer, 1958. 〔前者が格子欠陥全般に関する理論的解説．後者は結晶塑性に関する総合的著述．やや専門的，文献は豊富．〕
- MCLEAN D.: *Mechanical Properties of Metals*, John Wiley & Sons, New York, 1962. 〔工学者にも向く解説書．変形応力，加工硬化などについては，1962年までの研究をよくまとめてある．〕
- 橋口隆吉：格子欠陥論（永宮他共著：固体物理学，岩波書店，1961）．
- 鈴木秀次：転位論（物性物理学講座，第9巻，共立出版，1958）．
- 鈴木 平：結晶転位（久保他共著：固体物理の歩み，岩波書店，1962）．
- 鈴木 平：結晶の塑性（物性物理学講座，第9巻，共立出版刊1958）．〔以上の4冊は，転位論の入門書としておすすめできる．〕

- 日本金属学会編：転位論の金属学への応用（丸善，1957）〔結晶の機械的性質に関するもので，多数の一流の研究者による解説を編集したもの，研究者向き.〕

〔鈴木　平〕

9　タヌキと金のタマの話
《塑性のはなし》

　むかしむかし，娘タヌキを助けたのが縁となって，感謝する親タヌキの家に招かれた男があった．
　ある秋の夜のことである．おめかしした母親タヌキと娘タヌキに迎えられて，一室に案内される．
　タヌキの家である．ただの野原の一隅．ちょっとした草のしげみとかん木に囲まれた一郭．今日の客人（まろうど）のために，部屋いっぱいに芝の上にじゅうたんが敷きつめてある．
　そこで父親タヌキとあいさつ．「マアおくつろぎなさい．いつぞやはどうも……」という次第で，金箔の入った特級酒がでる．山海の珍味がでる．遠く山の端（は）に，注文どおりの大きい十五夜の月もでる．
　「あなたは大切な客人，これらはみな本物ですからご安心を……」という真情こもった親タヌキの言葉で，男もうれしく，さかずきを重ね，山海の珍味にはしをつける．かわいい娘タヌキもいそいそとサービスする．親タヌキは，得意の腹

つづみの一曲を打って聞かせたかも知れぬ．

それにしても，芝の上に敷かれたじゅうたんの心地よい弾力性．それに電熱でもしかけてあるのであろうか，ほのかに感じられるぬくもり．暑からず寒からず，まことに快適．

しかし，よく見ると，じゅうたん，毛がところどころはげている．さらに，よく見ると大きさは8畳敷ぐらい．それが父親タヌキの前のところから拡がっている．

タヌキの○○8畳敷

タヌキが，いつごろから拡げはじめたか，つまびらかでないが，昨日も今日も，瀬戸物屋の店先で，トックリを下げたタヌキが，まことに立派なホーデンをぶらさげている．しかし，動物園のタヌキのは，異常でない．

これはどうしたわけか．なぜタヌキの金タマ8畳敷なのだろうか．

つね日ごろ，これを疑問に思われた大和久重雄博士が，某年某日某所で，タヌキのために調査されたところ，次のようなことが明らかにされた．

「金箔を作る工程は，金地金のインゴットをまずロールでうすくした延金をつくり，それを適当な大きさに切って，タヌキの皮の間にはさんで，槌打ち（ハンマリング）でうすくする．そうすると，小さい金のタマ1匁が，8畳敷ぐらいになる．これから由来したという」

つまり，タヌキの皮に入れて金のタマを打ち延ばすと，8畳敷の大きさになる．これをいいかげんに，早口でいえば，

「タヌキの金タマ8畳敷」

私も過日，仙台への帰途，会津若松へ行って，金箔製造の現場を見た．残念ながらタヌキの皮は牛の皮に化けていた．それと直接タヌキの皮に延金をはさむのではなく，5cm角ぐらいの大きさに切った延金を，大きさ27.5cm角の特殊な処理をした特殊な和紙の間にはさんで，それを100枚重ねたものの上下を，同じ大きさの皮ではさんで，ハンマーするとい

うことがわかった.

話を聞けば, タヌキの皮は丈夫らしい. フイゴの皮にも最適で, むかし佐渡金山で, フイゴ用としてタヌキの皮が盛んに使われたという. それで佐渡にはタヌキの銅像があるそうである.* 日本の冶金屋さんは, タヌキに感謝せねばなるまい.

* 聞いたはなしで, まだ確認していない.

金 箔 の 厚 さ は

金箔の標準寸法は, 3寸6分平方 (10.9 cm平方) で, 100枚の目方が約0.4匁 (1.5g) が標準という.

これをもとに8畳敷の計算をすると, 約4倍の誇張がある程度で真に近い. つぎに, これをもとに箔の厚さを計算すると, 金の比重を19.3として, 約 0.000065 mm＝0.065ミクロン＝650×10^{-8}cm＝650Åとなる. きわめてうすい.

実際できた金箔をすかして見ると, 光線がすけて緑色に見える. ためしに, この箔をそのまま透過電子顕微鏡にかけて見ると, 図9-1のような透過写真がえられた. この写真は予想以上に複雑で解釈に苦しむが, 電子線の透過度からみて,

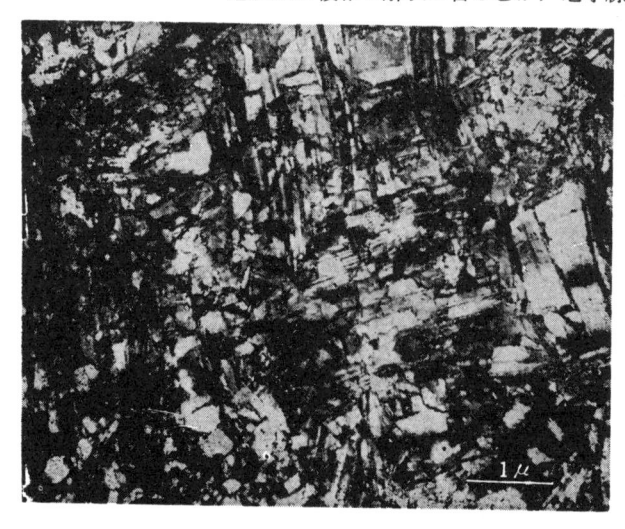

図9-1 金箔の透過電子顕微鏡写真.

箔の厚さは1000Å以下である.

　全然途中で焼なまさずに,このようなうすい箔ができるということは,さすがに金で,金は最も延性と展性に富む金属といわれるだけのことがある.延性に富むということは,1gの金で2000mの金糸が途中焼なましをせずにえられることからもうかがえる.

　さて,なぜ金はこのような展延性に富むのであろうか.

応力と変形との関係は

　金属に外から応力をかけると,形が変わる.たとえば,丸棒を引張ると,丸棒は伸びて,断面積が細くなる.このとき,力が小さければ,力を抜いたとき,形はまたもとの形に戻るが,ある値以上になると,形はもとに戻らず,ひずみが残る.もとに戻る変形を弾性変形,もとに戻らない変形を塑性(そせい)変形という.

　こうした力を加えたときの変形を学問的にとり扱う方法には,3つのやり方がある.

　(第1の研究方法)

　第1は,金属材料を一応均質なものと考えて,力を加えたときの変形を取扱う方法である.たとえば,丸棒を引張ると,長さが一様に伸びて,断面は丸い形を保ったまま一様に減ると考える考え方である.

　いたってあたりまえのような話であるけれど,その丸棒全体が一つの結晶すなわち単結晶からできていると,断面の形は丸にはならない.あらい結晶粒からできているときも同様で,表面が凸凹になって真円にならない.この取扱い方は,金属が結晶粒の集まりからできていることを無視して,材料というものは,一様に均質なものとして取扱うわけである.数学的に取扱いやすくするために理想化あるいは単純化を行なったわけである.実際の材料では,細かい結晶粒からできたものが,これに近い.

　力をかけたときの弾性的変形を取扱う弾性論や材料強弱学

は，この立場である．この立場を塑性変形にも応用した塑性
論がある．圧延したときの変形や所要力などは，この塑性論
で求まる．

(第2の研究方法)

第2は，力を加えたときの変形を，おもに光学顕微鏡でし
らべる方法である．経験的に(実験によって)，結晶粒の形の
変化や，結晶粒の中に見られる変化をしらべるもので，いわ
ゆる金属組織学的な立場である．

(第3の研究方法)

第3は，金属材料は結晶粒の集まりからできていること，
つまり結晶質であることを重視する立場である．結晶質であ
ることの特徴は，原子の規則正しい配列にあるから，この立
場は，変形を原子配列上の変化として見ようとする．これこ
そ金属物理学的な立場で，このような見方で，塑性を研究す
る学問もまた塑性論である．第1の型の塑性論と区別したい
ときには，結晶塑性論とよぶ．

なぜよく延びるか

なぜ金はよく延びるのか．

この問いに対して，第1の立場に立つかぎりは，引張り試
験結果の表9-1のデータを引用して，このように伸びが大き
いからと答えるか，あるいは，冷間加工でどのくらい加工で
きるかは，引張り試験で破断したときの絞り，すなわち試験
片断面の収縮率から判定できるというザックス博士[*]の見解
をもとに，破断のときの絞りが金で最も大きいことを示すで
あろう．

[*] G.Sachs 加工冶金学の大家．ユダヤ国籍のため第2次大戦の初期にナチス・ドイツをのがれ，現在アメリカに在住．

表 9-1 各種金属の引張強さと伸び

金　属	引張強さ (kg/mm^2)	伸び (%)
金	~12	68〜73
銀	12〜16	48〜54
銅	21〜24	40〜45
アルミニウム	8〜11	30〜42
白　金	19〜24	45〜50

しかし，これでは，「アヘンは毒物である．なぜならばアヘンは毒を含んでいるから」というのと同じで，言葉のおきかえに過ぎない．つまり，第一の立場からは，この答はえられない．

「なぜ」に答えられる理論は

こうした「なぜ」に答えることができるのは，第三の立場の塑性論である．この立場は，塑性を転位という線状の格子欠陥の動きから説明する．

この立場は，金属の結晶，つまり金属原子の規則正しい配列から成り立っているという事実を出発点とする．この事実は，金属の単結晶のX線回折写真をとると，いわゆるラウエ斑点があらわれることから知られる．最近では，ミューラー博士*が特別の電子顕微鏡を発明して，タングステンなどの金属の先を100万倍に拡大して，規則正しく原子がならんでい

* 18ページ注参照．

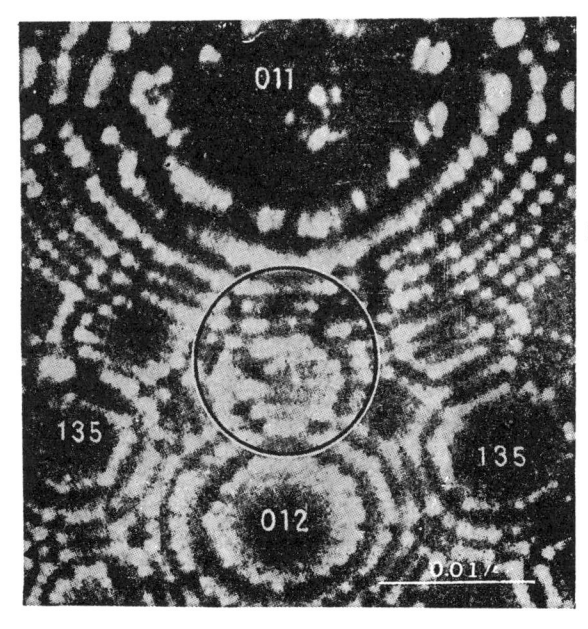

図9-2 白金の先のミューラー型電子顕微鏡による拡大写真．個々の点は原子自体の影．○印の中に転位が見える．2,100,000倍．

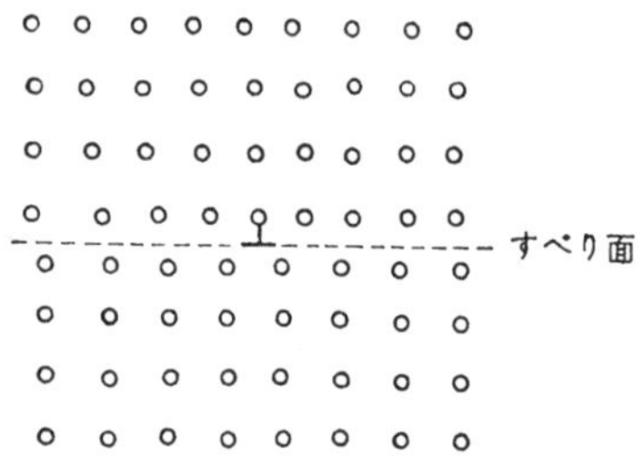

図9-3 刃状転位

```
  o o o o o o o o o
   o o o o o o o o
    o o o o o o o o
  o o o o o ⊥ o o o o ――― すべり面
  o o o o o o o o o
   o o o o o o o o
    o o o o o o o o
  o o o o o o o o o
```

るのを直接見せた（図9-2）．

　これらからわかるように，金属は規則正しい原子の配列からできていることは，まちがいない．しかし，細かく見ると，ところどころに原子配列の乱れがある．図9-2の丸でかこんだ中にも，原子配列の乱れが見える．これを＜転位＞という．

　この図は，結晶の表面で転位を見たところであるが，このような乱れは結晶の中へずっとつながっている．それで，転位は線状の格子欠陥といわれる．

　塑性変形は，転位が結晶のある面（＜すべり面＞とよぶ）を動くときに生ずる．転位の動きが塑性変形になるということは，図9-3の刃状転位の位置を，左方かあるいは右方に動かしてゆくと，下半部に対して上半部の原子の位置が相対的に変わることから，理解できるであろう．*

　このように結晶塑性論によれば，結晶の塑性変形は，転位がすべり面上を動くことによって，すべり面の上下ですべりを生ずる結果起きると考えられる．事実もそうである．8畳敷もこれでやらねばならない．

　ところが，こまったことに，展延性の転位論によるはっきりした説明は，現在未完成の段階である．

　ところで，展延性がよいということは，多数の転位がいつまでも動きつづけることが可能である，ということなのだが，なぜ金でこのことが容易に起こるのかは，そう簡単に答えられない．しかし，塑性変形が転位の動きで生ずることが正し

8. 《強度のはなし》のところの図8-3の説明を見てほしい．動物界でも尺取虫やみみずが，転位と似た運動をする．むかでの足の動きも同様である．

い以上，金には8畳敷になるのに何か好都合なことがあるはずである．これを推理してみよう．

金の結晶構造は

金の結晶構造は，面心立方格子である．銀，銅，アルミニウム，鉛などの金属も面心立方格子である．

ところで，面心立方型の結晶格子というものは，その(111)面——図9-4の斜線を引いた面——が，最も密に原子がつまった面になっており，経験上これがすべり面になることが知られている．またすべりのときのすべり方向は，この(111)面の3辺に相当する3方向に行なわれる．したがって，面心立方格子では，4通りのすべり面上で，それぞれ3方向の，けっきょく12通りのすべり方法が可能という結果になる．このことは，こんなにすべり方法のない他の結晶構造のものに比して，塑性変形に対し大いに有利な話で，面心立方型の金属が変形しやすい大きい理由である．

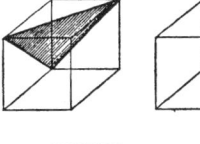

図9-4 面心立方格子の4通りのすべり面．

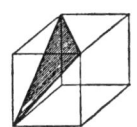

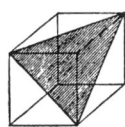

加工硬化や焼なましとは

金属を常温で塑性変形すると，硬くなる．もっともこれには例外があり，鉛は硬くならない．しかし，金や銀や銅はかたくなる．

塑性変形——工業上の目的で変形するときは＜塑性加工＞という——によって硬化するということは，変形のもとであ

る転位が完全になくなったか，あるいは何かの事情で動きにくくなったためと考えねばならない．

転位の性質を理論的に考えたり，あるいは実際に常温で加工した試料を電子顕微鏡で直接観察してみると（図 8-7，104ページ），事情は後者であることがわかる．しかも，変形に伴って転位の数が増してゆくことが理論と実験の両方から確かめられた．

変形によって転位数が増した，というと，転位が塑性変形のもとであることから考えて，ではもっと塑性変形しやすくならないか，と思われるかも知れない．しかし，実情は電子顕微鏡で見たように，増えた転位は，もつれた糸のようになっている．もつれてしまっては，動きにくいと思いませんか．このような理由から，＜加工硬化＞が起こる．*

加工硬化したものを焼なましたときの＜回復＞という現象は，加工硬化した金属を加熱することによって，こうしたもつれが温度の影響で解けて，転位の数が整理されて，もとに近くなる（場合によってはもとに戻る）ことで起きる．また，焼なましによる＜再結晶＞という現象は，転位数の少ない結晶粒が生まれて，転位数の多いところを食って，転位のすくない新しい結晶粒の集まりに金属がなる過程である．したがって，再結晶すれば，完全に軟化したことになる．

鉛が加工硬化を示さないのは，再結晶温度が低くて，加工するそばから，再結晶して焼なましが進行するからである．ざるに水を注ぐようなものである．＜帯溶融法＞†で精製した超高純度のアルミニウムにも，この性質がある．

さて，金でもそうしたことが起こるのか．

*
8.《強度のはなし》を見てほしい．

†
金属を高純度にする方法で，細長い棒状金属の一部を溶かし，溶けた部分を順次移動することによって，純化する．そうすると，不純物は棒の両端に集まる．

加工中になまるのか

加工硬化した金を再結晶させる温度をしらべてみると，表 9-2のようにそう低くない．常温で加工するかぎり，鉛のような焼なましによる軟化は考えられない．

しかし，箔の場合だと，槌打ちのため，さわれないくらい

の温度上昇があるという．あまり熱がこもって温度があがると，紙に箔がつくので，作業途中何回も休んで，紙を1枚1枚開いて冷やすということをやる．いっぽう，強加工度になると，再結晶温度は下るという規則があるから，ことによると焼なまし効果の加わった加工になっているかも知れない．図9-1の電子顕微鏡写真は，この点を知るつもりで実は撮ったのであるが，ちょっと判定しにくい模様である．しかし，やはり，加工組織である．いっぽう，金線に引くときを考えると，減摩剤でよく冷却しながら線引しているので，焼なまるほどの温度上昇は期待できない．いずれにせよ鉛のように加工しても硬くならないものとはちがうとするとどうしたことか．

表 9-2 各種金属の再結晶温度

金 属	再結晶温度 (°C)
金	～200
銀	～200
銅	200～250
アルミニウム	150～240
鉛	～-3

大きい変形ができる，ということは

どこまでも変形できるということが，変形の途中で焼なましが自然に起こっているためであるとすれば，容易に説明がつく．そうでないとすると，何で説明したらよいか．塑性を転位から考えると，これはどういうことになるか．

どこまでも変形できるということの逆を考えよう．すなわち，なぜ，あるところ以上は変形（加工）ができなくなるか．

これは材料がこわれるからである．原子的に見れば，結晶の中に孔ができて，それが拡がって，2つに結晶がはなれてしまうからである．つまり，破壊が起こるからである．

15. 《破壊のはなし》参照.

ここで，われわれは，破壊の問題を考えねばならなくなったわけである.*

変形に伴って転位の数が増え，それがあるところにたまって動けなくなると，そこに大きい応力の集中が起こって，原子と原子の結びつきを破って，小さい割れ目，すなわち全体の破壊の芽ができる——そんなことが想像される．しかし，こうした延性状態での破壊も，まだ今日の転位をもととする塑性論では，かなしいかな未解決の問題なのである．

さて，犯人はだれか

けっきょく，金には何か延性破壊になりにくい理由がなければならないことになるのだが……．

純度の高いことや，夾雑物のすくないこと，耐力のひくいこと，加工硬化のすくないこと，酸化されにくいこと，などは高い変形に有利な点であることはわかるが……普通純度のアルミニウム，銅，銀に対して，とくに金の方が展延性に富む真の理由として，上述の有利な点だけで説明可能かどうか，もっと突込まなくてはいけないと思うが，今のところ私にはわからない．

犯人を追ってここまで来たが，犯人は逃げてしまった．
私は，タヌキに化かされたのであろうか．

もっと勉強したい人のために（9）

- 日本金属学会編：転位論の金属学への応用，丸善，1957.
- 関口春次郎編：金属の塑性加工と変質，1963.
- 幸田成康：金属物理学序論，コロナ社，1964.
  § いずれもやさしく転位論の初歩が解説されている．なお進んだ転位論の勉強には，つぎのものからジックリはじめるのがよいと思う．
- READ, JR.W.T.: *Dislocation in Crystal*, McGraw-Hill, New York, 1953.
- COTTRELL A.H.: *Dislocation and Plastic Flow in Crystal*, Oxford, New York. 1953.

〔幸田成康〕

10　冬山のおきて
《点欠陥のはなし》

　金属の"強さ"とか"硬さ"とかが，焼入れや焼なましで，ずいぶん変わることは昔からよく知られているが，これらの現象がすべて点欠陥の離合集散に密接に関連したものであることがわかったのは最近のことである．
　もちろん，現在でもまだまだわからないことが，山積されているから，一振り千両の名刀も点欠陥の賜ものといったら，この道の達人からお叱りをうけること必然であろう．
　ここでは点欠陥の挙動について，最近わかってきたことを述べてみたいと思う．

寒波とスキーヤー

　快適な冬山で，無数のスキーヤーがレジャーを楽しんでいる姿を想像していただきたい．天候急変，突如としてものすごい寒波が襲来し，猛吹雪で一寸先も見えなくなったら，これらスキーヤーたちはどうするだろうか．友を呼び，友を求めてしばらくはさまよい歩き，なかにはあきらめて山のおき

てにしたがって雪穴を掘り寒さをしのぐ者，なかには幸運にも友をえて2人で力を合わせてさらにさまよいつづけ，他のグループと合流して，3人，4人としだいに大きなグループをつくる者もあるだろう．

　3人，4人とグループが大きくなると，さすがに安心して雪穴生活を始めるだろう．寒波が大したものでなかったり，急激に襲来しなかったときは，ほとんどのスキーヤーは下山に成功するだろう．寒波の襲来が急速なほど大きい集団を作る余裕がないので，あちこちに小さい集団が数多くできるだろう．寒波の襲来があまり急速でなかったり，寒波があまりひどくなければ，スキーヤーたちはかなり移動ができて比較的大きい集団になることだろう．

　さて，さしもの寒波もしだいにやわらいでくると，雪穴の片隅で窮屈な思いをしていたスキーヤーたちは，ひとり飛びだし，ふたり飛びだし，下山を急ぎ，ついにはグループは消滅して，数少ない物好きなベテランだけが，悪条件の冬山を楽しむといった淋しい情景になるだろう．

　そして寒波もまったく去り，ポカポカと冬の太陽が照らすようになれば，どこからともなくスキーヤーたちが参集して，冬山は再びもとのにぎやかさを取りもどすにちがいない．

点欠陥とは

　ずいぶん余談が長くなったが，これに似た動きが自然界には数多くある．これからお話しようとする結晶中の点欠陥もそのひとつである．＜点欠陥＞のひとつひとつは，あたかも冬山のひとり，ひとりのスキーヤーのようなものである．

　ふつう，われわれが結晶というのは，それを構成している原子なり，分子なりが一定の規則にしたがって行儀正しく配列している固体をいっている．昔は，水晶のようにきまった外形をもったものを結晶といっていたが，このような固体中の原子の配列を調べてみると，各原子は外形に対応して，規

則正しく並んでいることがわかった．このため水晶などは上の意味でも結晶である．鉄や銅などは外形はまちまちだが原子の配列は特別の場合をのぞいては規則正しく配列しているので，やっぱり結晶である．大自然のなかには種々の結晶があるが，これらの結晶中には大なり小なり何らかの形の原子の配列の乱れた部分が含まれている．悲しいことに自然界には完全な結晶はないのである．

原子配列の乱れた部分を＜格子欠陥＞とよんでいるが，これには立体的なもの，面状のもの，線状のもの，点状のものなど各種ある．このうち，よく話題に上るのが線状の欠陥で，転位*とよばれるものである．

* Dislocation を訳して，かつては結晶じわとか結晶のくいちがいともよばれた．現在では谷安正先生の命名による"転位"に統一された．

† アラスカの氷河が落ちこむ湖には，数トンぐらいの氷の単結晶が浮いているそうである．

ここで大切なことは，結晶中に熱力学的に含まれうる転位の数はきわめて少ないことである．そのため結晶中の転位は条件さえととのえば，その数をひじょうに少なくすることができる．転位をほとんど含まない氷の結晶を求めて，アラスカまで出かけられた中谷先生の話は有名である．†

点欠陥の場合は，これとは様子がまったく違って，結晶は相当程度の点欠陥があったほうが熱力学的に安定である．しかもこの量は温度によって非常にかわり，また結晶の種類によってもかわる．

さて，点欠陥にはいろいろの種類がある．結晶中で原子が抜けたところ，規則的な配列位置以外のところに余分にはいった原子，ばらばらの状態で分布する不純物原子などはみな点欠陥である．このうち原子の抜けたところを＜原子空孔＞，または＜空格子点＞，規則正しい配列以外の部分に余分にはいった原子を＜格子間原子＞とよんでいる．

1 立方センチに含まれる点欠陥の数

前にも述べたように，結晶はむしろ原子空孔や格子間原子をいくらか内蔵しているほうが熱力学的に安定なのだが，この量は，温度や点欠陥の種類によって想像もつかぬほど変わる．

たとえば，アルミニウム中の原子空孔の場合を考えてみると，融点近くでは，1立方センチ中に約 3×10^{19} 個あり，この数は，1秒間に1個の割で数えつづけると，数え終るのにざっと1兆年かかるほどの数である．室温のときには1立方センチ中に 5×10^{10} あり，前の調子で数えていくと，ざっと2000年かかる勘定になる．ともかく大変な数である．たった1立方センチ中に含まれる原子空孔の数である．

しかし，驚くことはない．1立方センチ中にはアルミニウムの原子が約 6×10^{22} 個あり，原子の数と空孔の数との割合は，660℃で，2,000個に1個，室温では1兆個に1個の割合である．格子間原子については，実はまだあまりはっきりした数値は出せないが，室温では多く見積って一辺 100 km の立方体結晶中に1個，少なく見積ると地球の 1,000 倍程度の体積中に1個となる．また，660℃では，1立方センチ中に1億個から10兆個ある計算になる．

以上がアルミニウム中に熱力学的に安定に存在しうる原子空孔や格子間原子の概数であるが，他の金属でも大同小異である．いずれにしても原子空孔の方が，格子間原子より圧倒的に多く含まれるわけで，金属内部に安定に存在する点欠陥は，不純物は別として，全部が原子空孔とみなしてよいことになる．*

*
金属を加工したり中性子を照射したりすると，原子空孔のほかに多量の格子間原子もできるが，これは熱力学的に安定でなく，条件さえととのえばどんどん消失してしまう．

山越えの成功，不成功

これらの点欠陥は，結晶中でじっとしているわけではない．条件がよければ，ピョン，ピョン跳ねまわる．条件のうち，いちばん大きく関係するのは温度で，これは点欠陥がある安定位置から，隣りの安定位置まで移動するには，一定のエネルギーの山を乗り越えなければならないからである．原子は1秒間に約 10^{13} 回振動しているが，自力でエネルギーの山を越すことはできないので，この山越えにはどうしても熱エネルギーの助けが必要になる．このため振動のうち山越えに成功する確率は温度に関係するわけである．温度が低いと

熱エネルギーの助けを
かりてジャンプする．

　この成功の確率はほとんどゼロで，文字どおり失敗の連続である．

　アルミニウムの場合を例にとると，1秒間に山越えに成功する割合は10^{13}回の振動のうち0℃では約20回，100℃では約2万回である．また1回のジャンプで進む距離は約3×10^{-8} cm である．原子空孔は前後左右どちらへも動けるので，実際に進む距離は動いた距離よりはるかに少なくなる．

　原子空孔が衝突して2個，3個……，と結合すると，その移動はめんどうである．2個の結合では，結合をくずさないで，それぞれが交互に位置を変えると移動するが，この場合の乗り越えねばならないエネルギーの山は，一般に単独のそれより低く，したがって容易に動けるのであろうことは想像できる．3個が結合すると，その3個の原子空孔の配列の仕方で，あるものは早く，あるものはほとんど動かなくなる可能性がありそうである．このへんから先のことは目下研究が進められているので，近い将来なんらかの結論がでるだろう．

寒波による凍結

　さて，熱的に平衡状態での原子空孔の数は温度によってものすごく異なるということを，うまく使ったもののひとつの例が＜焼入れ＞である．焼入れとは要するに金属を高温に熱して多量の原子空孔を内蔵させ，これを急に冷やしてやることである．この場合，冷やす温度が，個々の原子空孔が動けないほど低いと興味は倍増する．ふつうの金属では，−60℃

以下に急冷すればまずこの状態がえられる．

はじめに話した寒波襲来を思い出していただきたい．ちょうどスキーヤーが単独にあるいはグループを作って雪穴を掘り身の安全を守るように，各原子空孔は単独であるいはグループを作って停止して，時期到来を待つ．*これを〈凍結〉とよんでいる．こうしておびただしい数の原子空孔が凍結されるわけである．いま，アルミニウムをその融点近くから室温に焼入れた場合を考えてみよう．融点近くでは1立方センチ中に安定に含まれている原子空孔の数は3×10^{19}個で，この大部分が凍結されたとすると，この凍結原子空孔の数は室温での熱的平衡にある原子空孔の数，1立方センチ中に約8×10^{10}個，の数億倍になる．

このようにおびただしい数の凍結原子空孔は，雪穴生活のスキーヤーと同じように折あらば下山のチャンスをねらっている．そこで，温度が上がり，どうやら動けるようになると，さっそく移動を開始して，それぞれ適当な場所に消失し，あとはその温度での熱的平衡の数だけの小数だけのベテランとなる．自然の妙味というほかない．

さて，過剰の原子空孔の逃げ場所として，まず第一に考えられるのは結晶表面である．しかし，これは実はあまり能率のよい逃げ場所ではない．というのは，表面までの距離が遠すぎるからで，厚さ2mmの板状結晶の中央から表面まで逃げだすためには，少なくとも1mmは移動しなければならない．考えてみてもらいたい．原子空孔は1回のジャンプでやっと3×10^{-8}cmしか動けないのだから，1mmの直線コースで，同一方向へ飛ぶとしても100万回のジャンプが必要なのである．原子空孔の移動がジグザグコースであることを考えたら，この1mmの移動にはかなりの時間を必要とすることが想像できるだろう．†

したがって，結晶中でもっと近いところに逃げ込む場所があれば，原子空孔はそこへ失礼する．結晶中の逃げ場所には転位や結晶粒がある．しかし，それでもなお距離が遠すぎて

---

* グループの大きさは急冷条件でちがう．加熱温度が低いほど，また急冷速度が早く，急冷される温度が低いほど，単独で凍結されるものの割合いが多くなる．

† 0°Cのとき，ジグザグコースを考慮するとアルミニウムでは約1万年かかる．もっとも原子空孔が2個のグループを作ればぐっと早くなるが，それにしてもたいへんな時間である．

こまるときには，原子空孔は思い思いの場所に集団をつくり個々の原子空孔としての性質を消失するわけである．

スキーヤーの例と同じように冷し方が急なほど，また冷す温度が低いほど各集団は小さくなり，数はふえる．冷やし方がこれよりややゆっくりであったり，冷やす温度がやや高かったりしたら大きなグループを作る．

原子空孔は大集団を作ったほうが有利であるが，それにはまずは3個，4個の小さなグループからスタートしなければならない．この小グループが発展するか，しないかは，入団する原子空孔と退団する原子空孔の差引き勘定で決まる．もちろん，グループの形や内部事情にもよるが，一般的にいって小さいグループほど，また温度が高いほど退団者が多くなる．このため温度が比較的高いときには小さいグループは分解して大集団の芽とはならない．そこで限られた小数の大きいグループだけがさらに成長をつづけて大集団にまで発展する．そのため高温では小数の大きな集団ができるわけである．とかくどの社会でも弱小会社は育ちにくいのと同じである．

また冷やし方がごくゆっくりであったり，冷やす温度が高いときには，原子空孔はグループを作らないで，遠くにある結晶表面，結晶粒界あるいは転位まで逃げ去ってしまうこともある．

原子空孔の集合もよう

原子空孔が集合するとき，どんな形で集まるかはなかなかおもしろい問題である．集まり方としては平面的なものと立体的なものとがあり，平面的な集合体によってできたと考えられる転位は最初ハーシュ*らによって見いだされた．

さて，アルミニウム中の原子空孔が特定の面上に集積した場合を考えてみよう．面心立方格子の(111)面上の原子配列は図10-1aのようになっており，Aは原子の位置である．この面よりひとつ上側の面の原子はBの位置にならび，そのもうひとつ上の面の原子はCの位置に配列し，その上は再びA

*
P. B. Hirsch (1925～　)：英国ケンブリッジ大学のキャベンディッシュ研究所のスタフ．電子顕微鏡による欠陥の直接観察の先駆者．これは1958年に発表された．

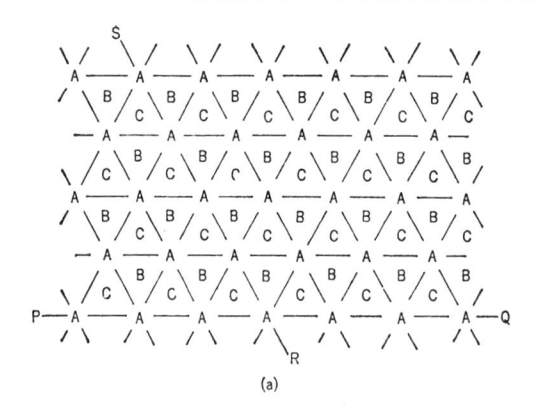

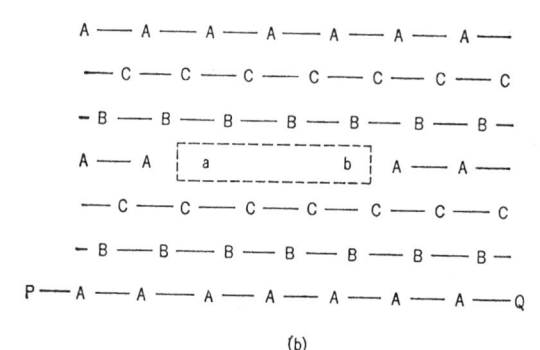

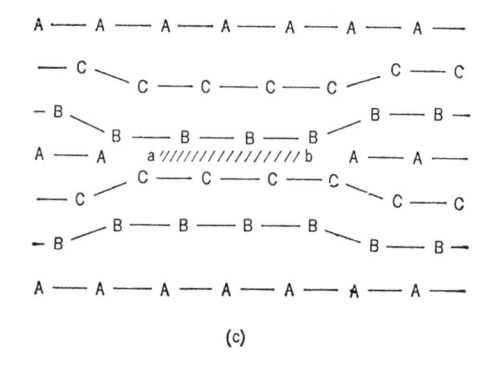

図10-1
(a) 面心立方格子の (111) 面の原子配列を面に直角の方向から見た図. 4ページ図1-2と比較.
(b) (111) 面の積み重ねの様子を横から見た図. A面上のa, bの部分に原子空孔が集まっている.
(c) a, b部分がつぶれた状態.

点欠陥のはなし

の位置に配列している．すなわち，これらどの面でも原子は正六角形に配列しているが，位置が少しずつずれている．図10-1bはこの積み重ねの状態をPQに面し，RSの方向からながめたものである．この図でA面上のab部分に原子空孔が集積し，これがつぶれると，図10-1cのようになり，これを上からながめると，リング状の欠陥となる．このような欠陥をふつう＜転位ループ＞とよんでいるが，この形は主として結晶の異方性*で決まる．

* 方向によっての性質のちがい．異方性が強いと円形の転位ループにならない．

さて，このようにしてできた転位ループの中側では，図10-1cのようにABCBCAという(111)面の積み重ねになり，ここにできたBCBCは亜鉛やマグネシウムのような稠密六方格子の積み重ね方式で，これが面心立方格子中に1層だけはいったような欠陥ができる．このような面状欠陥を＜積層欠陥＞とよんでいる．すなわち，原子空孔が(111)面上に集

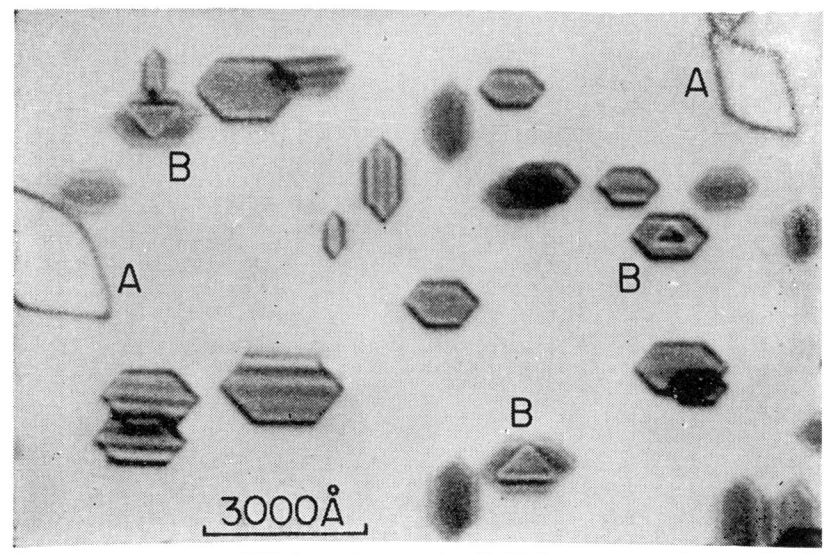

図10-2　600℃から30℃に焼入れたアルミニウム中で，過剰の原子空孔が平面的に集合してできた各種の転位ループ．縞模様は積層欠陥を示し，三角形の部分は近接した2層の積層欠陥からできている．

[127]

まってつぶれると，積層欠陥をとりかこんだ転位ループができる．図10-2はこのようにしてできた転位ループで，縞模様は積層欠陥を含んでいる証拠である．

なお，積層欠陥の部分は完全結晶部分よりエネルギーが高いので，条件によっては積層欠陥のない転位ループになる．たとえば，適当に大きい応力を加えると，ななめにつぶれてループの内側もＡＢＣＡＢＣの正常な面心立方格子の配列になる．このような転位ループには縞模様はできない（図10-2のＡのようなもの）．

さて，積層欠陥の特別の例として，図10-2のＢのループのように2枚の積層欠陥が積み重なったようなものもできる．これは1層の積層欠陥がまずでき，その上にもう1枚の積層欠陥がのったもので，その形は，1層のものが正六角形なのに対し，第2層のほうは必ず正三角である．

これらの積層欠陥の機械的，熱的な性質を調べるといろい

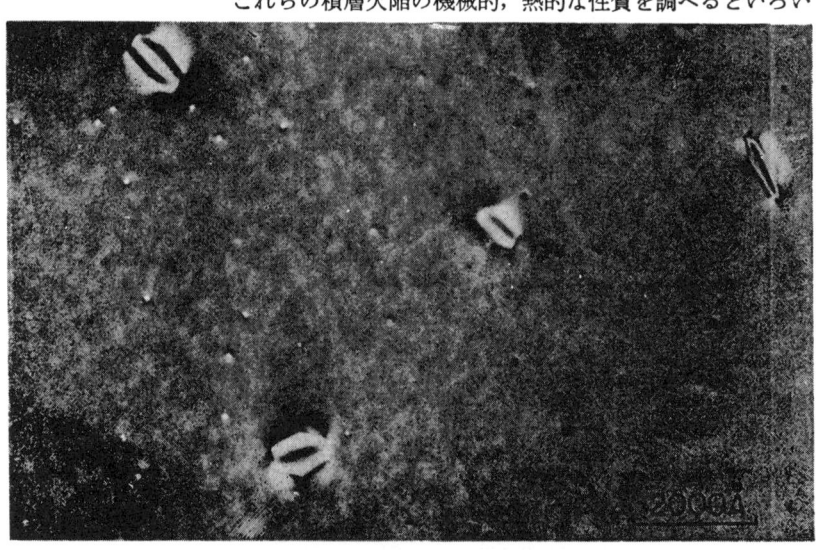

図10-3 600℃から30℃に比較的ゆっくり焼入れしたアルミニウム中で，過剰の原子空孔が主体的に集合してできた空洞．写真の中央から左半分では白く，右半分では黒く見られるのは空洞である一つの証拠．

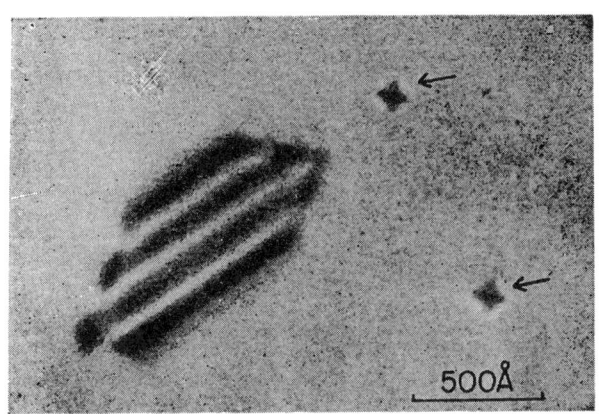

図10-4 600℃から60℃にゆっくり焼入れしたアルミニウム中にできた正八面体の大きい空洞(矢印). さいきん, われわれの研究室で, 金でも同様な空洞ができることを見つけた.

ろおもしろいことがわかる. 余談になるが, 直径 1,000Å 程度の転位ループを1個作るためには, 原子空孔が約10万個集合しなければならない. スキーヤーの話とはちょっとケタが違う.

以上は原子空孔がひとつの平面上に集まる場合であるが, これとは別に立体的に集まることもでき, むしろ, この方がより一般的である. 原子空孔が立体的に集まれば, もちろん空洞になる. しかし, この場合にも結晶の異方性から球状になるとは限らない. 図10-3はこうしてできた空洞の写真で, 直径15～50Åの白または黒の斑点がそれである. この斑点は一見, ごみのようであるが, 決してそうではない. 空洞の数は急冷の条件で違うが, 1立方センチ中に 10^{12}～10^{15} 個あるのがふつうである. この大きさの空洞1個を作る原子空孔の数は 1,000個から10,000個である. 写真でみると, まるで満天下のきら星のようであるが, これを電子顕微鏡で撮るのはたいへんな仕事である. 急冷の条件をうまくコントロールすると, 小数の大きな空洞ができる. 図10-4の矢印で示した空洞は直径 150Å程度のもので, 球ではなく正八面体の形をしている. この空洞中には約 100万個の原子空孔が集まっているのである.

さて, このような空洞が, 本当に原子空孔が集積してでき

たものか，どうかをはっきりさせないと大きなことはいえない．実際，結晶中には不純物原子や，ガスがたくさんあるので，これが集積したものかもわからない．しかし，いろいろと調べた結果によると，空洞は間違いなく原子空孔が集積してできたものである．

以上はいずれもアルミニウムの場合だが，他の金属でもこれと似たことが起こる．金では積層欠陥からなる正四面体ができ，また空洞も見られる．

大集団と小集団

さて，このようなループや空洞は，焼入れのさいどの段階でできるのだろうか．これは原子空孔の動きやすさに関係するので，金属によって違ってくる．アルミニウムでは，いろいろ調べてみると，600℃から4℃に急冷したときには，急冷直後1〜3秒のあたりでループの芽は完成し，空洞の芽はもっと早い時期に完成するようである．

さて，このような2次的にできた点欠陥の集りをふつう＜2次的格子欠陥＞とよんでいる．結晶の温度がだんだん高くなると，これらの2次的欠陥はどんなになるだろうか．

寒波を雪穴のなかでさけているスキーヤーを思い出していただきたい．どうにか歩ける程度まで気温が上がると，ひとり飛びだし，ふたり飛びだして下山を試みるだろう．失敗して雪穴に帰るもの，脱出に成功するもの，悲喜こもごもである．気温上昇につれて成功者の数は加速度的に増し，集団はまもなく消滅するであろう．原子空孔の場合もこれと同様に，温度が上がり集団から飛びだす数が飛び込む数を上回わると，空洞やループはしだいに小さくなってゆくわけである．

ただ，この場合，集団の形や大きさによって飛びだしやすさがちがう．一般に小さい集団ほど，またループは空洞より飛びだしやすい．小さい集団はとかく窮屈である．そこで小さい集団は細り，大きい集団が太るという事態が起こる．自然現象はこのようにきびしい一面をもっているが，人間社会

のように強者が弱者を痛めつけるというのでなく，弱者自らの意志で強者になびくので無理は起こらない．そこでこの温度では，小さいループや空洞の数はへり，残ったものは大きくなっていく．さて，温度がさらに上がると，大きいループも空洞も消失して，大部分の原子空孔はより安定な場所に逃げ込む．この場合，ループの方が空洞よりやや早めに消失するのは興味あることである．*

> * このことは，ループの方が熱的に不安定であることを示している．これは同じ数の原子空孔の集合体でも，ループの方が空洞よりエネルギーを多くたくわえていることを意味する．

以上は原子空孔だけについて述べてきたが，結晶中に不純物原子があると，原子空孔はこれと結びつき，不純物原子を引き連れて動きまわる．この場合，動く早さはぐっと遅くなるのがふつうである．

焼入れでは，主として原子空孔ができるが，冷間加工とか，放射線損傷では格子間原子も多量にできる．これはものすごく動きやすく，液体窒素温度でもシャアシャア動きまわるが，基本的には原子空孔と同じようなふるまいをする．

もっと勉強したい人のために (10)

§ 点欠陥に関する文献はひじょうに多いが，新しいこと，要領よくまとめてある点で，つぎの2つの書物が適当であろう．

- DAMASK A.C. and DIENES G.J.: *Point Defects in Metals*, Gordon and Breach, Science Pub., New York, London, 1963. 〔まず点欠陥の概念をうまくまとめ，その理論的な取扱い方を系統的に記述し，それに対して最近の代表的な実験データを引用して論及したもの．現在，点欠陥をどこまで物理的に理解できるかを示唆している点で興味深い書物である．〕
- *Recovery and Recrystallization of Metals*, Proceeding of a Symposium held in New York, 1962, John Wiley and Sons, New York, London, 1963. 〔この書物の第1章に，BALLUFFI R.W., KOEHLER J.S. and SIMONS R.O. が，*Present Knowledge about Point Defects in Deformed F.C.C. Metals* という題で，点欠陥の解説をしている．ひじょうに要領よく，しかもわかりやすく，各種のデータも表示してあり，点欠陥の概念をつかむのに最適である．〕

〔吉田 鈎〕

11 結晶内にひそむ忍者
《回復と再結晶》

　　　　　回復と再結晶に関連したことについて話して欲しいという注文なのだが，あなたは現場におられるのだから，再結晶とはどんな現象か，などということは百もご承知のはず．だから，ここでは回復と粒界の移動などに関する基本的な考え方といったものについてお話しよう．

−100°C以下での再結晶

　　　　　最近は金属の純度がよくなったので，昔なら思いもよらなかったようなことを経験する．たとえば，アルミニウムなど，99.99％くらいまでの純度のものなら，その冷間加工材の再結晶温度は 180 °C 前後だろう．ところが99.999％から99.9999％程度の高純度になると，室温はおろか−50℃くらいでもあっさり再結晶してしまう．高純度の亜鉛も同じように低温で再結晶することが知られている．そんな高純度のをどうやって作るのかって？それはご存知の帯溶融法* です．

＊　　　　　もう4年ほど前になるが，シカゴ大学の金属研究所でバレ
116ページ注参照．

> *
> C.S. Barrett 教授
> は Structure of Metals の著者として有名である．あと 2, 3 年でシカゴ大学を停年退職される．

ット* 先生のお手伝いをして，高純度の鉛の再結晶を調べたことがある．液体窒素の温度($-195°C$)で加工して，それを加熱していくと，$-115°C$ くらいで再結晶が始まる．こんな低温のことだから，ふつうの方法ではわからないんで，X線的に観測したのだが……ずいぶん低い温度で再結晶するものである．

学生たちにこんな話をしても，新しい知識には慣れすぎているから押売り気味にいわないかぎり，珍しいという実感は湧かないらしい．しかし，われわれのように，むかし先生から"純金属の再結晶温度は，絶対温度で示した融点 $T_m°K$ の4割程度，すなわち $0.4 T_m°K$ でだいたい与えられる"，なんて教えられたものにとって意外な感じがする．その経験的な式が間違っているんだろうって？それには相違ないが，しかし，99.99％あるいはもう少し低い純度の金属では実際，$0.4 \sim 0.5 T_m°K$ くらいになっている．

どうしてそんなに微量の不純物が，再結晶の温度をひどく変えるのかって？そのことについてはあとでゆっくりふれるが，簡単にいってしまえば，こんなことになるだろう．回復とか再結晶とかいっている現象は，結晶内の格子欠陥の移動によっておこり，しかも，その移動は不純物の存在によって影響されるから，格子欠陥の数と同程度の不純物原子の濃度が問題になる．まあ原子率で，$0.01 \sim 0.001$％というところが問題であろう．不純物の量がこれ以下になると，急に性質が変わったような印象を与えてしまうわけである．

地 球 を 25 周

回復や再結晶のことを考えるには，まず冷間加工された状態というのを正しく認識する必要がある．＜冷間加工＞というのは何度くらいでの加工を意味するのかは，はっきりした定義などはないが，ばく然と室温付近での加工をいっている．

ご存知のように，加工された金属を再結晶温度以上に焼なましすれば，ほとんど完全に軟化する．だから，再結晶温度

以上での加工ではあまり硬化がおこらないはずである．そのような温度領域での加工を＜熱間加工＞というとすると，加工すればするほど硬くなる，つまり加工硬化をともなう温度範囲での加工を，冷間加工というべきだろうか．

そうすると，前に述べた鉛などの場合には，$-50℃$くらいで加工しても，それは冷間加工温度範囲とはいえないだろう．人間的感覚からいえば，すぐ体温を標準にしてしまうので，実感からはずれる．しかし，回復や再結晶を論ずる以上，加工中に再結晶してしまったのでは話にならないから，人間的感覚の方を無視するより仕方ない．

さて，回復とか再結晶とかいわれている現象は，冷間加工によって damage をうけた金属の内部に蓄えられたエネルギーを放出する過程である，ということができるだろう．Damage の意味？ まあ，原子の規則的な配列のいちじるしく乱れた状態といってもよいだろう．このような"結晶の乱れ"は一般には格子欠陥*という言葉で知られている．だから，加工により結晶内に蓄えるエネルギーの原因は格子欠陥にあるわけである．格子欠陥の数はというと，よく焼鈍された結晶の中にはひじょうにわずかなのだが，冷間加工をうけるとその数は驚くほど増加する．

いま，加工のときにもっともたいせつな役割を果たす格子欠陥として，転位の密度を例にとってみよう．なぜたいせつかって？それはもう，冷間加工というのは転位の運動のみによって達成されるからである．だから転位を動きにくく固着しておくと，冷間加工はむずかしくなり，加工しようとしても材料が割れてしまったりする．動かされまいと頑張りすぎて，袖がひきちぎられるみたいなものである．このように転位を固着するのは不純物原子である．

話がそれたが，結晶のなかの転位線はいろいろな分布をしている．転位線には長いのやら短いのやら，あるいは網目状やすだれ状に分布していたり，材料の前歴により多種多様である．図11-1の電子顕微鏡写真は，冷間加工された銅単結晶

---

*
格子欠陥とよばれるものには，格子間原子や原子空孔などのような点欠陥や，それらから次元的に凝集したもの，転位のような線状欠陥，および積層欠陥といわれる面状欠陥などがある．これらは塑性変形や放射線照射，あるいは高温からの急冷などによって結晶内に導入される．

回復と再結晶

図11-1 銅単結晶の急速硬化領域第2段階におけるセル状の転位分布（透過電子顕微鏡，A. Howie による）．

中の転位の立体的な分布を示している．細い線のようなものがたくさんみえる．これが転位線であるが，ずいぶん複雑にもつれている．転位の密度はすべての転位線の長さを合計して，単位体積あたりいくらの長さというふうに表わす．焼なまされた金属における転位密度はふつう $10^6 \sim 10^8 \mathrm{cm/cm^3}$ 程度であろう．加工材では，$10^{10} \sim 10^{12} \mathrm{cm/cm^3}$ にも達する．つまり加工によって転位密度は1万倍にも10万倍にも増加する*わけである．いま，$10^{11}\mathrm{cm}$ の値をとってみると，この長さは地球を25周してもあまるほどで，これが1立方センチの中でのことだから大変な長さである．

転位密度をその平均間隔†で示すと，焼なまし材では $1 \sim 10$ ミクロン，加工材では $0.01 \sim 0.1$ ミクロンということになる．転位は前にも述べたように，結晶の乱れているところで

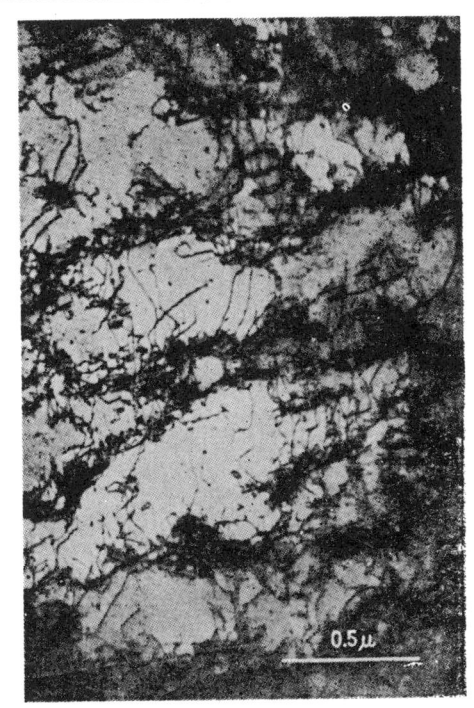

* 外力が加わった場合，転位は結晶表面や粒界などから発生するばかりでなく，結晶内に存在している転位自身が発生源となって，その長さがひろがってゆく．これらの発生源のことをいう．

† 転位の平均間隔は，転位密度を ρ とすると，$1/\sqrt{\rho}$ であたえられる．たとえば $\rho = 10^8 \mathrm{cm/cm^3}$ $(=10^8/\mathrm{cm}^2)$ ならばその平均間隔は1ミクロンである．

格子歪があるため，化学的にも腐食されやすい．だから適当な腐食液を用いてエッチ・ピットをつくって，その数をかぞえて転位密度を知ることができる．この方法は現在いちばん広く用いられている．この場合の転位密度の表示法は，前は単位体積あたりにとったが，こんどは単位面積あたりにとって，$10^{11}/cm^2$ というふうに示す．不純物などによるエッチ・ピットと区別できるかって？ええ，転位のピットはいつもピラミッドをさかさにしたような角錐形の孔だが不純物によるピットはすぐ平底になってしまうから，区別できる．

夜空の星の数ほど

さて，冷間加工によって増加するのは転位だけではなく，ほかの格子欠陥も増える．たとえば点欠陥とか，面欠陥とか……この面欠陥は，ひろく解釈すれば結晶粒界も面欠陥の一種であることはすぐわかる．これと関連してすぐ思い出すのは＜双晶境界＞であろう．これこそ厳密な意味での面欠陥である．双晶境界は原子が整然とならび，互いの双晶の境界にはなんの隙間もない．ただ原子面の積み重ね方がちがっているだけなので，積層欠陥とよんでいる．＜積層欠陥＞は双晶のような明瞭な形としてばかりでなく，もっと小さい微視的な大きさでもつくられる加工の場合などがそれである．双晶境界からみれば，ふつうの粒界は厳密には面欠陥とはいいにくい．というのは，粒界はふつう，転位とか点欠陥の集まりからできているとも考えられるからである．そして，このことが再結晶のとき粒界移動現象をおもしろくしている．とくに不純物原子がこれに一枚加わってくるとなおさらである．

しかし，加工によってつくられる格子欠陥として，転位とならんで重要性をもつものは点欠陥であろう．*これは数からいえば，転位の場合より，もっとすごく増加する．焼なまされた金属のなかには熱平衡的に形成される数だけであるから室温付近ではわずかなものである．もっとも，点欠陥をつくるエネルギーの小さい金属では別である．形成エネルギーの

*
10.《点欠陥のはなし》参照．10では焼入れの場合の点欠陥のはなしがあった．

大小は？おおざっぱにいえば，融点の低い金属ほどそのエネルギーは小さい……つまり熱平衡的に簡単につくれることになる．

ところで加工をうけると，点欠陥はたくさんできるのだが，これは転位の＜非保存運動＞*のためなのである．加工すると転位の数が増え，それらが結晶内を縦横に走りまわるんだから，交通事故ばかりおこる．まともにはすべり面を運動できなくなる．このような運動のあとには，点欠陥の痕跡を残していくことになる．少し正確にいうと，ラセン転位のジョグ†の非保存運動によって点欠陥ができるのである．このような転位の運動によって，強度の加工をうけた材料では，1立方センチの中に10^{19}個ほどの原子空孔や格子間原子がつくられる．たいへんな数である．夜空の星のように数えきれない．原子空孔と格子間原子とのどっちが多いかって？　それあ，原子空孔のほうがずっと多いだろう．それじゃスポンジみたいになりはしないかって？いや，数でいうと天文学的数字だが原子率でいうと0.01％程度ですよ．

このようにして加工中に生じた原子空孔が，回復のときにたいせつな役割を果たすのである．加工のときは転位が主役だった．そして再結晶のときには，転位と原子空孔との協同作業が行なわれる．

* 転位がすべり面上を運動する場合には，その後にはなんの痕跡ものこさない．このような保存運動に対して，点欠陥などをのこしてゆく場合を非保存運動という．
† ラセン転位(図16-7)にできた1原子距離の階段．

点欠陥の逃げ場

冷間加工によってこんなに多数のいろんな格子欠陥が生ずるので，増加した格子欠陥の数に相当するだけのエネルギーが，結晶内に余分に内蔵される．というのは，これらの格子欠陥をひとつひとつ作るのには，それだけのエネルギーを必要としたからである．したがって，加工された状態は熱的には不安定である．ということは，結晶内に閉じこめられている格子欠陥は，十分な熱エネルギーさえ与えられれば，いつも逃げ出そうとしていることを意味する．

いま，点欠陥を例にとろう．点欠陥が結晶内を動くときに

は，いま落着いている安定な位置からポテンシャルの峠を越えていかねばならない．この峠をとび越すのに熱エネルギーの助けが要るのだが，その峠の高さは移動に要するエネルギーに相当する．峠の飛び越えに成功する確率は，温度 $T(°K)$ の高いほど，移動のエネルギー E_m の小さいほど増大する．式で表わすと $\exp(-E_m/kT)$ で与えられる．ここで kT は熱エネルギーで，k はボルツマン定数である．

E_m の大きさは，金属の種類によっても，格子欠陥の種類によってもちがうが，銅の場合だと，原子空孔で1eV（電子ボルト）程度であるが，格子間原子の移動エネルギーはそれよりも低い．格子間原子のうちには十分な低温，たとえば－200℃以下でも，結晶内をそうとう自由に動きまわることのできるものがある．* これに対して，原子空孔はずっと高い温度（－100℃以上）でないと動けない．E_m の大きさにもよるが……．

金属の種類によるちがいは，面心立方晶金属の原子空孔を例にとってみると，アルミニウムでほぼ0.65eV，金で0.83eV，ニッケルで1.4eVというふうに，融点が高いほどその E_m の値は大きくなっている．だから，低融点金属の原子空孔ほど，より低い温度で動けるわけである．

点欠陥は移動できるだけの熱エネルギーさえ貰えば，逃げ出そうとしている．いちばん楽な逃げ込み場所は結晶の表面や粒界である．これらの場所にとどくには，そこまでの距離が遠いと大変である．いま表面まで1mmあるとすると，あちこち動きまわって到達するまでに，10^{13} 回位ジャンプする必要がある．1秒ぐらいかかることになる．

ところが，加工材では前述のように，転位密度が大きく，その平均間隔は0.1～0.01ミクロン程度に密集しているので，点欠陥は結晶表面にいくまでに近くにある転位につかまってしまう．なぜなら，転位には応力場があり，点欠陥には格子歪みがあるので，相互作用によって引き寄せられるのである．このことが，加工材の回復で最初におこることなのである．

* 面心立方金属の格子間原子には，<100>型と<110>型の存在が知られているが，後者の移動エネルギーは，前者のそれの数分の1以下で，0.1eV ていどであり，十分な低温で移動しうる．

回復といえるかって？エネルギー的にはつかまった方が安定だから，その結合のエネルギーに相当しただけの熱放出はあるはずである．しかし，転位のほうは点欠陥に固着されたことになって動きにくくなるから，機械的強度はかえって増す．ちょうど歪時効現象*と同じである．不純物原子のかわりに点欠陥を考えればよい．実際に純金属の加工材で，そのような時効硬化現象がみつかっている．

しかし，点欠陥の場合は不純物原子の場合とはちがって，つかまっているうちに転位のところにいつの間にか吸い込まれる．転位の幅が狭い場合は，つかまると間もなく吸い込まてしまう．転位線の幅が広い場合でも点欠陥が転位線に沿って動いているうちに，幅の狭くなっているところがあると，そこで吸われて消えてしまう．幅のせまいところというのは転位の接合点とか，前にも述べた転位のジョグなどである．なにしろ転位線というのは，本当はリボンのように幅があるのだが，†いろんな事情でせばまっているところがある．とにかく転位は点欠陥の"かくれみの"になるということを忘れないでいただきたい．

このようにして点欠陥は，結晶表面や粒界あるいは転位のところに消滅して，その数が減っていく．点欠陥は，伝導電子を散乱させるから，点欠陥の数が減るとそれだけ電気抵抗は減少する．図11-2からもしだいに減ってくるのがわかるであろう．これは冷間加工されたニッケルの熱放出量，硬さ，電気抵抗の変化を示したもので，横軸は焼なまし温度である．この図には示していないが，回復過程で原子空孔が減っていけば，孔がなくなるのだから，それだけ密度も増大し，完全結晶の密度に近づいていく．

転 位 の 再 配 列

もう一度図11-2をみていただきたい．硬さは550℃付近から急に減少している．このへんから再結晶が始まるからである．熱放出量の曲線をみると，260℃付近に最初のピークA

* 歪時効という言葉は一般に冷間加工材を比較的低温で時効させると硬化する現象に用いられる．これは不純原子が転位のところに集まって相互作用をもつためである．そのさいに熱放出があるはずだから，広義の回復現象ということができる．

† 106ページ注参照．

[139]

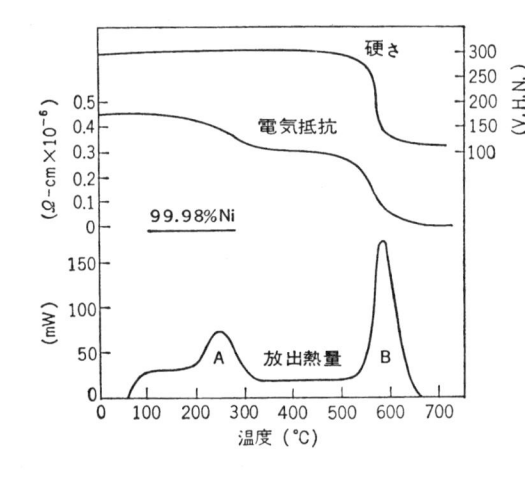

図11-2 冷間加工したニッケルを加熱したときの変化．(Clarebroughらによる)

がある．50℃くらいから300℃くらいまでの熱量放出が点欠陥の消滅によるものであることは，確かめられている．あとに残っている格子欠陥としては，転位だけである．そうすると，300℃くらいからの少しずつの熱量放出とピークBに示される再結晶における大量の熱量放出との原因は，転位の消滅に関係のあるものであることは明らかである．再結晶が終ってしまうと，もはや熱量放出はない．つまり，加工で導入された格子欠陥は，完全に消滅してしまったことを意味する．

転位も熱エネルギーさえ与えられれば，勝手に消えるのかって？そうはいかない．一般に金属中の転位はひじょうに動きやすく，銅単結晶などでは10g/mm^{2}以下の応力で簡単に動くことが知られている．ということは，転位の移動にさいして越すべきポテンシャルの高さは十分に低いといってもよいだろう．このように転位を動かしうる応力のことを〈パイエルス応力〉*とよんでいる．ところで，転位はもともと紐のように長いので，その線の一部がかりに熱エネルギーであちこち動いても，全体としてはだいたいもとのところに止っている．だから熱エネルギーの助けだけでは，点欠陥のように

* パイエルス応力は原子の結合力に関係しており，一般に金属結合の場合にはその応力は十分に小さく，シリコンやゲルマニウムのような等極結合ではひじょうに大きい．また100ページ注参照．

[*140*]

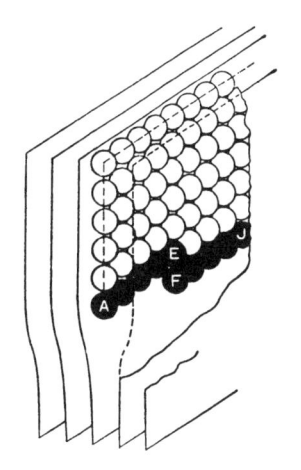

図11-3 刃状転位のジョグ．転位線は AEFJ とつづいているが，EF のところに階段がある．これをジョグという．

どこかへ移動し去ったりして，消滅するわけにはいかない．

では，転位はどのようにして消滅するのであろうか．転位は点欠陥を吸収することによって，はじめて自らも消えることができるのである．点欠陥が転位のところに吸い寄せられることは，さきほどお話したとおりである．図11-3をみていただきたい．これは刃状転位の原子模型で，とくに転位線のある原子面のところだけ原子を描いて，あとの原子面は板のようにぬりつぶして示してある．転位線は黒丸で示したところにある．つまりA→E→F→Jが転位線の位置といってもよい．

最初にこの転位線はJ→Fの延長上に直線状に存在していたのだが，4個の原子空孔を吸ったために，Fのところまでの原子が空孔と入れかわりに結晶の中へとびだしていってしまったのである．さらに原子空孔をどんどん吸うと，F→Jの方に向かって原子がなくなり，さらにAからEの列もなくなる．

このようにして転位線の位置はしだいに上昇して，ついに結晶粒界などに達すると，そこで転位線は消えてなくなる．このような転位の動きを＜上昇運動＞といい，EFのような

階段のところを転位の＜ジョグ＞とよんでいる．

転位が消えるのに点欠陥の必要なことはお分かりかと思うが，図11-2の放出熱量との関係がはっきりしないかもしれない．たしかに，ピークAのところの温度までに点欠陥はほとんど消えてしまうとのべた．それでは，300℃くらいから始まる転位の消滅に使われる点欠陥は，どこから供給されるのであろうか，なるほど加工によって生じた点欠陥は消失してしまったのだが，前にも触れたかと思うが，温度が高くなると，熱平衡的に生まれてくる原子空孔の数が指数関数的に増えてくる．*これらの原子空孔が，こんどは転位の上昇運動を助けるわけである．

* ある温度での点欠陥の平衡濃度は $C=A\exp(-E_f/kT)$ でしめされる．ここに A は常数，E_f は点欠陥の形成エネルギーである．面心立方晶では $A=1\sim10$，$E_f=1\mathrm{eV}$ 内外である．

さて，冷間加工材の中の転位の分布を注意してみよう．図11-1のように多数の転位が複雑にもつれ合ってはいるが，だいたいグループに分かれて，何か一種のセル構造をもっている．これが転位の上昇運動によって，より安定な分布に再配列される．この過程のおこるのが，図のピークAとBとの間である．ピークBに近い温度ではほぼ再配列を完了して，もつれていた転位は集まって，加工のときのセル構造ごとに，あるいはいくつかのセルが合体して，一種の境界（亜境界）をつくる．この過程は，＜ポリゴニゼーション＞ともよばれるものである．これで再結晶への準備はまったく完了したことになる．

再結晶と不純物原子

再結晶は，このようにして形成された＜サブ・グレン＞の1つが核となって，まわりのものを食って成長してゆく現象である．またサブ・グレンの成長には亜境界を構成している転位が上昇運動などによって消滅し，隣り合っているサブ・グレンの境界がなくなって合体して大きくなる現象もしばしばみられる．このようにして，お互いの方位差の大きい結晶粒が形成されるわけである．したがって，再結晶を正しく認識するには，基本となる加工組織を正しく理解することがも

っともたいせつである．ここでひとつ注意しなければならないことは，回復や粒界の移動のおこる場合における微量の不純物の存在である．

点欠陥が不純物原子につかまると，その点欠陥が自由に動けない．移動のエネルギーはその結合のエネルギーだけ大きくなる．したがってより高い温度でないと，点欠陥は自由には動けないのである．このため回復は高温側にずれていく．

再結晶の場合の粒界の移動の場合も同様である．前にも述べたように，粒界は転位と点欠陥との集まりとみなせるから，不純物は粒界につかまりやすい．粒界が移動していくときは不純物を集めていくようなものであるから，粒界には不純物原子がいっぱいである．そうすると，きれいな粒界なら簡単に動けるのに，不純物原子の多い粒界の移動は不純物の拡散速度に支配されてしまう．だから，粒界の移動のエネルギーは，純金属の場合に比べて，不純な金属の場合には大きくなる．つまり再結晶温度は高くなる．

これで，はじめにのべた純度と再結晶温度との関係がわかるであろう．不純物の量は点欠陥や転位と結びつくのに必要な程度の量で十分すぎる効果がある．いま，かりに10^{-4}の濃度の点欠陥と$10^{11}/cm^2$の密度の転位とを全部つかまえるとしても，不純物原子の濃度は原子率で0.01％か，多くとも0.1％でたくさんである．つまり，金属の純度でいえば，99.99～99.9％程度になると，回復の温度も，再結晶の温度も，超高純度の場合に比べて，急に高くなる．どれだけ高くなるかは格子欠陥と不純物との結合エネルギーの大きさで決まるわけであるから，不純物の種類によってひじょうに効くものと，あまり効かないものとがあるのは当然である．

最初の例のアルミニウムの場合，99.99％程度の純度では，その主な不純物はSi, Cu, Fe などである．再結晶温度が純度によってあんなにちがうのだから，きっとこの3種の不純物の全部，あるいはそのうちのどれかと格子欠陥との結合エネルギーが大きいのにちがいない．

もっと勉強したい人のために (11)

- *Recovery and Recrystallization of Metals*, Edited by L. HIMMEL, AIME, 1963. 〔点欠陥，回復再結晶における熱量変化，粒界移動などにつき，比較的総合的に述べられている．詳細を期したい方は，この本の各論文に引用されている文献をひもとかれたい．〕

§ 粒界移動の理論に関しては，さらに E.S. MACHLIN, Trans, AIME, **224** (1962) 1153, および J.W. CAHN, Acta Met. 10 (1962) 789 をも参照されたい．

§ 邦語では，日本金属学会編：転位論の金属学への応用（前出）の中の吉田鎬：綜説（p. 193）がまとまっている．

〔高村仁一〕

12 コーヒーとミルク
《拡散のはなし》

　洋食の最後にコーヒーがでる．「ミルクお入れしますか」と聞かれて，うなずくとミルクが注がれる．ここでたいていの人は，さじを取ってかきまぜるが，あわてることはない．かきまわさずともゆっくり時間をかければ，コーヒーとミルクはまざりあって一様になるはずである．一様になり方は，コーヒーの温度が高いほど早い．このよう一な様になろうとする動きを＜拡散＞というわけである．

　さて，金属，合金の性質はその化学的成分だけできまらないことはこれまで学んだとおりである．叩いたり伸ばしたりすれば硬くなるし，加熱すれば，たいていは軟かくなる．また，ある種の合金は適当な温度に加熱すると，ひじょうに硬くなったりする．このうち熱を加えることによって起こる変化には多かれ少なかれ拡散が関係している．だからほとんどすべての金属に関する問題には拡散が関係してくるのだが，まず耐熱合金の話からはじめることにしよう．

800°Cの壁をこえて

かなり広く使われているものでもっとも高温での強度を必要とするのはジェット・エンジンのタービン翼であろう．

熱力学の結論によれば，こういうエンジンの能率は温度の高いほどよい．そのためにより高温にたえる材料を作ろうという努力がつづけられてきた．

1950年代になってニッケル，コバルトを主成分とする合金が発達し，使用温度が 800°Cを超えるようになった．しかし，熱処理を工夫したり，加工の方法をかえてみてもニッケルやコバルトを主成分とするかぎり，タービン翼の使用温度は 810〜820°Cがせいぜいである．これ以上の高温で使える材料として TiC などを主体とするサーメットが開発されたりしたが，合金としてはニオブ，タンタル，モリブデン，タングステンなどのように高い融点をもつ金属を主成分とする材料でなければならないと考えられている．* その理由はニッケルやコバルトでは 800°C以上の高温では拡散の速度がある大きさに達し，どんな方法で硬化させたとしても，拡散の結

*
耐熱合金としてはすでにモリブデンを基とする合金が開発されていて，その使用温度は 1400°C に近い．

図12-1 Aという金属のうえにBという金属をメッキでつけたとしよう．メッキしたばかりのときには地はA金属だけ，メッキ層はB金属だけであるが，長い間高い温度に加熱すると地にBがまじり，メッキ層にAがまじって，境界ははっきりしなくなる．

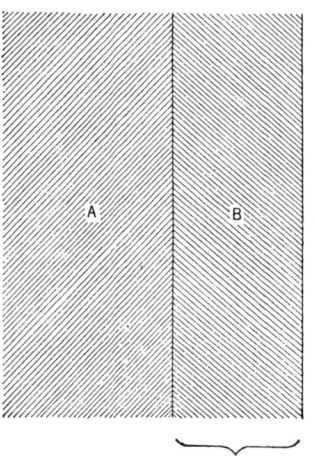

果，変形してしまうようになるからである．融点の高い金属では拡散の速度が大きくなる温度も高いから，もっと高温でも十分な強度を保てる可能性がある．拡散はこのように高温における機械的な強度をなくしてしまう上にオールマイティの役割を果たすものであるが，どんなふうにして拡散は起こるかをつぎにお話しよう．

さまよい歩く原子

2種類の金属を接触させておく場合，コーヒーとミルクのように簡単にまじらないことはもちろんだが，ひじょうに高い温度ではわずかながら入りまじる．たとえば図12-1のようにAという金属にBという金属をメッキでつけた場合を考える．はじめA金属の濃度はメッキ層の中で零になっているが，融点に近い高温に加熱すると，メッキ層の中にA金属がまじっていき，またA金属の中にメッキ層のB金属が入り込んでいく．そのため表面からの深さのちがった場所でのA金属の濃度を測ると図12-2のように変わっていく．この図で t は時間をあらわす．$t=0$ はメッキしたばかりのときで，まだA金属とB金属はまったくまじっていない．加熱して t_1 だけ時

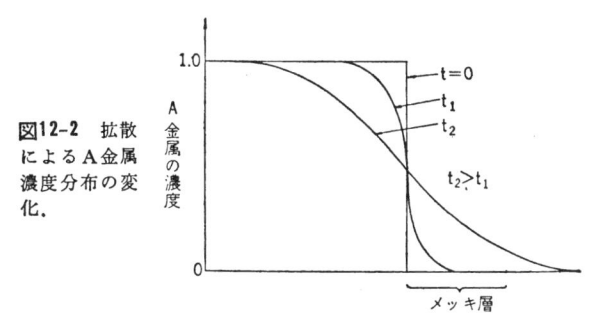

図12-2 拡散によるA金属濃度分布の変化．

$t_2 > t_1$

間がたってみるとA金属とB金属がまじり合い，A金属の濃度がだらだらと変わるようになる．もっと長い t_2 時間たったときには，A金属とB金属のまじり合った層の幅がもっと広くなっている．このような濃度の変化は，けっきょく一つ一

つの原子が動いて起こるのである．拡散というのはこのように一つ一つの原子が動いて合金濃度などの変化をきたす現象のことである．

ところで銅の原子とニッケルの原子であれば図12-2のように混じりあうことがうすい層を順にけずって化学的分析をすることでも知ることができるが，もし銅の上に銅をメッキしたのでは，メッキでつけた銅の原子が地の銅の中にまじったかどうかは化学分析ではわからない．しかし，銅の放射性同位元素をメッキすれば，めじるしの放射線を出すから同じ銅同士でもまじり合うかどうかわかる．実は放射線を測る方が化学分析よりもずっと感度がよいので，異なった金属の拡散でもひじょうに正確な測定では，いっぽうの金属の放射性同位元素を用いている．

話は横道にそれたが，放射線のめじるしをつけた原子を入れてみると，硬そうにみえる金属の塊の中でも高い温度では原子は固定された位置に止まっていないで，わずかな距離ではあるがさまよい歩いているのである．このように同じ種類の原子が動き回ってまじることも拡散のうちに含めて＜自己拡散＞とよんでいる．

不在原子のなせるわざ

原子が動いて入れまじるということをもう少しつっこんで考えてみよう．A金属の原子を白丸，B金属の原子を黒丸で

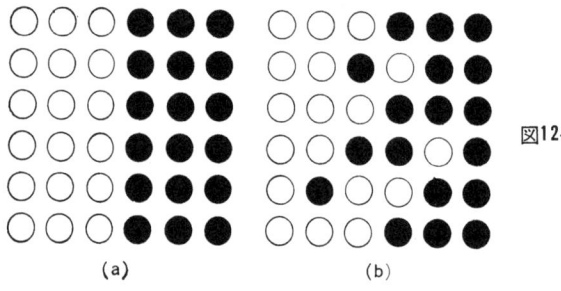

図12-3　(a)拡散前
　　　　(b)拡散後

(a)　　　(b)

あらわすと，メッキしたてのときの境界は，理想的には図12-3aのようになる．AとBが入りまじるということは図12-3bのようになればよいのである．aからbにはどうやって変わるだろうか．

いちばんよく知られているのは鉄中の炭素や窒素などの拡散である．この場合規則正しく並んだ鉄原子のあいだに割り込んだ炭素や窒素原子は，鉄原子の間をすり抜けて動きまわるのである．

ところがふつうの合金では，ちょうど白黒の碁石を並べたように，どちらかの原子が規則正しい位置にきているから面倒である．

これについてはいろいろな可能性が考えられてきたが，現在ではほとんど大部分の金属では空格子点*(原子空孔，あるいは単に空孔ともいう)を使って動きまわることがわかっている．空格子点というのは図12-4のように原子が規則正しく並んでいる中で一つだけ原子の欠けているところである．この空格子点はよく焼なました金属でも高温ではかなりたくさんあり，金，銀，銅，アルミニウムでは融点の近くでだいたい原子の数の1万分の1程度はある．

さて空格子点の隣の原子は隣が空いているから割合簡単に移ることができる．それで図12-5のように入れかわれば，けっきょくA原子もB原子も動いたことになる．空格子点のまわりには図12-4では4個の原子がとりかこんでおり，どの原

*
空格子点の数をきめる実験：高温で結晶中に含まれる空格子点の数は，常温から加熱したときの長さの増加と原子間の距離の増加を測定することによってきめられる．結晶の長さの増加は原子間の距離が増すことと，空格子点の分だけ余分な膨張があるために生ずるからである．

図12-4 空格子点．規則正しく原子のならんでいる結晶中に原子の欠けたところがあることを示す図である．この原子の欠けたところを空格子点という．

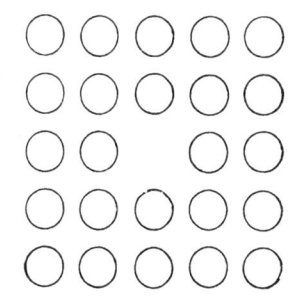

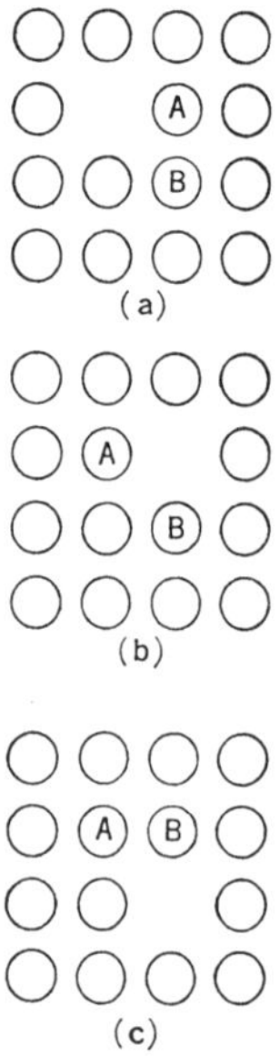

図12-5 空格子点による原子の移動. A原子の位置にB原子をもってくる方法. (a)まずA原子のとなりに空格子点がくる. (b)Aが空格子点に移り, もとのAの位置に空格子点が残る. (c)Bが新しい空格子点に移る. ここはもとのA原子のあった位置である.

*
原子が位置を交換する方法はいろいろな可能性が考えられる. 直接に位置を交換する方法, 格子間位置にもぐり込んだ格子間原子を使う方法などがあるが, これらの過程に必要な活性化エネルギーは空格子点を媒介とする場合よりずっと大きな値をとることが計算された. それで, 空格子点を媒介とすることが結論されたのである.

子でも空格子点と入れかわることができる. つぎの位置でも隣り合っている4個の原子のどれかと入れかわる. この入れかえを繰返していくと図12-3aのように並んでいた原子が, けっきょくbのように入りまじってしまうのである.

ふつうの金属同士の拡散が空格子点を使って起きているという結論に達したのはかなり面倒な理論的研究*の結果であった. しかしここではそういう話にはいっさいふれないことにして, もっと直観的な実験の話をしよう.

1942年カーケンダールという人はα黄銅（銅70％, 亜鉛30％の合金）に銅をメッキして拡散させると図12-2のように単に濃度の勾配がゆるくなるだけでなく, α黄銅の部分がやせていくことを見出した. すなわち, 図12-6のようにα黄銅のブロックの表面に, ひじょうに細いモリブデン線を並べた上に銅をメッキした試料を加熱して拡散させた. モリブデンの細い線はα黄銅とメッキした銅の境界のめじるしなのである

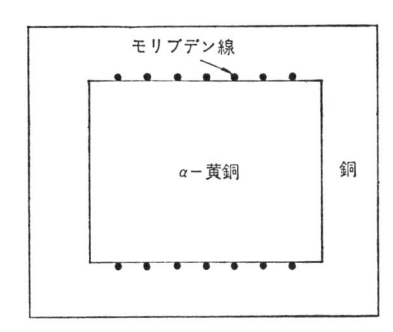

図12-6 カーケンダールの用いた試料.

（モリブデン線／α-黄銅／銅）

が，拡散が進むにつれてこのモリブデン線が内側に移動してしまったのである．このことはめじるしの内側のものが外に流れでた証拠である．

さらに，その後になってわかったことであったが，このような拡散をさせたあとで，顕微鏡で観察すると図12-7の写真のような穴がたくさん見られた．この穴はα黄銅の領域にみられる．つまり，めじるしを通り外側に出ていく亜鉛原子の数が，外からめじるしを通って内側に流れ込む銅原子の数より多いが，内側にはその代償として穴ができている．すべて

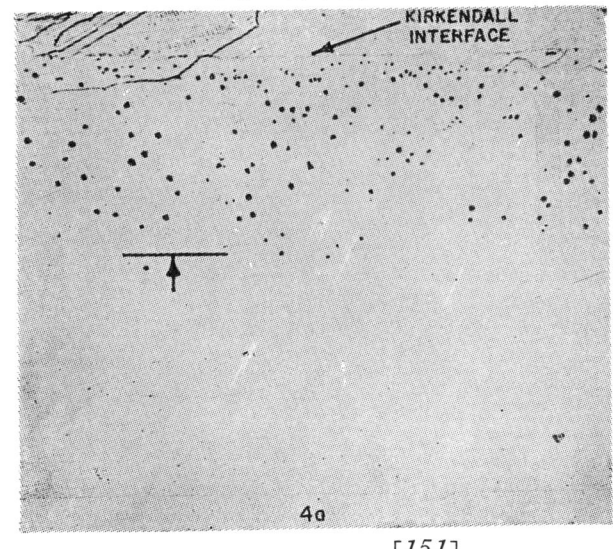

図12-7 拡散の起こっている境界付近に発生する空洞.

の原子が動くには空格子点を使わなければならぬとすると，めじるしを通って空格子点がどんどん流れ込むことになって，内側に空格子点がたまり過ぎ，どこかで消えなければならぬが，消えそこないが集まって穴になってしまったのである．

このように上の2つの実験は空格子点を使って拡散が起こるという考えからはうまく説明できるが，ほかの考えで説明することはできない．

拡散の速度

拡散は温度が高いほど早く起こる．硬くてびくともしないような金属のかたまりでも，一つ一つの原子はブルブル振動している．その振幅は温度の高いほど大きくなる．それである程度温度が高くなると，ゆれたはずみに隣の空格子点に飛び込んでしまうようになる．拡散の速度は隣の空格子に飛び込む頻度を空格子点の数に掛けたものに比例する．空格子点の数も温度が高いほど多くなることは前にのべた通りである．

ところで温度が高くなるとどれくらい拡散の速度がますか

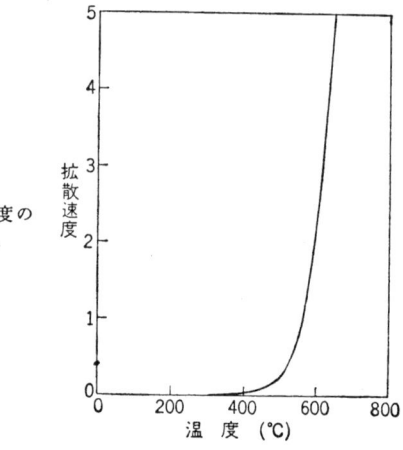

図12-8 拡散速度の温度による変化．

をグラフに描いたのが図12-8である．これは銅のなかに銅の放射性同位元素がまじっていく速度を示したものである．この曲線を外挿すると，たとえば 800℃で1秒間で起こったのと同じ拡散を 100℃で起こさせようとすると30兆年かかってしまう．したがってふつうの金属は熱湯の温度くらいではまじらず，安心していられるのである．

拡散による変形のいろいろ

ところで，最初の話にもどろう．拡散がどんどん起こるようになると，どんな工夫をした耐熱材料でも変形してしまうという話である．第一に考えられるのは，空格子点の流れそれ自身による変形である．すなわち，図12-9の矢印の方向に空格子点が流れると，ちょうどそれと逆向きに原子が運ばれて，結晶として上下の面の原子をとって側面にはりつけたのと同様になる．実際の材料では小さな結晶粒からなっているので空格子点の流れも図12-10のように結晶境界まででよい．したがって結晶の大きさが小さいほど変形の速度が速くなる．

もっと重要なことは析出物の変化である．耐熱材料が硬くなっているおもな原因は，小さな析出物が一面に分布して転位の動くのを妨げているのであるが，もし拡散がどんどん起こると小さな析出物が大きな析出物にくわれてしまい，少数

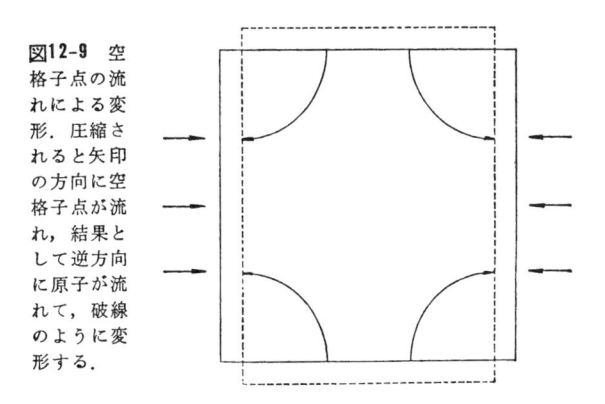

図12-9 空格子点の流れによる変形．圧縮されると矢印の方向に空格子点が流れ，結果として逆方向に原子が流れて，破線のように変形する．

図12-10 多結晶における空格子点の流れ．空格子点は結晶境界から他の結晶境界へ流れる．

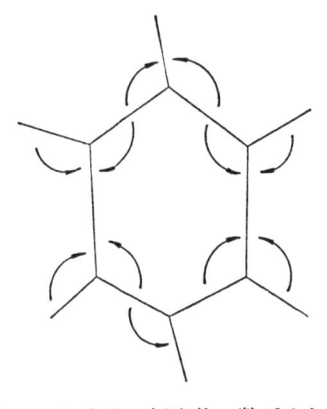

の大きな析出物しかなくなってしまう．析出物の数が少なくなると析出物の間隔が大きくなり，転位はその間を通り抜けて変形できるようになってしまうのである．拡散が金属のほとんどすべての現象に関係あることは，合金の平衡状態図というものは拡散が自由に起こるとして自由エネルギーを最低にするようにきめたものであることを想いだしていただけば，よくわかることと思う．もちろん，固体中の拡散は温度が低くなると急に遅くなり，ある限度内でだけ拡散が起こるとして求められる準安定*の状態図というものもよく用いられている．ともかく状態図が合金の性質を理解する上にかくことのできないものであるということは，拡散を考えないで合金の性質を理解できないということにもなる．

具体的に拡散が重要な役割をしめるのは，析出物が形成される過程およびそれが逆に溶け込む過程であろう．そういう現象の代表的な例は，ジュラルミンの時効，Cu-Be 合金の析出硬化，鋼のパーライト変態などをあげることができる．*その他拡散の関係している現象にはベイナイト変態，焼戻し，時効などがあり，またかわったところでは，低温圧接も拡散を利用した技術の一つである．

拡散の関係している現象には複雑なものも多いが，ふつうの金属内で起こる拡散または原子の移動は，ほとんどすべて

---

* 鉄-炭素の状態図には鉄とセメントの共存するものと，鉄と黒鉛の共存するものとが書かれている．鉄と黒鉛の共存する方がより安定であるが，鉄とセメンタイトが共存する場合にもある程度の安定性をもっている．その状態を準安定な状態というのである．

空格子点を使って起きること，鉄中の炭素，窒素などは鉄原子の間をすり抜けて動くということを念頭におけば，あんがい簡単に理解できる現象も多いのである．

もっと勉強したい人のために (12)

- 日本金属学会編：転位論の金属学への応用（前出）．〔この本の第11章に金属の拡散について述べられている．〕
- SHOCKLEY 他： *Imperfections in Neary Perfect Crytals*, John Wiley & Sons, Inc., 1952. 〔第 8, 9, 10, 11 章に拡散の基本的な問題が述べられている．〕
- CHALMERS 編： *Progress in Metal Physics*, Pergamon Press. 〔第 1 巻 (1949) の第 7 章，および第 4 巻 (1953) の第 6 章は，いずれも A.D. LeCLAIRE によって書かれた，拡散のすぐれた解説である．〕
- 日本物理学会：物理学論文集 **78**, 拡散の機構, 1956. 〔拡散についての重要な論文を集めてある．〕

〔鈴木秀次〕

13 スタミナ談義
《合金の強さ》

　人類の歴史において，銅器を捨て青銅製の道具を用いるようになった最大の理由は，青銅のほうが丈夫だからである．熱処理という方法で金属材料の強さを増すことに気がつかなかった時代において，材料の強さを増すには，加工硬化を利用するか，適当な金属あるいは非金属を加えて強さの改善をはかるかのふたつしかなかった．鋼を熱処理すると強さが改善されることは，かなり前から経験的にわかっていたようであるが，合金の熱処理による性能改善の現象をハッキリ認め，それを積極的に強さを増す手段として利用しはじめたのは，今世紀になってからである．

　純金属は，加工することによって強くなり，また合金することによって強くなる．さらに，ある種のものは熱処理することによって一段と強くなる．なぜ合金すると強くなるのか．

デコボコ道をいく転位

　強さの問題は，転位の動きやすさと関係している．何度も

[156]

述べられたように，金属の＜塑性変形＞は金属結晶における特定のすべり面でのすべりで起きる．そのすべりは，転位がすべり面上を動くことによって起きる．

　　　　（転位のすべり面上での移動）＝（塑性変形）
というわけである．

　いっぽう，材料が強いということは，なかなか塑性変形しないという意味と，塑性変形してもそれからどんどん強くなって大きい力に耐えることができるという意味の2つがあるようだ．これが混同されるとまぎらわしいので，ここでは強いという言葉で前者を意味することとしたい．

　綱引きのように材料に力を加えて引張る．ある大きさの力になると，材料は急に伸びて力を抜いてももとにもどらない．このときの力を，その材料の断面積で割ったものを，＜降伏応力＞というが，強いというのはなかなか降参して伸びることがない，つまり降伏応力が大きいことである．そうすれば，

　　　　（強いということ）＝（転位が動きにくいこと）
という式がなりたつ．

　合金になると強くなるということは，合金中では転位が動きにくいある何者かができた，ということになる．

　さて，それは何者であろうか．

　ひとくちに合金というが，合金にもいろいろな種類がある．これらを一括して取りあつかうことはむずかしいし，また不可能である．まず第一に置換型固溶体*というものからはじめよう．ところが，前にも述べたように，これにもまたいろいろ型がある．したがって，まず第一に完全に金属Aの原子と金属Bの原子とがゴチャゴチャにまざり合って（溶け合って）できた固溶体を考えよう．

　このときA原子よりB原子が大きかったらどうなるか．図13-1をみていただきたい．

　（a）はA原子だけの集まりで，このときのすべり面はだいたい平らである．これに大きいB原子が入ると，そこが凸になる．日本の田舎道のように道がデコボコでは自動車は走りに

* 2. ≪合金構造のはなし≫参照．

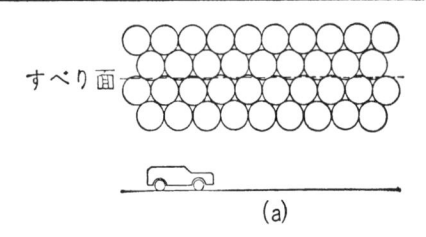

図13-1 固溶体合金のデコボコ道

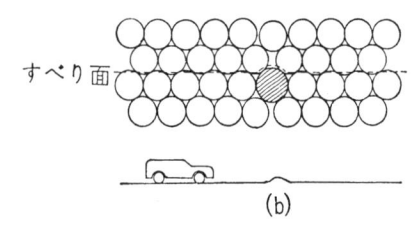

くいと同様，転位の動く道（すべり面）がデコボコでは転位もまた動きにくい．このことは，B原子がA原子より小さくても同様である．デコボコの程度は，B原子の増すほど大きい．したがってB原子の量とともに強くなる．

これと同様なデコボコ道は，固溶体合金のなかでB原子のグループができるとき，むずかしくいうとB原子が偏析してクラスターを作ったとき* にもできる．もちろん，B原子の大きさが，A原子とちがうとしてである．同じ大きさでは，当然ききめがない．

* 2.《合金構造のはなし》参照．

溶けた原子と仲よくする転位

奥さんが若くて美しくって，やさしくって，親切でかゆいところに手がとどく——というような奥様をもった甘い甘い若いひとは，ちょっと会社へ出勤するのもいやになる．「男子が仕事をするには，適当な悪妻がよい．夏目漱石を見よ」なんていう話も聞いたが……さて，どうだか……．

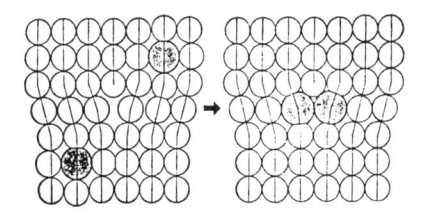

図13-2 溶けた原子と仲よくし安定ムードにある転位.

　もう図をかくのは止めるが，刃状転位の下のところは原子間の距離がすこし広くなっている．もし置換型固溶体で，B原子が大きいとすると，この場所はB原子にとって落ちつきのよい場所である．それゆえ，移動が許されるならば，B原子が動いてきて，ここに落ちつく(図13-2)．刃状転位にしてみても，B原子がこないと，その場所の原子間隔をすこし広げていなければならないから，B原子のきてくれることはありがたい．お互いの利益になるので，両者は仲よくし，安定ムードをかもし出す．転位はでかけるのがいやになる．
　こうした傾向は，侵入型の固溶体のときにはとくにいちじるしい．その代表的な例が，鉄のなかに炭素が溶けこんだときである．鉄のなかに，正確にいえば鉄原子が作る体心立方格子のあいだに炭素が入るということは，かなり無理なので，炭素原子はまわりの鉄の結晶格子を強く圧迫する．ところが刃状転位の下は，すでに図で見たように広がっているから，炭素原子が入りやすい．炭素原子がここにくると刃状転位は，安定ムードにひたれる．炭素原子がまわりを圧迫することが大きかっただけに，この安定ムードは大きい．
　こうした安定ムードにある転位は，少しぐらいの力では動こうとしない．だから動かすのに大きい力を必要とする．といっても置換型では大したことはないが，侵入型の炭素が少し入った鉄(軟鋼)では，この効果はきわめて大きい．そのため，かなり大きい力をかけて，はじめて転位は，炭素原子をふりきって動きだす．
　ところが動きだしたあとの転位は，引きとめるものがないから小さい力で自由に動ける．その結果，引張応力と伸びの

図13-3 軟鋼を引張ったときの応力と伸びの関係.

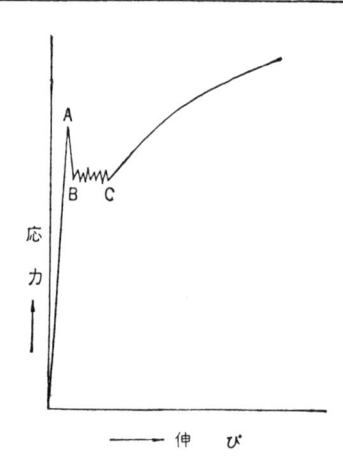

関係を図示すると，図13-3のようないわゆる＜降伏現象＞のある曲線をうる．尖ったところA点を＜上降伏点＞，BCの平らなところを＜下降伏点＞という．上降伏点が転位を安定ムードから引出す応力，下降伏点は，その転位が自由に動くに必要な応力と考えられる．*

刃状転位と溶けこんだ原子とが引き合って安定ムードを作るだろう，ということは最初コットレル† が考えたので，これを＜コットレル効果＞という．ところで，安定化ムードをつくるには，とけ込んだ原子が結晶のなかを動いて刃状転位のところに到達しなければならない．この原子の運動は，温度が高いほど活発であるけれど，いっぽう温度が高いと原子は落ちつきがなくなって，刃状転位のところへきても，すぐとびだしてしまう．したがって，温度が高すぎると，安定化ムードがつくれない．やや高いときは，刃状転位の下のあたりにやや溶けた原子の濃いところができる．一種の弱い偏析状態で，これを＜コットレル雰囲気＞と名づける．もっと温度が低く，しかもとけ込んだ原子が動ける場合には，もっとも強い安定ムードをかもしだす．軟鋼中の炭素は，格子間にあるので，移動が容易で，室温でも刃状転位とたいへん仲よ

---

* 軟鋼に降伏点があらわれるということについては，ぜんぜん別の説明が1959年アメリカのGilmanとJohnstonらによって提起され，賛成者が増えつつある．ただこの新説もコットレル効果の存在を否定するものではないが，降伏現象はコットレル効果ではないとする．

† A. H. Cottrell (1919〜). 英国ケンブリッジ大学．

くなっている．そのためこの強さは，温度が高くなると，安定モードがこわされるのできき目が弱まる．

安定化の状態は，すべり面を動く性質のある刃状転位を主体に考えれば，動きをおさえられているようなものである．ほんとは外出したいのだが，奥さんが家に引き止めているようなものである．こうした状態を，＜固着＞されたという．英語で anchoring（船がいかりで止められた状態），pin-down（ピンでとめられた状態），あるいは locking（留置場は lock である．動けない状態）という．こればかりは日本訳のほうが簡単である．

軟鋼のひずみ時効

コットレル効果による強化は，軟鋼にとっては大切なものなので，もう少し話を進めよう．

転位が固着からはずれて動きだした状態が，下降伏点に相当すると述べたが，転位がこうして動いているうちに前にも述べたように，転位の数が増えたり，他の転位とからみ合ったり，結晶粒界でストップをかけられたりして，加工硬化がみられる段階に入る．そうした図13-3のC点を越した状態に入ったのちに，力を抜くと，応力と伸びの曲線は，図13-4の

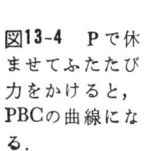

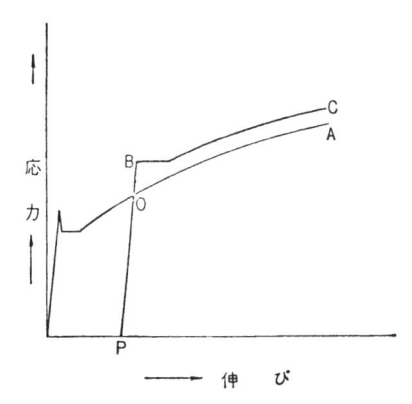

図13-4 Pで休ませてふたたび力をかけると，PBCの曲線になる．

ＯＰのように変化する．

　さて，ここで，ふたたびすぐ力をかけると，あとの変化はＯＡのように，もとの曲線と同じ道すじをたどる．ところが，力を抜いたあと，しばらく時間をおくと——これを時効という——，今まで自由だった刃状転位のところに，とけこんだ炭素原子がやってきて，くっついてしまう．そうなると，ふたたび力をかけても，Ｏ点の応力では転位は動けない．それで，図のＢＣのような曲線をたどる結果になる．

　コットレル効果のいたずらで，これを軟鋼の＜ひずみ時効＞という．軟鋼中の窒素も炭素と同じ作用をする．

　軟鋼で降伏現象やひずみ時効が問題になるのは，降伏伸び（図13-3のＢＣ間）のところの変形は，材料のなかで一様に進行しておらず，ひじょうに変形の進んだ部分＜リューダース帯＞*と，変形のない部分の混在した状態になるからである．そんな状態の軟鋼の表面には，ひずみ模様といわれるしわ模様がみられる．自動車の屋根を作る鋼板などはプレスで作るが，そんな模様ができては見苦しい．

　これを除くには，けっきょく降伏伸びが生じないようにすればよいわけだ．それにはコットレル効果を起こす炭素や窒素を抜いてしまえばよい．しかし，これはむずかしいので，炭素，窒素がブラブラしないように，適当な相手になる元素を入れて，放浪性をなくしてしまえばよい．

　あるいは，少し加工してやると，直後は降伏伸びがなくなる．その間にプレス加工する．しかし，日がたつと，ひずみ時効によって，またひずみ模様がでるようになる．

* 1860年 Lüders によって発見される．今日でもリューダース帯についての研究は終っていない．

もうひとつの安定ムード効果

　面心立方型の置換型固溶体合金では，１本の転位線がすべり面上で広がってリボン状になっている．このことは，どなたかが述べていられたように，なぜそうなるかを簡単に説明することはむずかしいので，そうなると思っていただく．この状態の転位を＜拡張転位＞というが，その様子は，114ペ

合金の強さ

ージ，図9-3のようには簡単に書けない．

　言葉でざっと述べると，1本の転位線に相当する原子の乱れがリボンの両はじにあり，その間は面心立方型でない原子の積み重ねになっている．もう少しくだくと，1本の転位が，2本のはんぱな転位にわかれて，その間のリボンの部分がふつうでない状態になっているのが，拡張転位である．

　この拡張の程度は，金属の種類によってちがう（アルミニウムはきわめて小，銅はやや大）が，一般に固溶体合金では大きい．

　本書でも執筆していられる鈴木秀次さんは，こうした拡張が起きて転位がリボン状になると，リボンの部分にとけ込んだ原子がやってくることを，理論から求められた．ちょうど先に述べたコットレル効果と同じわけで，そうなると，そのリボン状転位は安定ムードになって，固着される．リボンが糊ではりつけられたようなものだ．これを＜鈴木効果＞という．*

　このように固着された転位は動きにくいから，やっぱり動かすのに大きい力をかけねばならない．つまり合金の降伏強度は上昇する効果がある．

　拡張転位のリボンの幅は合金の濃度が濃いほど広くなる．したがって，この効果は，銅→10％亜鉛を含む黄銅→20％亜鉛を含む黄銅という順に大きくなることが期待される．鈴木さんは，こうした機構から面心立方型の固溶体合金の強さを説明された．

お手々つなぎ効果

　固溶体合金の中で，多少にかかわらずとけた原子の集まったところができているとする（20ページ図2-6 a）．このように集まった部分ができるということは，けっきょくとけ込んだ原子たちがとくに仲間同士で，お手々をつないでいたからである．

　そうしたお手々をつないだものが，合金のあちこちにあっ

*
1952年鈴木秀次氏はこの効果のあることを理論上予想されて，＜化学的相互作用＞と名づけられたが，今日では外国の学者により＜鈴木効果＞とよばれるようになった．

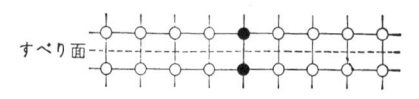

図13-5 お手々をつないだ溶けこんだ原子．すべり面の上下の原子だけを描いた．

たらどうだろう．図13-5でもわかるように，転位はこのお手手を切らなければ，動けない．デモでスクラムをくまれると，勇敢なお巡わりさんもチョット突破できないようなものだ．しかし，転位に働く力が大きくなれば，お巡わりさんはスクラムをきって進むことができる．つまり，スクラムがあれば降伏強度はそれだけ高くなる．

* J.C.Fisher, General Electric 会社のスケネクタディの研究所．

この効果は，フィシャー*が規則合金で考えたものである．規則合金は，異なった種類の原子同士のほうが仲がよく手をつないだ合金であるが，図13-6のように，転位の通ったあと

図13-6 規則合金で左からきた転位が途中まできたところ．

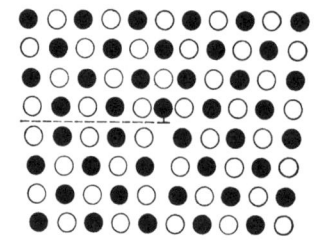

は，仲のよいのが傍にいられなくなる．いきおい転位の動きに抵抗せざるをえないわけである．だから，規則合金は，ゴチャゴチャ配置より強いという次第である．

粒子による転位の通過拒否型効果

いままでは，1相の固溶体合金について考えてきた．ここで話を，細かい第2相の粒子が分散した合金の場合に移そう．
こうした種類の合金は，析出をおこす合金の場合に熱処理で作ることができる．最近は，金属の粉とアルミナの粉を混ぜて高い温度で焼きかためて作ることも行なわれている．ち

ようど，コンクリートのような合金もある．
　さて，この種の合金も多種多様である．コンクリートの性質が，セメントや砂や石の質や混合割合，石の大きさや分布のしかたで変わると同様，合金の場合も，分散している粒子の性質や大きさ，お互いの間の距離などが，大きく強さに関係してくる．
　粒子が条件によって転位の通過を許したり，許さなかったりすると，話が複雑になるから，簡単に分散している粒子は転位の通過を絶対に許さないと考えてしまうことにしよう．餅の中に豆ではなくて，小石を入れたような場合だ．あなたはこれを食いきることができるかどうか．
　いくら硬い小石でも，数が少なければ，いいかえると分散が密でなければ，小石のところを避けて食いつけばよい．転位もそんな場合には，小石に偶然ぶつかったものは運動を停止するが，小石にぶつからないところがいくらもあるから，そこで運動する．こんな場合は，あまり強くならない．
　それに引きかえ，小石の間が密になってくると，そこだけ避けて食いつくということができなくなる．転位も同様に，いやでも分散粒子にぶつかってしまう．そうなると問題である．どういうことが起きるか．
　図13-7は，すべり面での転位を見たものである．すべり面は，デコボコ道どころではない．大きい岩がゴロゴロしている．転位がまがらない1本の竹ざおのような性質のものだっ

図13-7　分散粒子のゴロゴロしたすべり面．

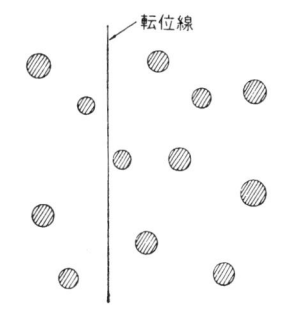

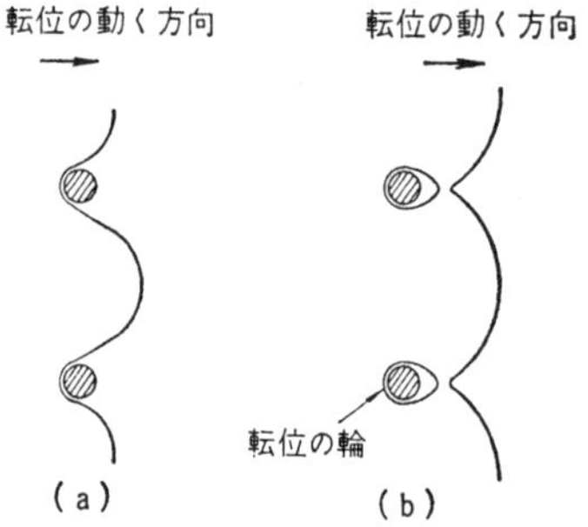

図13-8 転位はまわりこんで,転位の輪を粒子のまわりに残して進む.これに必要な力は,粒子の間が小さいほど大になる.

たら,これでは処置なしで,行くも退くも,岩にぶっかって動けない.大へん硬いものになるかもしれないが,塑性変形は不可能でもろい材料になってしまう.

ところが,転位は透過電子顕微鏡の写真でも見たように,自由に曲がる性質をもっている.もっとも蛇のように曲げるためには,力が必要なのだが,とにかく力をかけてやれば,ひものように曲げることができる.その結果,どんなことが起きるかというと,図13-8のようなまわり込みの現象が起きる.そして,図のように粒子のまわりに転位の輪を残して,転位はさきへ進む.転位はうまく逃げたわけだが,こうした現象をおこすには,粒子間の距離に逆比例する大きさの力を加えてやる必要がある.粒子間の距離が小さいと,粒子間に転位をおしこむのに大きい力を必要とするというわけである.これをオロワンの機構* という.

* E.Orowan が1948年この考えをだした.

その結果,粒子間の距離が小さくなるほど,転位を動かすのに大きい力を要することになり,この種の合金の降伏応力は,粒子がこわれたり塑性変形したりしない限り,粒子間隔が小さくなるほど大になる.

というと,硬いものを細かく密に分散させると,ひじょうに強いものになると思われるかもしれない.原理的にはたしかにそうであるが,このことは合金が破壊しなければという条件のもとにいえることである.密になればなるほど,転位を粒子間に曲がりこませるのに大きい力を必要とし,ある限

度以上になると,転位を曲がりこませる前に合金はこわれてしまうだろう.

以上,代表的な合金の型について,強さという性質を転位論から考える考え方のいくつかを示した.

実在の合金は複雑で,上記以外にも強さに寄与する機構はいろいろと考えることができる.ある合金の強さをどういう機構で説明すべきか,ということは現在の転位論の一課題である.ここでは,どちらかといえばありふれた強化機構だけについて述べた.まあこうした考え方をしてゆくものだということが,わかっていただければ幸いである.

もっと勉強したい人のために (13)

- 日本金属学会編:転位論の金属学への応用 (前出).
- 幸田成康:金属物理学序論 (前出).
  § ややむずかしいものには,つぎの書物がある.
- A.S.M.: *Relation of Properties to Microstructure*, 1954 〔12篇の短い解説を集めたもので,すべてが強度に関するものではないが,やさしく読みやすい.〕
- A.S.M.: *Strengthening Mechanism in Solids*, 1962. 〔12篇の強度に関する解説集で,1960年のASMのゼミナールの記録で,わかりやすい.〕
- McLean D.: *Mechanical Properties of Metals*, New York, London, Wiley, 1964. (前出)
- Pecker D.: *The Strengthening of Metals*, 1964.

〔幸田成康〕

14　幾久しく変わりある話
《時効硬化のはなし》

　「○○君よ．この前のクラス会の会費もいっしょに払ってもらいたいんだけどね」
　「この前って一体いつだったっけな」
　「去年は幹事サボって申しわけないが1回やらなかったからね．おとどしの2月だ．××がヨーロッパ旅行から帰ったときに帰朝談をきいた時，あれさ」
　「おれは出たっけね」
　「出たっけもないもんだ．××のみやげのジョニ・赤で一人でごきげんだったじゃないか」
　「ああそうか，こりゃいけないや．しかし君ね，2年前じゃもう時効だぜ」……
　というふうにふつう使われるのが時効という言葉である．
　私ども法律にはトウシロウの者どもの常識によると，借金しても何年かさいそくをうけずにいれば，払わなければならない義務が消滅し，貸した品物も10年もかえせといわないと何時のまにかお貸し下されたことになって，先方さまのもの

になってしまうことがある．これが時効だと思っている．ところで正しい知識はいかなものだろう．

平凡社の国民百科辞典をひらいてみるとこうである．

"じこう　時効：ある事実状態が一定の期間継続し，改めて真実の法律関係を調査することも困難であり，また調査しえたとしてもこれによってこれまで続いてきた事実関係をくつがえすことが不当である場合，この状態が真実の権利に合致するものかどうかをとわないで，法律上，この事実状態に対応する法律効果を認める制度"．*

おわかりかなお立合い．実はこちらにもわかったようなわからないような点はあるけれども，要するに時間がたつと物事がこちら様に有利になってゆくということらしい．たとえ借り物でもその品をこちらが持っている事実状態をみとめてしまってくれるというのだから．

私どもの先人は今の私どもよりは法律の知識もあったかも知れぬし，漢籍の素養などは吾人の遠くおよばぬところだったろうが，とにかく英語の ageing (または aging) を＜時効＞と訳したものである．†金属材料の特性が時日の経過につれて変化することを ageing というのであるが，同じようなことを表わす言葉にもうひとつ secular change という言葉があって，このほうは＜経時変化＞とか＜経年変化＞と訳されている．

いろいろの専門家に意見をきいてみると，磁性の方では時間とともにその材料の磁性がわるくなってゆくことも時効というそうであるが，一般の金属材料ではどうも時日の経過とともに材料の特性が私たちに好都合な方向にかわることを時効といい，不都合な方向にかわることは経時変化といい，この経時変化がのろのろと長い年月かかっておこるときは経年変化というようである．ということは金属屋は貧乏人が多く，いつも金を借りる立場が多かったために，時効とは時間がたつにつれて，事態が吾人に有利になることと思い込んでいたからかもしれない．この春秋(？)の筆法をもってすると，時日の経過とともに事態が不利になるほうも時効といっている

---

* 殺人罪のような重罪の時効は，15年で成立するそうだが，合金の時効はある種の鉛合金の常温での変化のように分秒を争うものから，黄銅の経年変化のように数年たってもまだやっているものまである．

† ageing が英語，aging が米語．好きなほうをお使いください．

安定を求めてたどる道

　以上のしだいで金属材料の特性が時間とともにかわるのが時効であり，それで材料が硬くなれば＜時効硬化＞ということになる．そしてこの時効硬化が，たまたま私どもの住んでいる地球表面の温度の近辺でかなりの速さでおこり，私どもの目につくくらいのスピードで硬くなる合金は＜常温時効性＞があるといわれるし，常温ではこの変化がとってもおそくて，お互い一生の間くらいではまったく硬くならぬというに等しいけれども，少々加熱してやれば目だった速さで硬くなるというときはこれを＜焼戻し時効＞というのである．

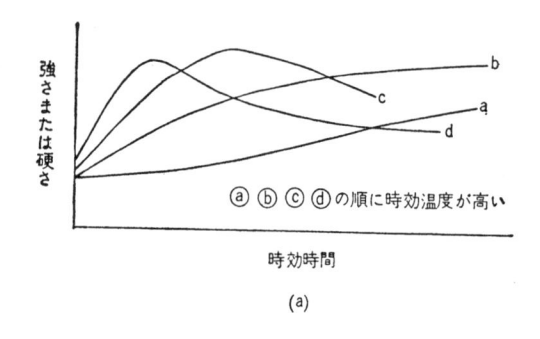

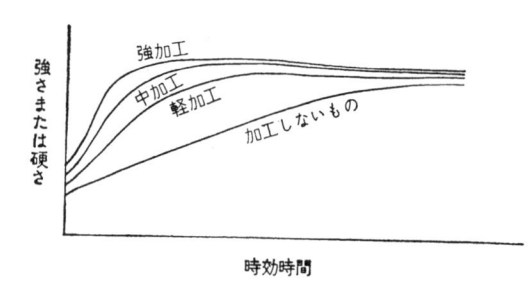

図14-1　時効硬化曲線の形．(a)時効温度の高低の影響．(b)焼入れてから時効前にする冷間加工の影響．

ご存知ジュラルミンは常温時効する合金の代表であり、ちかごろ評判のベリリウム銅は、焼戻し時効する合金の手近な例である。図14-1aは時効硬化の様子を引張強さや硬さの変化で示したもので同図は、時効させる温度がa→dと上がるにつれて時効の進み方が早くなることを示している。早くなるとともにピークのところの硬さも変わるけれども、これはただ高い温度ほど高くなるというのではなくて、ある手ごろな温度——この図だとcの温度——のときもっとも高く、これ以上、温度を上げてdになると、時効の進行はなるほど早くはなるが、過ぎたるはおよばざるがごとしでピークの硬さはかえって下がってしまう。*

そこでこのcがこの合金にとってはもっとも向いた時効温度ということになりそうではあるが、実用合金ではそう簡単にまいらぬことがあって、たとえ、ピークは最高でも、工場現場の熱処理作業ではピタリそこにぶつけるのに苦労してしまう。そこで少々ピークは低くとも、この平地が広いか、またはbのように水平になってしばらくつづく温度のほうがよいという考えがでてくる。しかしピークにゆくのにあまり時間がかかるのも不経済である……ということで、このへんのかね合いを考えて実用合金の時効処理の温度がきめられるのである。

さて図14-1bの方はベリリウム銅のように焼入れてから常温で加工し、それから時効硬化させるときの時効曲線で、その加工の程度でどう変わるかを示しているもの。ごらんのように加工度が大きいほど硬化前の最初の硬さがそもそも高くなるし、最高の硬さ、強さも上がってゆく。しかし、そのかわりに、最高硬さにもっていったときの材料の変形能力、たとえば伸びなどは減ってゆくので、あまり加工度を上げて最高強さを欲ばると、曲げ加工などするとわれるようになってしまう。

それじゃ一体全体、こういう時効現象などがおこるのはなぜだろうか。金属材料にとってもそれが落着いた状態、つま

---

* ふつう、時効曲線は硬さの時間的変化で示すけれども、他の特性の変化で示すとそのピークの位置は必ずしも合致しない。だから硬さ以外の特性の最高のところを使いたければ、この点を考えて硬化曲線をみなくてはいけない。

り安定状態ならばそのままそこに終生いてもよいのだから，あえて変化を企てることもないのであるが，ふつうつかわれる金属材料の状態はたいていが安定状態ではないのである．そのわけは本当の平衡状態などというものは，研究室でゆうちょうにやっても容易に達成できぬくらいのシロモノで，ましてや工業的に材料をつくる条件ではとても到達できるものではない．

中途はんぱの効用

だから，ふつうの材料はいつも中途半端でほんとうの安定状態までには一歩をのこした手前にあるからだということもある．しかし，それよりも実は安定状態の材料の特性というのはたいていつまらないものが多くて，私どもの利用したい特性を出させるにはわざと不安定な状態をつくり出していることのほうが多いといわねばならないのである．加工してみたり，焼入れをしてふつうなら当然おこる変化を，全部または一部くい止めてみたり，さらには焼戻してこのくい止めた変化を適度にその先へ進行させたりすることがよく行なわれ，こうして人為的に安定状態でない，つまり非平衡状態をつくりだして，その特性を使っていることが多い．

このようにわざわざ不安定状態をつくりだしているのだから，その金属にとっては折あらば安定状態に戻りたいとすきをうかがっているのはあたりまえで，温度が低すぎれば原子が動けないのであきらめてもいようが，適温ともなれば，安定状態へ向かって変化をおこしはじめることは想像に難くないであろう．かくして時効現象はおこるべくしておこるわけである．

いろいろな時効現象

このへんで実際の時効現象の例をお話することにしよう．時効現象は前にものべたように，ふつう原子がその金属の固体の結晶格子の中を動くことによっておこる．つまり拡散が

関係するのだから,温度を上げてやれば速くおこるし,転位とか空孔とかの格子欠陥があれば,この拡散は促進されるから時効の進行も当然早められる.このため,ふつうでは変化のおこらないくらいの温度でも,こういう格子欠陥の助けをかりると時効がおこるということになるし,合金を原子炉の中に入れて中性子で照射することも格子欠陥をつくる一つの方法なので,照射によって時効の進行は早められる.

　加工した合金を低い温度に加熱すると硬くなったり,降伏点が上がったりすることがある.冷間加工をした合金の結晶のなかには十重二十重に転位がつくられているが,この転位の分布が変わることはできないくらいの低温度で,しかも合金元素の原子は動き出せるくらいの温度というところに加熱してやると,合金元素の原子の方が動いて転位のところに集まり,このため転位は動きにくくなる.そうするとこの金属は変形しにくくなるわけだから,つまり硬くなるというわけである.しかしこのくらいの温度では転位の分布はほとんど変わらないから,いわゆる焼なましをしたことにはならない.そこでこういう加熱を＜低温焼なまし＞といっている.

鋼 の ひ ず み 時 効

*
ひずみという話は高度経済成長のひずみの是正などと政策にも出てくるが,漢字でかくと歪で不正という字で組上っている.正規のようになっていないことであろう.
†
13.《合金の強さ》をも参照.

　古くから＜ひずみ時効＞* として知られているように,鋼は加工したあと放置しておくと室温でも炭素の原子が転位のところに集められる.† この集まりが ＜雰囲気＞ といわれるもので,こんなものができると転位に動きにくくなるから硬くもなるし,降伏点もあらわれるのだといわれてきた.これがコットレル効果というものである.最近この説には疑問があるようではあるが,理くつはとにかく,鋼ではこのようなひずみ時効中に,図14-2のように硬さがふえる.いっぽう,固溶体の中にあった炭素原子の数は転位のところにとり集められた分だけ減るから,電気抵抗は減るということになり,この両者の変化する時期は,これこの通りよく一致しているのである.

[*173*]

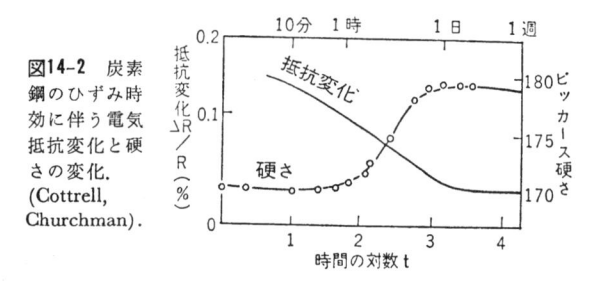

図14-2 炭素鋼のひずみ時効に伴う電気抵抗変化と硬さの変化. (Cottrell, Churchman).

鋼に加工を加えるとこの雰囲気と称するものがぶちこわされるので，加工した直後には降伏点が出なくなるが，また室温で放っておけば再び炭素原子が転位のところに集まって雰囲気をつくり直すから降伏点は再現し，ひずみ時効でいささか硬くなる．

そしてこの変化は時効現象が何でもそうであるように加熱すると速くなる．

カミソリ刃をとぐとき

そこで皆さん，毎朝ヒゲをそられる剃刃の刃の話になる．

刃をとぐということはむずかしくいえば刃先の面に冷間加工を加えることであるから，これによって一度雰囲気はこわされるが，また時間がたてば再び形成されていささか刃は硬くなる理であろう．ということであれば刃をといですぐにヒゲをそるよりも，といだ刃をしばらく放っておいてからそる方が切れ味がよくはないか．つまりヒゲをそる前に刃をとぐよりも，そりおわった時にといでおいて翌日までおいておくほうがよいのではないかという説が出てくるわけである．床屋さんがそる前にといだ剃刃を湯につけるのは，あれは顔にあててつめたくないようにという心づかいだよ，ということもあろうが，ひずみ時効を早めて，といだために減った切れ味の回復を早めてるんだともいえよう．

焼なましたのに硬くなる？

*数年前までは低温焼なましで軟かくなるならともかく，硬くなるのはおかしいというので低温焼なまし硬化のことを異常硬化といっていた．

黄銅で有名な〈低温焼なまし硬化〉*も，話せば長いことになるが，要するに加工でできた格子欠陥と，合金元素の亜鉛原子とのお互いの作用でおこる一種の時効現象である．これについてはずい分多くの研究があるが，図14-3は30％亜鉛いわゆる七三黄銅の低温焼なまし硬化の様子で，ばねなどに黄銅を使うときにはいつもこういう処理をして硬くし，弾性的性質を上げてつかっている．しかし困ったことには，こうして低温焼なましをやって特性を出した黄銅はその後室温で放っておくと，長い時間にだんだんとばね性がわるくなってゆく．つまり経年変化がおこるのである．図14-4はばね材料の

図14-3 七三黄銅の低温焼なまし硬化(三島)

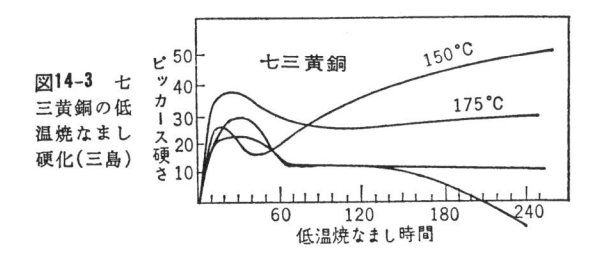

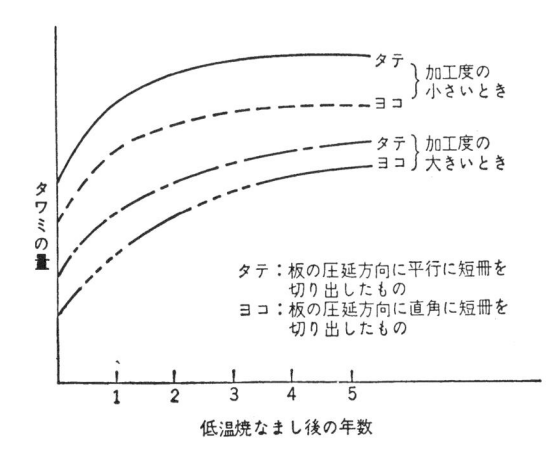

図14-4 短冊形の板ばねの一端を万力でつかみ，板の表面の最大の応力が$30kg/mm^2$になるまで他端に力を加えて曲げ，その力をとり去ったときに残ったタワミの量と，低温焼なましをしてからの年数の関係．(村川)

[175]

経年変化の様子を示した図で，このタテ軸にとってあるタワミ量は要するにばねに力を加えた後のへたばりの程度を示しているから，これが大きくなってゆくということは，ばねとしてだんだん悪くなってゆくこと，つまり経年変化してゆくことなのである．ごらんのように経年変化は最初のうち勢いよくおこって順次飽和するが，5年近くかかってもまだ変化が完了はしないことがわかる．

ジュラルミンのはなし

さて番数もとりすすんで，むすびには時効の総本家にご登場ねがうことにしよう．ジュラルミンの時効硬化である．ドイツ人アルフレッド・ウィルム* が数10年前に当時の新金属であったアルミニウムの合金を研究していた．銅とマグネシウム，マンガンを入れた合金をつくってその焼入れ効果をしらべたところ，この新合金は鋼とはちがって焼入れたままではてんで軟かくて駄目だけれども，それを室温にほっぽっておくと数日にして軟鋼くらいに硬くなることを見つけたのである．

時まさに1906年9月のある月曜日．その前の土曜日に焼入れて硬さを測った合金を，もう一度この日に測っていた助手が，"先生！不思議だ．硬くなりましたよ"といったとかいわないとか．† 地名 Düren とアルミニウムに因んで Duralmin と名づけられたこの合金は今日も17Sなどといわれて残り，あとすこしで還暦を迎える．

この合金がなぜ常温で硬くなるのだろうというので，以来数10年この時効硬化のメカニズムを明らかにしようとして研究するもの数多く，合金学上では鋼の焼入れとともに両横綱的テーマとなっていたが，その結果その機構はかなりよくわかってきた．

この常温で硬くなるという事実のうち，第1の常温ということ自体は最初にものべたように，この合金にとって地表面の温度でも変化がおこりうるというだけで時効のカラクリの

* Alfred Wilm (1869～1937) の時効硬化発見の論文は1911年4月22日号の Metallurgie 誌にのっていて，24時間までの硬化曲線が出ている．

† はじめは硬度計の故障だと思ったという．この発明により，航空機に軽合金が利用されるようになった．

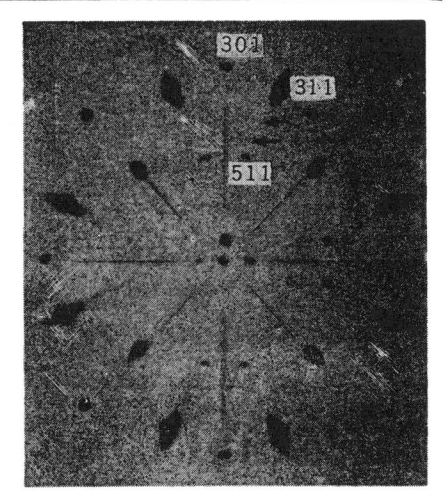

図14-5 Al-Cu 合金のX線写真にあらわれる線条.
(130℃, 11日時効).

本質は焼戻しで硬化する合金と大差はないのであるが,第2の硬くなるということのほうが問題である.ところでこの合金の基本である Al-Cu の2元合金も同じく時効硬化するので,物ごとを簡単にするためにこの2元系をよくしらべてみると,その大もとはアルミ中の銅の溶解度が共晶点の 545℃では 5.2％もあるのが室温ではきわめて少なくなるため,一度ジュラルミンと同様4％の Cu 合金を 520℃から焼入れてこの4％全部を無理やり固溶した合金をつくると,こんなのは不安定状態だから何とかしてこの余分の銅を $CuAl_2$ として吐き出そうとする——そのために変化をおこすのが硬化の原因であると判明したのである.

固体の中に新しい別の結晶形の固体 $CuAl_2$ をつくるということは,液体の砂糖水の中から砂糖が沈殿してくるように簡単にはいかない.そこでまずアルミニウムの結晶の中で,こういうことをやるのに都合のよさそうな結晶面にいわゆる集合体をつくる.そうすると図14-5に示すように,その合金のラウエ写真では,ふつうスポットが尾をひいて,いわゆる線条があらわれ,ある結晶面にそって銅原子が集積したことが示される.この集まった様子を示したのが図14-6であるが,

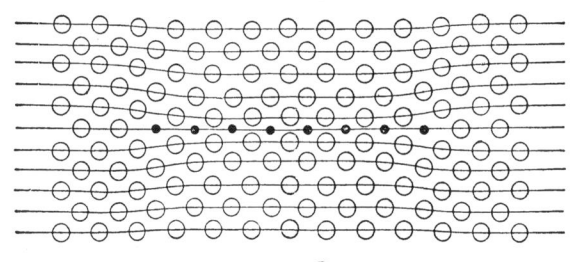

図14-6 ジュラルミンの基本系 Al-Cu 合金の G.P. 集合体 (G.P. I 型) の中の配列原子. (Gerold).

○ Al原子　● Cu原子

*A. Guinier (1911〜). パリ大学教授. 結晶のX線による研究が多い.
†G. D. Preston (1896〜). ケンブリッジ大学教授.

このような集合体は25年ほど前にフランスのギニエ*とイギリスのプレストン†がそれぞれ独立に同じ頃にみつけたので，2人の名をとって＜ギニエープレストン集合体＞（略してG. P.）とよばれている．

さて時効させる温度が高いときには本当に $CuAl_2$ そのものずばりの新しい固体の核をアルミニウムの地の中にこしらえて析出することができるけれども，温度が低いときはこれは無理なので，Al-Cu 合金ではせめて Cu を吐き出す方向へ一歩をすすめるという意味で集合体をつくり，これで行き止まってしまう．もし温度がその中間くらいであれば，この集合体はさらに成長してゆくし，そのうちにいっぽうで本当の $CuAl_2$ をつくる変化もおこりうるので，集合体→析出という2段の変化がおこりうることになるが，この集合体と $CuAl_2$ (θ) 相の間に中間相とよばれ θ' 相と名づけられる状態があらわれてくる．

親　と　子

析出というのはちょうど息子が一人前になり親元から独立して一戸をかまえるようなものであるから，息子は最初集合体をつくって一本立ちの準備をととのえ，そのつぎに自分としての一戸の前身のようなものをつくる．これが＜中間相＞なのであるが，つくりはじめは親のすねをなおかじっている関係上，息子独自のカラーにまるまるすることは気がねであ

り，多少は親の趣味に合わせているし，親も親で今どきの若い者はとかいいながらも多少譲歩して息子のペースに合わせようとしている．こうして双方ゆずりあうので，その接する面で母体の固溶体と中間相とは接合し，母体の格子の中のこの原子に対しては中間相の結晶配列の中のこの原子というような対応が成立している．これが＜接合状態＞といわれるもので，この状態では，両者とも相手に折合うために親元の母体の結晶には接合ヒズミというのが発生している．しかし息子のほうがだんだん大きくなると，そうそういつまでもつながっていることは困難になり，ついには一戸を構えて独立してしまい $CuAl_2$ 安定相の析出ということになる．こうなると親も自分の好きなもとの形に戻るから，接合ヒズミはなくなるが，その代わり今度は合金の地に析出した $CuAl_2$ という異物がちらばっていることが転位線の動きをじゃまするというためにおこる＜分散硬化＞で材料の硬さが出ることになる．

というしだいで，けっきょくのところ，G.P.集合体，中間相の接合状態，安定析出相が地に分散した状態と大きく分けて3つの段階があるわけであるが，このいずれがその合金をもっとも硬くするかは合金によりけりであって，たとえばジュラルミンなどの硬化は，おおかたG.P.集合体のおかげと考えられている．*

※ 1930年代の時効硬化論ではジュラルミンの最高硬さはこの接合ヒズミによるとする固溶体ひずみ説と，いや出てしまった析出物の分散硬化だとする析出説が対立していた．

こうのべてくると，時効現象のカラクリはもうすっかりわかってしまったようにも思われようが，実はどうしてどうしてまだまだわからないことが山ほどある．だからいわゆる時効屋さんの飯のタネは当分つきそうにもないのである．

もっと勉強したい人のために (14)

§ 時効硬化については，金属物理や金属組織学の書物の中に，たいていあるページをさいてのべてあるが，とくに時効硬化に力を入れている本と，ひととおり述べるにとどまっている本とがある．前者の方がこの場合，参考になると思う．つぎに2,3あげておこう．

• 幸田成康：**金属物理学序論**（前出）

- 三島良績：**金属材料概論**，日刊工業，増訂版，(1962).
- 三島徳七，三島良績：**合金学(下)**，共立出版 (1954).

§ また外国で出されているものの中で，とくに時効硬化についてすぐれた総説ののっているものをあげておこう．

- HARDY H.K.: *Progress in Metal Physics*, Vol. 5, Butterworths Sic. Pub. (1954)
- NEWKIRK J.B.: *Precipitation from Solid Solution*, Cleveland, ASM. (1958)
- GEISLER A.H.: *Phase Transformation in Solids*, John Wiley & Sons. (1951)
- KELLY A., NICHOLSON R.B.: *Precipitation Hardening, Progress in Material Science* Vol. 10. Butterworths Sci. Pub. (1963)

〔三島良績〕

15 人と神の本能
《破壊のはなし》

　あるアパートの，例の通勤・通学のあわただしさもおさまった，うららかな午前中のこと．例のごとく，奥さんと隣の奥さんの重要会談がはじまったとお考え下さい．
「また，昨夜，やっちゃったのよ．ほんとに憎らしいったらありゃしない．こんどは完全にとっちめてやったわ」
「なんだか昨夜はものすごく派手だったわね．ずいぶんたくさんこわしたでしょうね？」
「ええ，けさ数えてみたら，お皿が10枚でしょ．それにお茶碗が4つ，花瓶が1つ，しめて15点よ」
「まあすごい．／新記録だわね．でもそんなにたくさん壊してよくつづくのね．家の主人なんか，隣りはよっぽど，給料がいいんだなあって感心しているのよ」
「あらいやだ．それにはちゃんと秘訣があるのよ．いつも，ひとつ10円くらいの安いお皿やなにか，仕入れておくのよ．だから，いざっていうとき，つかんでは投げ，ちぎっては投げしたって，安いもんよ．そのガチャーン，バーンって粉々

に飛び散るのを見ると，ムシャクシャしていたのが，いっぺんで晴ればれしちゃうのよ．ボーリングなんかにいくのより，ずっと安上がりで，ずっと快適よ」

「あら，リクリエーションのつもりでやってるの？」

「まあそんなもんね．思いっきり，物を壊すと，本能的に満足するのね．人間って，破壊の本能があるんじゃない？赤ん坊が本を破いたり，積木の塔を崩したりするでしょ？あれ，やっぱり，痛快なんじゃない？」

破 壊 本 能

といったわけで，話しはさらに後半，佳境に入るらしいが，残念ながら，われわれは，破壊本能だけに話題を止めて，それを，さらに深く静かに考察しなければならない．

とにかく，「戦争はスポーツなり」というさる哲学者のことばを引用するまでもなく，以上のような，ごく身近な（といったって筆者の家庭のことではない）お話から，どうやら人間には本来，破壊の本能があるらしいことがわかった．なるほど，そういえば，近ごろ，流行の玉転がしで瓶をぶっ倒すのや，空手チョップとやらで人間をぶっ壊すのは申すにおよばず，車を飛ばして，人でも，家でも，電柱でも，果ては自分自身までもぶっ壊そうというのも破壊の本能のなせる業なら，あたら美しい道路・公園を乱暴狼藉やらツバ・紙屑・小便で汚そうというのも，この本能を持った人類の悲しき宿命かもしれない．大国の元首・将軍達がせっせと爆弾をお造りになるのも，主義・思想の相容れざるためではあるまい．たぶん，美しい色彩の積木の塔のごとき，偉大な文明，果ては文化までも，一息にガラガラガッチャンと破壊することにぞくぞくするような，喜びを感じるゆえだろう．罪深きかなこの恐しき本能に身を委ねる人類どもよ．

さて，「神は人を造り給うとき，みずからに似せてこれを造り給うた」という．そうすると，人間の破壊本能というのも，神様のそういう本性があって，それを受けついだものだ

[*182*]

ろうか．

　神様の動物本能なんどは，あり得べくもないが，神様がときどき，破壊をなさるのをわれわれはよく知っている．火山の爆発だの，台風だの，地震だの，動物の死だの．もっとも，神の破壊は神の創造の一部だというそうだが．どうも話が長屋のおかみさんから，天上の神様までいってしまったが，これも筆者の学の広きがゆえ(ただし，浅いわけだ)，なにとぞお許しを……．

ひと筋ナワでいかぬ金属の壊れ方

　そこで，神をまねようという人間どもが，猿よりちょっと，良い知恵をしぼって，いろいろな道具をこしらえて，便利な生活をはじめた．これがすなわち文明．ところが，それ，例の神様の破壊の本性，ガラガラガッチャンで，道具がよく壊れ，人間どもが泣かされる．ことに手強いのが，われわれの扱っている金属の＜破壊＞の問題らしい．だいたい，交通機関にしろ，建造物，生産機械にしろ，また，生活用品に至るまで，主役は現在，金属であるといっても過言でなかろう．だから，昔から，金属の破壊に関する悲劇はつきない．近代だけでも，タコマの大吊橋の破断，米国の戦時型急造船の脆性（ぜいせい）破壊，英国の新鋭ジェット機コメットの疲労による空中分解，また最近の米原子力潜水艦の（たぶん，という想像だ

船橋部から破壊したT-2タンカー．
(1943年，オレゴン州ポートランド桟橋にて)．

* タコマ橋の再建の主任設計者は，前の設計で風による橋床部の捩れについて考慮不十分のミスをおかした前設計者が再びえらばれた．米国の戦時型船の破壊は冬に（あるいは北洋で）主に起きたという低温脆性を示す統計がある．

けれど）水圧による圧潰，などなど．*それぞれが，われわれの破壊本能を満足させてくれるくらい，興味の深い，かつ壮烈な壊われようである．しかし個々の話しをしている暇はないから，金属の破壊の本質だけについて，考察してみよう．

一口に金属の破壊といっても，その壊われ方にはいろいろある．たとえば，ふつうの引張試験や衝撃試験で温度を変えるとよくわかる＜脆性破壊＞（塑性変形を伴なわず，例の奥さんの瀬戸物のごとく脆く破断する）と＜展性破壊＞（または延性破壊：これは飴のように引きちぎれるとでも申しましょうか），静的にかけただけではその材料を破壊はおろかほとんど変形もさせえないような低い応力でも，何千，何万，何億回と繰返しかけると，さすがにタフな金属でもクタクタになって壊れるという＜疲労破壊＞，ある温度に上げていくと急にいかれてくる，青熱脆性とか焼戻し脆性とかいうやっかいな代物．内部ガスや雰囲気や時効などの組織変化が引き起こす水素脆性や応力腐食や時期割れという奇妙なもの等々．

こういうひと筋縄でいかない手合いにいちいち相手になっていたら，話が進まないから，いままでの諸先生方の例の豆細工，すなわち，原子配列に登場ねがって十把ひとからげの議論でいこう．

破　壊　の　核

転位なんていういやらしい狂い目のない，きれいな豆細工をもってきて，それを引き裂くことを考えよう．豆と豆とを結ぶ接ぎ手，つまり，原子間の結合力がだいたいわかっていれば，それから豆細工，つまり結晶を2つに破断するに必要な力を推し計ることができる．実際，金属でそれをやってみると，われわれが日ごろ経験する，金属材料の強度の100倍も1,000倍も，時には10,000倍もの計算値がでてくる．たとえば，髪の毛ほどの太さの鋼線があったらおすもうさんくらいはふん縛って天井から吊すことができるということになる．

さあ，こういうと，転位なんていうものをすでに習った金

属学の学生などはいうにちがいない.「あらかじめ,転位を除いておいたからそうなったのさ.転位を豆細工にひとつ入れて計算してごらんよ.たぶん,実測値くらいの強度になるよ.金属の強度の話(97ページ)のすべり強度の場合と同じさ」と.そこで転位を入れて結晶を2つ引き離すのに必要な力,つまり＜破断強度＞をふたたび計算してみよう.ところが,残念でした.破断強度はそれほど下がらない.おまけに破断の前にすべりがおきたら困るから,転位をピン止めしておくくふうも必要となる.

そこで,現場で汗水たらして働いて,転位などという役にも立たぬ代物はとっくに頭のなかからたたき出したという卒業生氏は何というだろう.「馬鹿野郎め.／俺たちの作ってる金物なんてものは,豆細工じゃわからねえよ.もっといろんな介在物や析出物やら空洞などがあって,そこから割れちゃうんだからな.おめえ,応力集中って習ったろ？」

なるほど,このほうがよほど実際的だ.そこで弾性論の本など書棚の隅から引っ張り出して,コチャコチャと計算してみる.そういえばガラスの破断強度の説明に,グリフィスの先在割れ目* というのがあったな.あれは瀬戸物などがガチャンと壊れる時に,役に立つわけだ.ところが金属材料のなかに,先在割れ目を考えて破断強度を実測にあわせようとすると,ものすごく薄い長いものになってしまう.たとえば,1 cm 径の亜鉛の丸棒の引張破断を実測して,そのなかに先在割れ目があったとすると,それは1原子層という薄い空洞(または析出物)であっても長さは1 cm 程度となり(薄いほど応力集中は大きい)試験片は引張試験の前に,すでに切れていたというわけのわからないことになってしまう.

そうすると,金属材料のなかで破壊を起こすときの芽になるものは,いったい何だろう.そこでいままで沈黙して,この話を聞いていた狡猾なる金属学者にご登場ねがおう.

おもむろに口を開くところを聞くと,「学生君の転位をすぐに考えるところなどはたいしたものだ.君は今に偉くなる

---

*
グリフィス (A. A. Griffith) は原子間力から考えた理想的破壊強度が実測値よりもはるかに大きいことから実際の材料の中には大きな応力集中を生じる薄い長い亀裂が存在していると考え,その応力とエネルギー条件を計算してみせた.

よ．しかし転位をひとつ入れただけなのは惜しかったな．たくさんいれてそれらをうまく合わせたら，それが破壊の核にもなるかも知れないし，破壊の前に核の応力集中を解消させるすべりを抑制することもできるかも知れないよ．いっぽう，卒業生諸君の現場に即した考え方にはまったく敬服のほかないね．もう一歩進めて転位を毛嫌いしないで，いっしょに考えたらどうかな．小さな介在物だって，転位の運動に対して障害物になったら，そこに転位が集積し，集積した転位群の集中応力の助けで，その付近に破壊の核ができるんじゃないかな？」というわけだから，まったくずるいというか，抜け目ないというか，これを見ていた筆者もほとほと恐れいった．読者諸君は何と考えますか．もうそんな話は前から知っていたって？ふん，そんなら，これから後は読みなさるな．

破壊の転位模型

この金属学者氏の話は，物もいいようで何とやらで，どうも具体的でないから，豆細工の画を書いてみよう．

図15-1はいままでの100万人の与太話じゃない，金属学で，100万べんも出てきた転位の似顔画だが，割れ目，割れ目という破壊本能に根ざした先入観でみると，なるほど，転位の中心には三角形の割れ目があるといってもよいかもしれない．先ほどの学生氏の転位の存在による破壊強度の低下というのは，この斜線をほどこした三角形の存在によって，A，Bと記した2つの原子面が，引き離されるのが容易になるだろうということらしい．

しかし，こんな頼りない割れ目では役に立たなかった．そこで，金属学者のいうようにたくさん転位を入れてみよう．

図15-3は図15-2のような刃状転位をたくさんまとめたもので，こうすると，三角形のすきまも，どうやら本当の割れ目らしくなってきた．実際，こんなものをおくと，A，B面を引き裂くのは，はるかに容易になるから不思議だ．ただ，まずいのは，こんな合体転位は最初から存在してくれなかろう

図15-1 転位の似顔図．中央線の三角形のところでは，原子間距離が大きくなって結合が弱い．

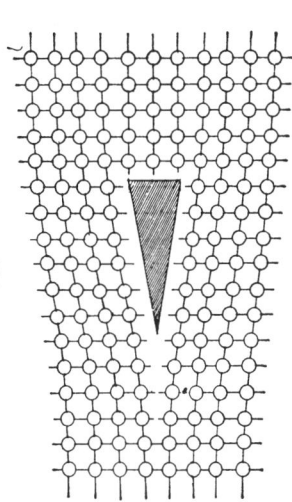

図15-2 3本の刃状転位をまとめた図．三角形の両側でかなりの長さにわたって結合が失われている．

ということである．

そこで，図15-4のように，結晶境界でも何でも障害物の前に集積した転位群が，その付近におよぼす応力を計算してみると，うまいことに結晶の理想的破壊強度に達するほどにな

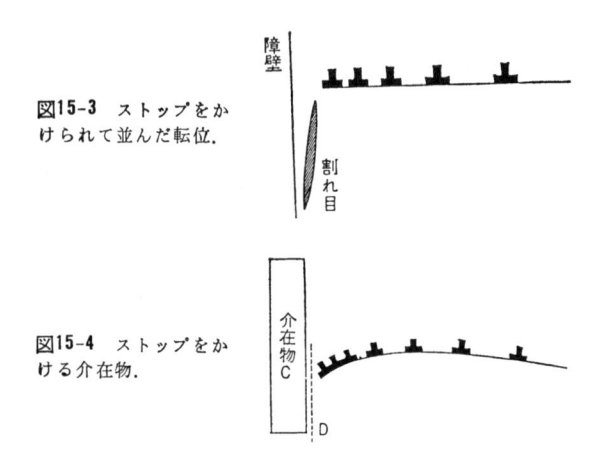

図15-3 ストップをかけられて並んだ転位.

図15-4 ストップをかける介在物.

るので，転位群のすぐ前方に縦の裂け目ができ，そこに転位群がすべて落ちこみ，図15-3のようになってもよかろう．もうそれなら，いっそ，現場氏の唱えた介在物か何かの障害物をぶちこんで，図15-4を作ってしまおう．

こうすると，転位の応力集中でできる割れ目は，必ずしも，母体結晶中ではなくなり，介在物の中(C)とかそれと母体結晶との界面(D)とかの，もっとも弱いところで生まれるだろう．こうして話しがだんだん真実めいたものとなってきた．*

しかしまてまて，転位の組合わせなどは，まだいろいろあるにちがいない．たとえば，図15-5のように符号のちがったふたつの刃状転位が，わずかにへだたったすべり面上をやってきて近寄ったら？ そしてそれが，つぎつぎにおきたら？ 障害物なしでも割れ目が簡単にできそうである．賢明なる読者諸君はもっとあれこれ考えつかれるだろう．

* τ という外部からの剪断応力の下で堆積した n 個の転位群はその前方に $n\tau$ の程度の集中剪断応力をおよぼすが，同時に，その程度の集中引張応力もおよぼす．これに対して耐えきれないような脆い部分があれば，そこから割れ目が発生する．

現実は深遠複雑

さて，実際の問題を扱われている読者諸君の多くは「神様のなさる破壊の業はもっと深遠複雑なもので，君たちの豆細工なんかで考えられるほど，単純じゃないよ」といわれるか

図15-5 すれちがった瞬間に転位は消えて空所が生まれる.

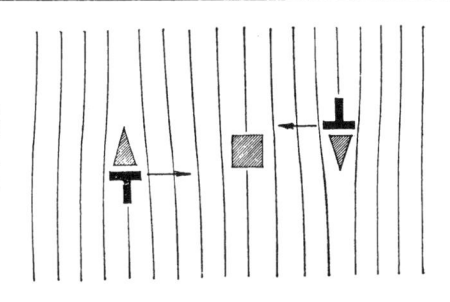

*
最近ではこのような実用的問題にも，転位論の分野からの協力が求められている．たとえば，茨城県東海村の原子力発電第1号炉の鋼製容器の脆性の問題について，英国から有名な転位論の本の著者，A. H. Cottrell が派遣されてきて，日本の研究者や製作技術者たちといっしょにこの問題を研究した．

†
図13-3 の BC 部分 (160ページ).

‡
M. Cohen. アメリカ，MIT 教授．

もしれない．*たしかに上のような転位模型をあれこれ計算して，たとえばある種類の軟鋼の丸棒の破断係数を求めようといったって，できるものじゃない．その理由は，もちろん，自然現象というものが豆細工よりはるかに複雑で，もっといろいろな因子を含んでいるからにほかならない．

軟鋼の話のついでに申すなら，たとえば，転位模型でいままで，かなり詳しく論じているのは，破壊の核の発生だけなのに，実際の試験では，破壊の核とか微小亀裂などというものは，軟鋼の降伏点後の踊り場† を過ぎるやいなや，セメンタイト層中に無数に発生し，したがって破断強度のかなりの部分を負うのは，これら亀裂の伝播の過程だという新しい実験事実である（コーエン氏による‡)．

また，雰囲気や試料表面層や熱処理の影響などというものも，実際上，重要な因子で，材料試験の場合に試験片の表面仕上げを例の現場氏などがやかましく注意するのも，何も見てくれをよくしておこうなどという気持からじゃなく，強度試験のばらつきに表面状態が強く影響するという，彼氏，長年の経験かららしい．このような点で実用上もっとも注意され，研究されているのは，構造用鋼材の切欠きのあるときの効果とか溶接部分の問題であるが，こうなると，金属学者氏も狭猾なところを発揮するわけにはいかなくなり，基礎的な理解の程度じゃ話がすすまないことになり，そろそろ幕切れに近くなってきた．

最後に，もう一つは脆性破壊とひと口に申すけれど，金属

の脆性破壊は，どうやら，たいてい，塑性変形を伴っているらしいなどという，豆細工屋にはありがたいような迷惑至極のような話もある．半導体では，低温領域で，脆性破壊を起こす前後でそれこそ転位の一本も髪の毛ほども動いた形跡がないという驚くべき新実験があるが(鈴木平氏らによる)金属では知られている限り，必ず塑性変形，すなわち転位の動きを伴っている．そのほかに，内部のガス拡散や相変化などが支配的に効く破壊の例もある．そういうひとつひとつの問題をとりあげたら，誰でも「ああ，深遠複雑なる神のいたずらよ」と歎息するにちがいない．

しかしながら，破壊本能を理性によって克服しつつあるわれわれ人類どもは，そう簡単に神の御業を讃美して，自然の破壊力の前に屈しているわけにはゆかない．金属の破壊の現象は複雑ではあるが，決して神秘ではない．金属物理の考えは不十分ではあるが，決して無力ではない．現場の人も，研究室の人も，お互いに手をとりあって，金属の破壊という厄介な，神様のいたずらをつきとめて，人類にとって大きな幸福を与えたいものですよ．

もっと勉強したい人のために (15)

- 日本金属学会強度委員会編：**金属材料の強度と破壊**, 丸善(1964)．〔強度と破壊，疲労についての全般的ハンドブック．〕
- 横堀武夫：材料強度学＝強度・破壊および疲労＝，技報堂，1955．
- 横堀武夫：材料強度学，岩波全書 (1964)．〔強度と破壊・疲労についてのくわしい入門書で，巨視的な立場と微視的な立場を統一してみようとする，よい試みをおこなっている．〕
- AVERBACK B.L. et al Eds.: *Fracture*, J. Wiley & Sons, New York, 1959．〔破壊・疲労に関する，とくに微視的観点における進歩をみるのに好適な論文集．〕
- DRUCKER D.C. and GILMAN J.J. Eds. : *Fracture of Solids*, Interscience Pub., J. Wiley & Sons, New York, 1963．〔破壊・疲労に関する，もっとも新しい国際会議の論文集．〕
- 日本金属学会編・転位論の金属学への応用（前出）．〔転位論全般の理解と，その破壊や疲労への応用をみるのによい参考書．〕

〔藤田英一〕

16 アメの伸び・金属の伸び
《クリープのはなし》

　飴(アメ)をゆっくりと引っ張るとねばい液体のようにのびるが，金槌でたたくともろい固体のように割れてしまう．また飴に加える力がきわめてわずかで，しばらくみていても変形しないような場合でも，何日かたってみると曲がったり，のびたりする．鋼のように強い材料でも，高い温度で一定の力を加えておくと，長い間には飴のように変形が進むのである．このように一定の力を加えておくと，だんだん変形の進行することを＜クリープ＞とよんでいる．

変 形 の 様 相

　金属材料は多くの場合，機械的強度を必要とする場所に使われている．支えている力のために変形してしまってはもちろん役に立たないが，長いあいだに変形してしまっても困ることが多い．鉄橋が曲がったり，電車がゆがんだりしてはたいへんである．しかし，これらはだいたい，外気と等しい温度におかれ，50℃をこえる温度になることはほとんどない．

したがって，このへんの温度でクリープを起こさない材料を用いることは容易で，鋼ならば何の心配もないし，鉄に比べてはるかに融点の低いアルミニウム合金を使うこともできる．

しかし，蒸気機関，ガソリンエンジン，ガスタービンなどの熱機関の場合には，使用温度が高いほど熱効率が高いことは熱力学の結論である．そのために高温高圧で材料を使う必要を生ずるが，そういう条件の下ではたいていの場合，クリープを起こしがたいように作られた材料を用いなければならない．

ある材料が高温で使用できるかどうかを知るためには，変形量と時間の関係を示したクリープ曲線を用いるのがわかりやすい．クリープ曲線はたいてい図16-1の形をしている．すなわち，最初，力を加えた瞬間に弾性的なのびが起き，つづいてわりあい速い塑性変形が起こる．塑性変形の速さはだんだん遅くなり，ついに一定の速さで変形が進むようになる．変形速度がだんだん遅くなる領域を＜遷移クリープ＞とか，＜第1次クリープ＞とよんでいる．そのつぎの一定速度で変形の進む領域を＜定常クリープ＞または＜第2次クリープ＞といい，そのあとで変形速度が急に大きくなり，ついに破壊するまでの領域を＜第3次クリープ＞と名づけている．

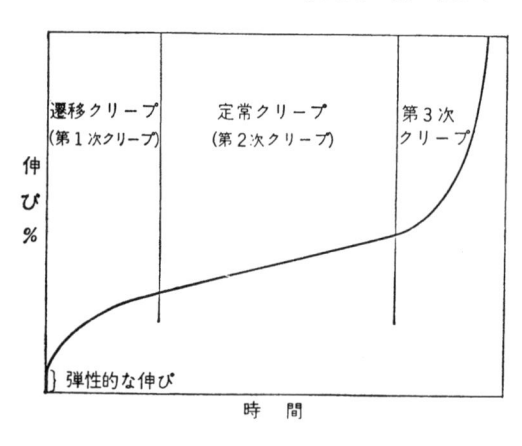

図16-1 クリープ曲線

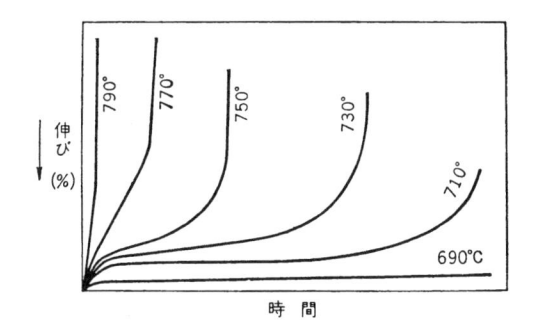

図16-2 クリープ曲線におよぼす試験温度の影響.

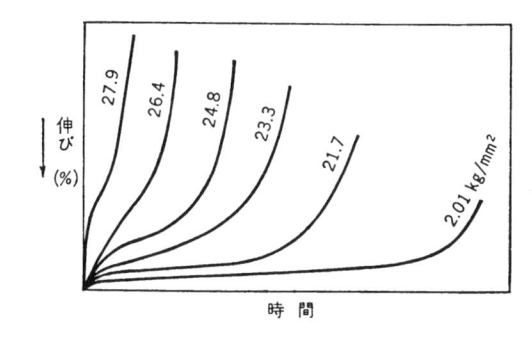

図16-3 クリープ曲線におよぼす荷重の影響.

　一定の応力を加えたときのクリープ速度は，図16-2に示すように温度の高いほど大きい．また温度が一定ならば図16-3のように応力の大きなほどクリープは速く起こる．またこれらの図から，第2次のクリープすなわち定常クリープの速度は，温度および荷重によって，とくにいちじるしく影響されることが知られる．

飴と金属の差

　最初に飴の変形と金属のクリープが似たものであるとのべたが，かなり異なった面ももっている．金属では定常のクリープが測定できないような温度で衝撃的な力を加えても，多くの場合，破壊せずに変形する．それに対して飴はクリープ変形をしている条件の下でも衝撃的な力を加えると破壊して

しまうのである．飴と金属では変形速度と応力の関係が異なるために，このような相異を生ずるのである．

すなわち，金属では図16-4に示すように，応力が大きくなると変形速度は急に大きくなる．とくに定常クリープの測定されないような低い温度では，ある応力まではほとんど変形速度は0に近く，ある応力を越すと急に大きくなる．これに対して飴の場合には，変形速度と応力の関係は図16-4のようにほとんど直線的である．

衝撃的な力を加えられても，金属では，急に変形速度の増す応力に達すると，高速度の変形を起こすので，破壊せずにすむ．これに対して飴のように応力に比例した速さで変形する場合には，衝撃的な力を加えられると，変形が追いつかず，強い力をまともにうけてしまうために破壊するのである．

ある材料の変形速度と応力の関係が，金属のようになるか，または飴のようになるかは，反応速度論を用いて理論的に導き出すことも可能である．ここではその結論だけ書こう．

結晶になっている固体で，転位が動くことによって変形する場合には，金属のような変形速度と応力の関係がえられるが，飴のように結晶になっていない物質では図16-4(飴の線)のように応力に比例した速度で変形する．飴のように結晶を作っていない代表的な固体にはガラス*があり，やはり，変形速度は応力に比例する．

ところで，金属でも応力の低い範囲だけに限ると飴に似た変形をする場合がある．すなわち，金属の結晶境界では原子

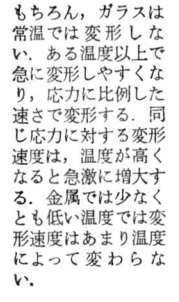

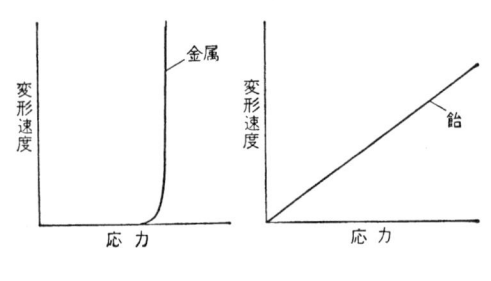

* もちろん，ガラスは常温では変形しない．ある温度以上で急に変形しやすくなり，応力に比例した速さで変形する．同じ応力に対する変形速度は，温度が高くなると急激に増大する．金属では少なくとも低い温度では変形速度はあまり温度によって変わらない．

図16-4 金属と飴の変形速度と応力の関係．

の並び方が不規則になっているので，結晶境界ですべるときにはすべり速度はだいたい応力に比例する．また，12．≪拡散のはなし≫でのべたように，空格子点が流れることによって金属結晶は変形できるが，その場合にも飴のようになってしまう．ただ本当の飴とちがう点は，このような条件の下においても衝撃的な力を加えると転位が動き，応力の高いところで変形速度は急に増すので，もろい固体のような破壊をしないことである．

結晶境界でのすべりや空格子点の流れによる変形は高温でいちじるしくなり，その速度は，だいたい拡散係数に比例する．それでこれらの変形はある温度よりも高い温度で急に起きはじめるが，その限界の温度は絶対温度であらわした融点のだいたい½である．

クリープの犯人は転位の運動

金属のクリープの特徴は転位の運動によって起こることから生ずる．とくに遷移クリープはほとんど転位の運動だけによって起こる．飴やガラスには遷移クリープはなく，はじめから定常クリープである．遷移クリープの特徴のひとつは，温度が低くなっても遷移クリープの速度はあまり変わらないことである．これは転位の運動の特徴でもある．結晶になっていない物質で変形を起こすときには，原子が一つずつだいたい独立に並び変わる必要があり，その速さは拡散係数とだいたい同じように，温度が低くなると急に遅くなる．これに対して転位は温度が低くなっても大きな力を加えられさえすれば動くのである．

転位は動くと同時に長さがふえる．そのために転位の密度が増して，互いにからみ合い動けなくなって加工硬化を生じてしまう．クリープによっても転位が動くと密度を増し，からみ合って転位の運動に対する抵抗力*をましてしまうので，一定の応力では変形速度は遅くなる．これが遷移クリープである．

*
転位を動かすのに必要な応力は転位の密度の平方根に比例することが実験的に確立されている．この関係はまた転位論からも期待されるものである．

[195]

しかし，増えてからみ合った転位はいつまでもそのままかというと，そうではなく，正負の転位がいっしょになって消失する．転位が消失するならば，消失する数と同じ数だけ転位が作られても，転位の密度は一定に保たれる．消失する数と作られる数が同じになったとき，定常クリープになったということができる．

　もちろん，遷移クリープでは最初は作られる転位の数が圧倒的に多く，消失する転位はほとんどない．だんだん転位の作られる数が減り，消失する数がしだいに増えて両方が等しくなると定常クリープになる．さて，つぎに転位の消失する過程についてのべておこう．

　図16-5に示すように正と負の刃状転位が結合すると転位は消えてしまう．一般に正と負の転位のあいだには転位間の距離に逆比例する引力が働らいている．したがって，正と負の転位が接近した位置にあるならば，容易に引き合って結合して消失すると考えられそうである．しかし，ふつう，転位はすべり面をはずれて動くことを妨げられているので，容易には消失しない．たとえば，図16-6aに示すような刃状転位の対は，のっているすべり面が離れているので，すべり面の上を動いて近づくだけでだけでは，図16-6bのように余分な原子面が残ってしまう．正負の転位を消すためには，この余分な原子面をとり去ってやらなければならない．それには空格

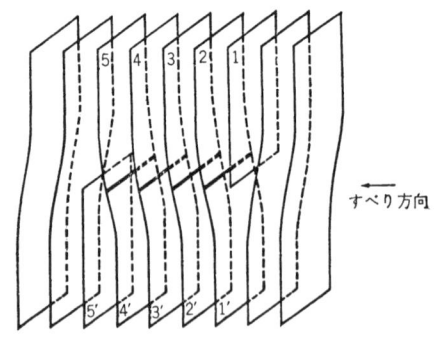

図16-5 同一すべり面上の正負の刃状転位対．正負の転位がすべり面上を動いて近づくと原子面は太い線のところで切れて 11′，22′，33′，44′，55′，とつながり，完全な結晶にもどる．

図16-6 (a) 離れたすべり面上の正負の刃状転位対．(b)正負の転位がすべり面上を動いても近づいても，余分な原子面（斜線をほどこしたもの）が残る．

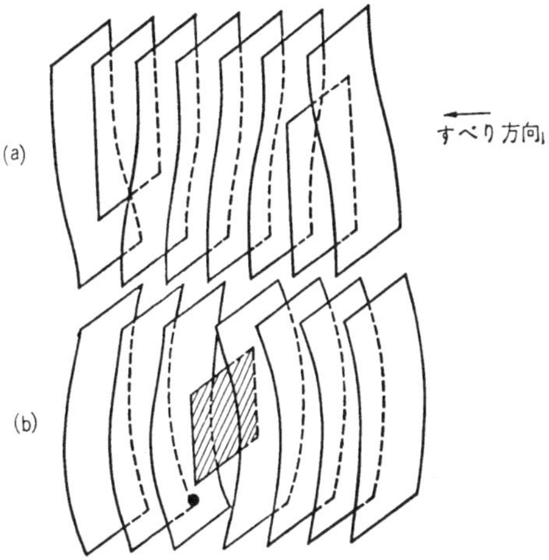

子点がここに流れ込むと，原子をとり去ったことになるので，余分な原子面は消失し，したがって正負の刃状転位も消えてしまう．

つぎに＜ラセン転位＞*とよばれる，もうひとつの代表的な形について述べよう．ラセン転位では，すべり方向と転位が平行になって，図16-7の構造をもっている．このためにラセン転位はきまったすべり面をもたず，図16-8のように曲がった面でもすべりを起こさせることができる．したがって，正と負のラセン転位は，空格子点が流れなくとも，すべり運動だけで消失することができる．

実際の結晶ではもう少し面倒な問題があって，転位があるきまった面上にひろがっているので，ラセン転位でもやはりあるすべり面をもち，その面からはずれることがむずかしい．しかし，刃状転位の消失の方がもっとむずかしいので，クリープ速度をきめているのは刃状転位の消える速度であるということができる．

*
ラセン転位とよぶのは次の理由からである．図16-7でAのまわりを表面にそって，時計の針の進む方向に一まわりすると1原子面下に下ってしまう．つぎつぎと一まわりごとに1原子面下って，ちょうど原子面がラセン状につながっているからである．

定常クリープの機構

定常クリープは前述のように転位の作られる速度と消失す

図16-7 ラセン転位.すべり方向は転位線ABと平行である.

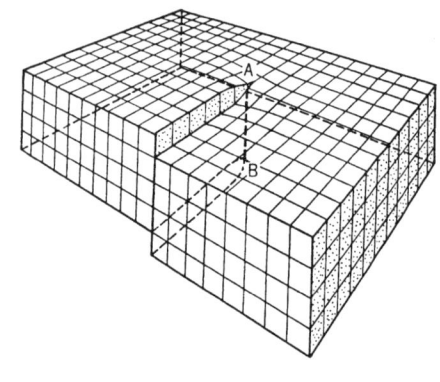

図16-8 ラセン転位はきまったすべり面をもたないので,図のように彎曲した面に沿うすべりを起こすことができる.

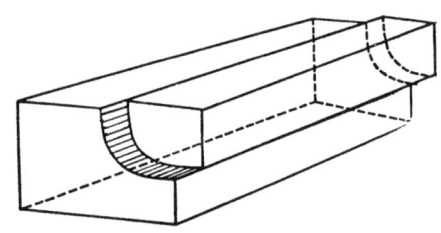

る速さが等しくなったクリープである.転位は消えるだけ作られるから,消える速さでクリープ速度がきまる.転位の消えるのは,空格子点の流れによるので,その速度は拡散係数に比例する.また空格子点の流れる距離は正負の転位間の距離に比例する.そしてこの距離は平均の転位の間隔にも比例するが,正負の転位がどのように並んでいるかによっても変わる.しかし大ざっぱにいえば,転位間の距離が短いほどクリープ速度は大きくなる.

析出物や溶質原子のある場合には,転位の運動に対して抵抗を与えるので,合金中の転位は純金属中の転位のように自由には動けない.そのために転位自身のすべり運動速度も低くなるが,転位の消失する回復速度が低くなる.このため一般的に純金属よりは合金のほうがクリープ速度が低いのである.

実際の金属材料で起きる定常クリープは，もっと複雑な過程が組合わさっている．すなわち，転位の移動による変形のほか，空格子点の流れによる変形，結晶境界における粘性流動ならびに結晶境界の移動による変形*も起こっている．空格子点の流れによる変形は拡散の話でのべたから，ここでは繰返さない．

＊ 結晶の境界にそって1原子距離以下ずつずれながら結晶境界が垂直な方向に移動することによって，大きな変形が可能になる．

結晶境界の粘性流動の特性が飴のようであることはすでにのべた．結晶の境界というのは，しかし，図16-9のように網目状につながっており，境界のすべりだけでは多結晶材料の全断面にわたるすべりを起こすわけにはいかない．このことは3個の結晶粒がであっている境界でのすべりを考えればよく理解できる．

図16-9 多結晶体の結晶境界．

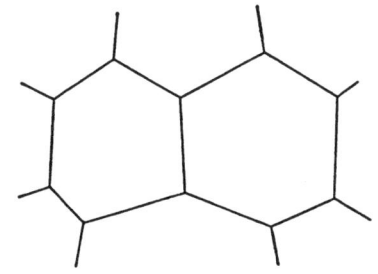

いま，図16-10aのA，B両結晶粒の境界だけで変形したとしよう．もし，C結晶がぜんぜん変形しないとすると，bのようにAとCの結晶境界に隙間をつくってしまう．しかし，実際にはこのような隙間をつくるには大きな力がいるので，結晶粒Cを変形させて，隙間をつくらないですませようとする．すなわち，図16-10cのように結晶粒C内にすべりを起こすか，またはaのように空格子点の流れによる変形を起こすことになる．粒内のすべりと空格子の流れは同時に起こるが，どちらかというと，応力が小さく，温度の高いときには空格子点の流れによる変形の方が起きやすく，その速度はだいたい空格子点の流れによるクリープと同一である．

また，図16-10cのようにおもにCの結晶粒内にすべりが

[199]

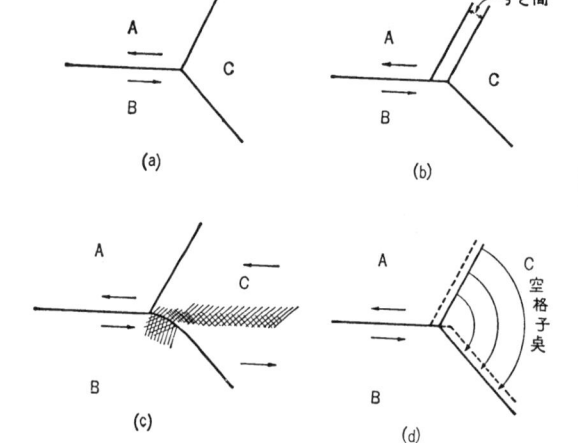

図16-10 結晶境界のすべりに伴う粒内すべりと，空格子点の流れによる変形．

起こるときには，当然，クリープ速度は粒内クリープの速度によって支配される．結晶境界でのすべりによるクリープはこのように他の変形と同時に起きなければならず，クリープ速度も同時に起こらなければならぬ他のクリープ速度によって支配されることに注意しなければならない．

ここで空格子点の流れによるクリープで重要なことをひとつだけのべておこう．このクリープの速度は拡散係数そのものに比例するから，かなりの量の合金元素を加えてもクリープ速度はほとんど変わらない．このクリープの速度はまた結晶粒の直径の平方に逆比例するから，結晶粒を大きくすることによって，クリープ速度を低くすることができる．しかしこれ以外の方法でクリープ速度を低くすることはできない．結晶粒が大きくなると，粒内すべりが起きやすくなり，温度が十分高くないと粒内すべりが優先してクリープ速度を増す場合もある．

図16-11は結晶粒の大きさが異なる材料のクリープ速度の測定結果である．これから明らかなように，ある温度以上では結晶粒が大きいほどクリープ速度は低いが，低い温度では

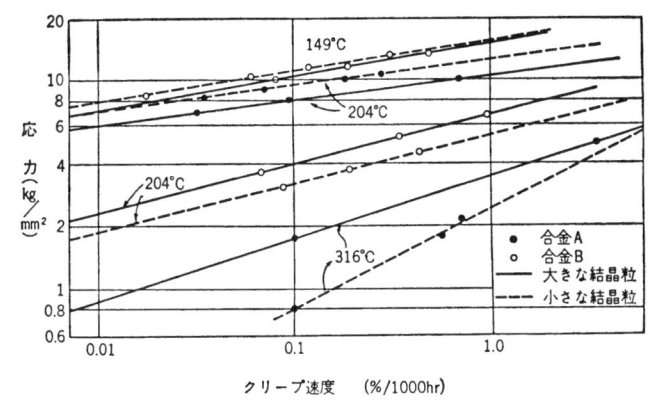

図16-11 クリープ速度におよぼす結晶の大きさの影響.

結晶粒の小さいほどクリープ速度が低くなっている．この理由は高温では結晶粒の小さいほどクリープ速度の大きい空格子点の流れによるクリープが優先するが，低温では結晶粒の小さいほど抵抗の大きい粒内すべりによってクリープ速度が支配されるためである．

したがって，結晶粒の大きいほどクリープ速度の低くなる限界の温度は，その材料の＜自己拡散係数＞がある値に達する温度であり，それはだいたいその材料の融解絶対温度に比例する．このため，融点の低い鉛などでは，常温においても結晶粒の小さいほどクリープ速度が大きい．

耐クリープ性をますための条件

高温で大きな力をうけてもクリープ速度がある値以下におさえられることが，高温用材料を選ぶさいのひとつの条件になる．その場合に第一に考えなければならぬのは使用する材料の融点が高い* ことである．多くの耐熱合金は絶対温度であらわして融点の1/2くらいの温度で使われている．ひじょうに進んだ耐熱合金のうちには Nimonic 合金（ニッケルを主成分とする合金）のように融点の3/4くらいの温度で使用されて

*
金属の中ではタングステンが最も高い融点をもっている．しかし酸化しやすく，その上酸化物は蒸発しやすいから，空気中では使われない．電球のように真空中や不活性ガス中では 2000°C 以上の 高温でも使われる．

いるものもある．また，高温で注意しなければならないのは酸化や他のガスとの反応で，そのような反応の速いものは使用できない．

第二に考えなければならないことは転位をできるだけ動きにくくすることである．それには，大きな歪をまわりに起こす微細な析出物を多数分散させることである．転位はこのような析出物をそのまま通過できないので，析出物のあいだを通り抜けなければならないが，析出物の間隔が狭ければ狭いほど大きな力を必要とする．しかし，このとき溶質原子の拡散速度が大きいと微細な析出物は一度とけて大きな析出物に吸収され，析出物の粗大化を起こしてしまう．こうして間隔が広くなると，転位は小さな力でもその間を通り抜けられるようになり，けっきょくクリープ速度が高くなる．したがって，温度が高くなっても分解しがたい析出物がのぞましい．

固溶している溶質原子が転位に集まっても転位の運動に対する抵抗を増すことも，クリープを起こしにくくする原因となりうる．これらも微細な析出物と同様に耐クリープ性を増すうえに寄与する．

もっと勉強したい人のために (16)

- SULLY A.H.: *Metallic Creep and Resistant Alloy*, Butterworth, 1949. 〔クリープに関す実験事実をよくまとめてある．〕
- CHALMERS 編: *Progress in Metal Physics*, **6** (1956), 第4章 (p. 135〜180), Pergamon Press. 〔上記と同じ著者による同様の傾向のもので，手ごろな長さにまとまっている．〕
- *Creep and Recovery*, Cleveland, ASM, 1957. 〔クリープ機構にたち入った解説も含んでいる．〕

〔鈴木秀次〕

17 ある疲れた男
《疲労のはなし》

　たいへん健康だった男が日夜働いて，そのあげく，上役の前にまかりでて，さて，「私はたいへん疲れました．このままではおそらく壊れてしまうでしょう」と訴えたとしよう．こんなことは今古東西をとわず，よくあることで，米英ではまあ，"*I am very tired*" というだろうし，フランス語ならば "*Je suis très fatigué*" と表現するところだろう．この *fatigué* はもろちん，英語の単語，*fatigue* と同じだから，われわれ金属屋の知っている＜疲労＞という名称は人間の「疲れましたあー」という悲鳴になぞらえたよび方だとは，申し上げなくとも明らかであろう．

　ところで，近代文明の恐るべきスピードと騒音と強烈な色彩と悪臭によって，神経をすりへらされた小市民のあげる悲しきこの声と，同じ文明によって苛烈な条件のもとで酷使される金属材料のあげる悲鳴とのあいだには，いったい，どれほどの類似性があるだろうか．同じ疲労とよばれる現象の生理的機構と，機械的機構をくらべてみよう．

「私は疲れました」というとき，その人はおそらく職場ですでに仕事を繰返し，繰返し，やらされていたに違いない．そのひとつひとつの動作はそれほど重荷ではなくて，ご本人は内心「こんなに軽い役目なら，いくら繰返したって，平ちゃらよ，わしゃ永久に働けるわい」などと，たかをくくっていたかもしれません．ところが，こわいもので，軽い任務の，軽い歪みがだんだん積もり積もって，知らぬ間に取り返しのつかない損傷を身体に与えて，あたら有為の人材をつぶしてしまうことにもなりかねないのである．見かけは達者でも，本当はかなり疲労している場合が多い．皆さんよく注意していただきたい．これを疲労の生理的特徴の1)としよう．

つぎに，2) 1回，1回の任務がきついほど，短い期間でまいってしまうが，非常に軽い役目の場合には，けっきょく，無限というほど繰返しても，いっこう疲れないといえるだろう．

3) 人によって，タフ・ガイとか，"ほりゅうの質"とか，ばらつきが多いし，腰にきたとか，頭がやられたとか，疲れる場所もいろいろである．

4) 外見はなんともなくても，疲れた人をルーペでよくよく調べてみると，顔の皮膚などにあんがい小じわができてきてそれがだんだん深くなってくる．はじめのうちはマッサージしたり，皮膚整形でしわも除けるだろうが，そのうちに深くなったしわは，ものすごく頑固なものとなり，ちょっとくらい面の皮を削ったところで消え去らなくなる．

5) 疲労すると，たいてい動脈硬化がおき，動作は硬くぎこちなくなってくる．もっとも，硬化の程度は人によってずいぶん違う．

6) 職場の雰囲気はたいせつな要素で，雰囲気が悪くて刺激的だったりすると，たちまち疲労する場合がある．まわりに誰もいない，何もない職場では疲労に達するまでの寿命が10倍も伸びる可能性がある．温度の高い職場はもちろんよくないのはご存知のはず．

7) 雰囲気はいずれ避けられないとすれば，寿命を伸ばす

ひとつのよい方法は，面の皮を硬くして，いわゆる，厚顔無恥の不感症にすることであろう．

8) いったい，疲労の兆しはいつ頃からあったのかというのはむずかしい問題であるが，医者によっては，「実は働いた期間のきわめて初期の何％くらいかのとき，すでに目にみえない損傷が始まっていたのです」というそうである．本当なのかね？

9) このほか，仕事が何種類か組合わさって与えられると疲労はどのように現われるか面倒だ．また最初から人格的に何か欠けた人間はあんがいそんなところから疲労を起こす．

とまあ，これは「100万人の医学」における疲労についての説明である．このあと，大ていは「元気でいこう♪○○♪」とか，「○○飲んで，アイ・アム・タフ」とか薬の宣伝が入るのだが，今回はスポンサーがつかなかったので……．

金属のヘタバル学説

さて，こんどは金属の疲労を取扱っている大家，ハワイの"ヒロウ市"にある"バテル・メモリアル"研究所の"ヘタバル"教授にご登壇ねがってご高説をうかがってみよう．

教授がおっしゃるには，

「金属の疲労現象の特徴を列挙いたしますならば，以下のごとくなるのではないのでしょうか．すなわち，

1) 加えられた繰返し＜応力振幅＞* が，その金属材料の静的破壊応力よりはるかに低くても，また弾性限以下というごく軽い場合でも，繰返しによって疲労は進行し，ついには破壊をもたらします．見かけの塑性変形はなくとも，疲労している場合はひじょうに多いのです．この点によくご注意下さい．†

2) 1回，1回の応力振幅 S が大きいほど，繰返し数，あるいは＜疲労寿命＞N が小さくなり，両者のあいだにはある関係が存在します．それを図で書きますと，図 17-1 の S-N 曲線となります．鉄鋼などではある軽い応力振幅以下ではけ

---

* 繰返して応力をかけたときの最大値と最小値のちがい．

† 見かけの塑性変形はなくとも，疲労する場合には必ず極く微小量の歪みが生じている．これを micro-strain といい，10^{-4}〜10^{-5} 程度の量である．

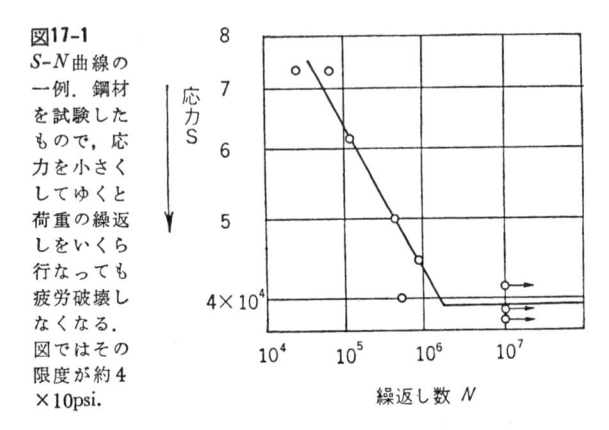

図17-1 S-N曲線の一例．鋼材を試験したもので，応力を小さくしてゆくと荷重の繰返しをいくら行なっても疲労破壊しなくなる．図ではその限度が約 4×10 psi.

っきょく無限に繰返しても破壊しない限度があります．この応力を＜疲労限度＞と申します．図17-1の折点のところの応力です．

3) 同じ材料でも試片によって寿命の値はかなり異なり，ばらつきが多いものです．疲労破壊の起き方もいろいろあり，粒内とか粒界とか，＜すべり帯形成＞とか＜亜境界形成＞とか種類・場所もいろいろです．

4) 外見は変わらなくとも，顕微鏡でよくよく調べてみると，細かいすべり線がよくできてきて，それがだんだんはっきり太くなってきます．初期には電解研摩などですべり線を消しさることが可能ですが，深くなってくると"頑固なすべり線"(persistent slip lines) となり，表面層を深さ 0.1 mm も除いても消え去らなくなります．

5) 疲労の過程は必ず何がしかの加工硬化（疲労硬化）を伴います．しかし，硬化の程度は材質によって異なります．

6) 材料のおかれた＜雰囲気＞はたいせつな要素で，雰囲気によっては ＜腐食疲労＞ となってたちまち駄目になります．10^{-6} mm Hg 程度の高真空にしたら，純銅の試験片の寿命が10倍も伸びたという実験があります．高温では疲労強度はいちじるしく低下します．

7) 多くの材料は，空気という雰囲気からいずれも避けられないので，表面処理をして寿命を伸ばすのはよい方法です．たとえば＜ショット・ピーニング＞*によって表面を加工硬化させますと有効です．

8) 疲労の亀裂の発生はかなり初期で，全寿命のわずか数％という初期から，＜微小亀裂＞が発生しているという多くの観察結果があります．

9) 疲労にはまだ多くの，効果をおよぼす因子があり，組合わせ応力，切り欠き効果，溶接部の疲労など，難点，弱点がたくさんあります．以上が金属の疲労の主な特徴でございます」

* きわめて小さな鋼球を噴射して材料に吹きつけるこの法は，実際には製品の表面の小さな傷をつぶして，切欠き効果を減らすのがその効用と思われる．これを実施して疲労寿命を数倍にすることがしばしば可能である．

こんなわけで，ヘタバル博士のいうところは，何のことはない，ほとんど一言，一句，「100万人の医学」の解説の読み替えではないか．これほど，両方の種類の疲労が似かよっているとは，筆者も，博士の講演会があるまでは知らなかった．こうなると職場でもいろいろ流行語が生まれて，「どうも俺んとこは酸性雰囲気でなあ，すっかり腐食されたよ」，「そうかあ，道理でこのごろ，顔に persistent wrinckles（頑固なしわ）がふえたなあ，あぶないから応力振巾を下げなよ」，とか，怠け者は，「俺の S-N カーブは折点なしに下がっているんだから，ちょっとでも働かされたら寿命がくるんだよ」とかいうことになりそうである．私も，ちょっと明日でも，疲労防止にカントリー・クラブでショット・ピーニングをやってこようかなあ．

微視的な考察

ところで，人間が疲れてくると，その身体の組織内にはどんな変化がおきてくるのだろうか．グリコーゲンの不足だとか，組織の弛緩だとか申しているが，本当の分子論的な変化は，案外わかっていないようです．筆者が医者だったら，「疲労にともなう身体内部組織の微視的変化」というテーマで電子顕微鏡など使って，すばらしい研究をするんだがね

え．これは人類に大いに役に立つにちがいない．しかし，医者になったら，たぶんお金をもうけて，ゆうゆう暮らすかもしれない．そのほうが疲労せず，長い寿命を保てそうだからねえ．

いっぽう勤勉なる金属学者，物理学者たちは金属の疲労について微視的な研究をかなり進めている．その様子は前掲の箇条書きの後半の話から，かなりうかがえるが，ここでこれまでのいろいろのお話ですでに顔なじみの転位論 (*dislocation theory*) で整理して考えてみよう．余談ですが，*dislocation* といえば，医学の方では脱臼をさすのだそうで，どうも両分野はあくまでも関係がありそうだね．

さて，繰返し応力は，当然，金属結晶内での転位の発生と移動，あるいは＜集団発生＞* をもたらすであろう．しかも，応力の繰返しは転位群の往復運動をおこさせるにちがいありません．こうして一度，多重形成(集団発生)されて，ひとつのすべり帯のなかを動いた転位群は，次の半サイクルの振動応力のあいだには，おそらく逆向きに同じすべり帯のなかを走ることであろう．ざっと考えて，新しい転位の源が働いて逆符号の転位群（あるいは逆向き同符号といっても同じだが）を新しいすべり帯のなかに射出するよりは，前の転位群が逆向きに走ったほうがらくにちがいないだろうから．

こうして一度できたすべり帯は何度も何度も働いてだんだん顕著になっていく．もちろん，往復運動は格子欠陥（点欠陥やジョグ†)を発生させて，すべり帯内の加工硬化がおきるが，往復中の交叉すべりなどで，そのごく近傍で平行な新しいすべり面へのスイッチング (*switching*) が起こり，活動はつづけられるであろう．これはまた，すべり帯の幅が増し，より強く明瞭に現われてくる原因でもある．

ところで，それが消しても消えない頑固なしわになるというのはよくみると，すべり帯のなかに小さな穴がたくさんできるからなのである．それは，ときには細長い割れ目になっている．もうこうなると立派な損傷で，こんな＜微小亀裂＞

*
応力をかけると，はじめにある転位の一部から，ある機構によって多数の転位が発生してくる．

†
転位にできる段階のこと．転位の一部が一つのすべり面上から，すぐ上のすべり面上にうつるとき，ジョグができる．このようなジョグは転位同士の交叉で生じる．

は全繰返し寿命の数％かの時期にすでに発生している場合が多いのである．

微小な亀裂の発生機構

いったいこんな穴はどうしてできるのだろうか．博学なる読者は転位が運動すると往々にして，その特異な部分で原子空孔などが発生することをご存知だろうから，早い速度で発生した空孔が集まってきて小さな穴ができるはずだと想像なさるだろう．実際に穴のできる速度や量の評価はわりあい簡単にできて，この考えが可能であることを示しているのだがこれが真実かどうかは必ずしも結論できない．というのは他にも可能な機構があるからである．

図17-2をみると，aは符号の異なる刃状転位群が拡張側を共有して，ごくわずか隔ったすべり面の上を，同じ応力場の作用（矢印のせん断応力）で近よって対向したところである．こんな状況は前述の往復活動をしているすべり帯のなかではきわめて起こりそうなことである．

さて，こんな向かい合いの転位群の相互作用を計算してみると，あんがい，低い外部応力でお互いに近より合うことが可能で，そのあげく，先頭の正負転位は合体消滅する．同じ

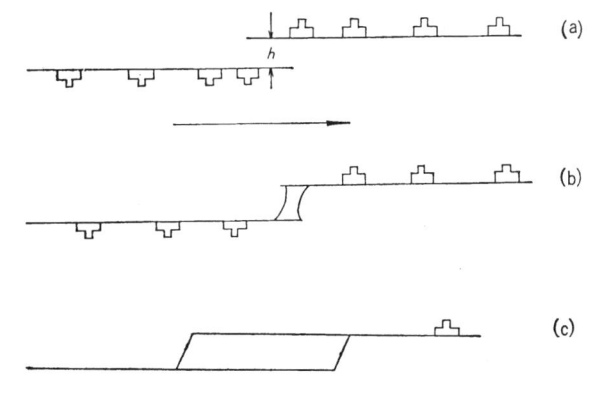

図17-2 正負転位群の消滅と空洞形成の過程．空洞の大きさは高さh，幅nb（ただしnは消滅対の数，bはバーガース・ベクトル）．長さは紙面に垂直で転位の長さとなる．

すべり面ではないので，図bのように空孔を残して消えるわけである．これは 15.≪破壊のはなし≫のなかの図15-5と同じことである．つぎに起こることは，後続する正負転位が対になって同じ場所で消滅することで，図cのように空洞はだんだん大きくなってくる．こうして，ついにはすべり帯のなかに薄い細長い空隙ができるだろう．

これと密接に関係したおもしろい現象は＜突き出し＞(extrusion) と＜入り込み＞(intrusion) という現象で，それを図解すると図17-3のようなことになる．ちょうど"かんな"からでる薄い木屑か，鰹節の削り片のように，すべり帯のなか

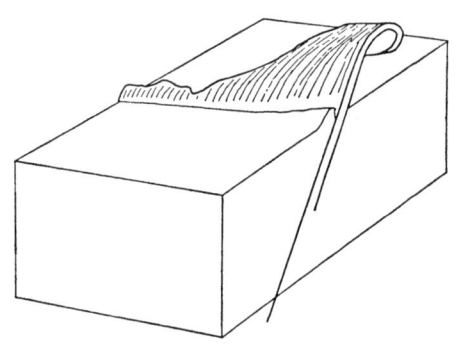

図17-3 突き出し現象の図解．すべり帯の中から薄片状の小結晶部分が繰返し応力とともにせり出してくる．

から薄っぺらい層が徐々にせりだしてくる．これが突き出し現象で，逆にそれに匹敵する寸法の細長い薄い空隙が表面から内部に進んでいくのが入り込みである．こんなものができるのは原子空孔の集合では考えがたいので，図17-2のような機構のほうがもっともらしく感じられてくる．実際，転位群の往復運動をあれこれ組合わせて考えてみると，なかなかうまく，突出しや入り込みをつくりだすことが可能である．

さて，こうしてできた微小な割れ目は疲労破壊の核ともいえるであろう．人間もよく調べると，疲労中には毛穴からでもニュルニュルと身体の組織が押し出され，内部には微小亀裂や穴がいっぱいできているかもしれない．温度が少し高い場合

にはすべり帯よりはむしろ転位がつくり出す亜境界が割れ目になってゆくようである．

さて，微小亀裂は数が増え，寸法が大きくなると，割れ目を延長して互いに連結し，だんだん大きな疲労割れとなっていく．微小亀裂は表面にできやすいので，したがって，疲労割れが表面から拡大していくことも，連続体力学で考えて表面が往々応力最大のところであるということ以外に，こんな発生の秘密があるゆえとうなづくことができる．そこで，また，雰囲気の影響が重大だということも，表面処理が寿命増大に有効である理由もわかったような気がする．小じわの増えた奥様がお白粉を一生けんめいお顔に叩きつけて，厚化粧をなされば，女の寿命が少しは伸びると同じようだ．

亀裂の拡大機構

つぎの問題は発生した亀裂がどのように拡大していくかだが，こうなると人間の疲労の問題とはちょっと縁が薄くなりそうである．しかし，まあ，つづけてこれを微視的に観察していこう．ふつうの一方向の応力で亀裂が拡大するときは，ただ尖端で亀裂の上下面の原子が次々に引離されていくだけだが，繰返し応力では亀裂の尖端で割れ目が開いたり，閉じたりをやるわけである．このとき，過程がまったくの繰返し，つまり，可逆的であれば亀裂の成長はなくともよいわけで，われわれはすべり帯のなかに微小な穴ができようと，あまり気にしないでよい．

だが実際にはいくつかの不可逆な過程が加わり，開いた割れ目の尖端が，つぼみのように閉じないで，亀裂が繰返し応力の下で成長するわけである．この不可逆的な過程としては割れ目の内表面上での原子の表面拡散，同じく内面での酸化・吸着などのガス反応，割れ目をカットするようなすべりの発生，尖端付近での転位の発生・移動による応力分布状態の変化などが考えられる．

全寿命の数％で微小亀裂が発生している事実は，裏を返せ

[*211*]

ば，全寿命の90％以上は亀裂の成長が負っているわけで，前に述べた雰囲気が悪いと疲れやすいというのは，表面層での空隙・空孔の発生に影響を与えるのではなくて，成長する大きな亀裂の尖端での閉じ開きに雰囲気の反応が加わって，不可逆的に成長を促進するということかもしれない．

しかし，このへんの話は金属といえども医学と同じく不勉強で，詳しくは取扱われてはいない．筆者の友人の医者がいうには，「私が金属屋だったら，疲労亀裂の伝播の微視的研究というテーマで電子顕微鏡など使って，すばらしい仕事をするんだがなあ」と．

名 薬 は な い か

会社からの帰り道，くたびれたサラリーマンが薬屋の店先でアンプル割って，チューッと飲んで，「あー，元気になった」といってスタスタ停車場のほうにいくのをみると，あれが疲労回復の名薬かいなと感心する．医者にいわせると，あんなのは一時の興奮剤みたいなもので，疲労の回復にはほとんど役に立たないそうである．いちばんよいのは栄養のあるものを十分食べ，十分眠ることだそうである．ああ，貧乏，暇なし．

ところで，金属の疲労に対してはどんな名薬があるのだろうか．とにかく，疲労しはじめたら，これを回復させるような名薬はまったくない．生物体のような自己再生型の材料が発見されれば話しは別だが．

まあ，できることは疲労しにくい材料をつくりだすことであろうか．そのヒントは転位論的に考えることができそうである．さあ，そこで筆者も勉強して，せめて少しは世の中の役に立ちたいものだと発意し，まず，疲労とか転位とかの問題をもっと調べようと考えて，本屋によってみましたところ，ちょうど，"Fracture, dislocation and fatigue" という新刊書があった．さっそく，大枚を投じて買って帰って開いてみたら，これが「破壊，転位と疲労」ではなくて，なんと「骨

折,脱臼と疲労」という医者の本であった.ああ,どこまで話しが似ているのやら.

ここまで書いてきたら,家内が横からのぞきこんで,「疲れた男の話ってご自分のこと書いているの?」.どうもお疲れさま.

もっと勉強したい人のために (17)

§ (15)にあげた文献は,破壊・疲労の両分野に共通したものであるから,前出のものを参照してほしい.

〔藤田英一〕

18 電子が階段をのぼるとき
《原子構造のはなし》

　いつの世でもきわめて手がたいというよりまったく融通のきかない人を石部金吉とよぶように，金属というものは石とともに硬いものの代表とされてきた．たしかに金属が人類に用いられる経過をみても，石器，銅器，青銅器，鉄器時代と経てきて，石より硬く強いものが金属ということになっている．しかし，あたまの硬いのは石頭であり，金頭とかジュラルミン頭とはいわないようだ．すると金属は硬いばかりが能ではなく，展延性，伝導性などがあるので，やはり硬いあたまは石頭でなくてはならないのだろう．しかし，なぜ，同じ硬いといっても，石と金属でこんなにちがいがあるのだろうか．

　さて，化学屋の立場から物質をみるときは，いつも原子，分子が単位である．化学があつかうのは主に分子単位で，そこにみられる変化についてである．純粋な金属をみていると，どうにも原子と分子とのけじめが判然としていない，というより原子即分子という感じである．

われわれが知っているほとんどすべての自然にある物質，少し大げさにいえば，宇宙の森羅万象はだいたい原子同士が結びついて分子になり，それが集合してはじめて物質として五官でわかる存在になっているのがふつうである．このさいの結合のしかたも，あとで細かく述べるが，イオン結合か共有結合かのいずれかの型である．

ところが，金属となると最小単位は原子になってしまい，分子としてとらえようとして大きさの際限がつかない．原子の結びつき方も，金属結合といわれる特殊なつながり方である．自由電子などというものまで現われて，まったく多くの物質とは異なった様相を呈している．

もっとも，これが存在すればこそ，まさしく金属らしい性質——たとえば電気伝導性のよいという性質——が現われるゆえんである．

金属は長い歴史をもっている．しかし，現代はプラスチックス，セラミックスなど，高分子物質が急速に伸びつつある時代でもある．またゲルマニウム，ケイ素というヌエ的存在がハバをきかせてきている時代でもある．

いまやウラン原子の中心にある原子核をものの見事に2つにわって，巨大なエネルギーを取り出せる原子力時代でもある．金属の王様が金である時代はすぎて，ウランが王様になろうとする時代である．金属屋さんもいまや核反応，核分裂，放射線効果と大いに腕をふるわねばならない仕事が迫っている時代とでもいえよう．

こんなことを考えながら，化学屋なりに原子の姿をもういちどとらえなおして，金属というものを見てみたい．

原 子 の 正 体

原子は物質を組立てる最小の単位であることはご存知の通りだが，大きさは$10^{-8} \sim 10^{-9}$cmと極微の粒子である．だがさらに＜原子核＞と＜核外電子＞とからできている"曲せ者"である．原子核の重さは原子の実体の99.999％以上もあり，

それをかこんで電子が運動している．原子核を 1 cm にすると 100 m さきをピンポン球がまわっているような恰好である．
　それではその中間はどうなっているかというと真空なのである．原子がこんな組み立てでいてどうしてあんな硬い金属になるかというと，それは＜核力＞によるのだということになる．とにかく理論物理屋さんのあいだでもまだ正体が判然としない核力が働いて，真空をへだてて原子の構成成分をささえて，あの硬さがでているというわけである．
　原子の集合にたいする抽象的なよび方が元素である．少し前までは 1 元素が 1 原子種であったから，元素は92でそのうち 2 つはまだ発見されておらず，「そのうち金属はどれか」といえた．しかし，この30年ばかりに様相はだいぶかわってしまった．
　原子炉や粒子加速装置* により地上にない金属がつくられるようになり，今日では元素は 103種に達するにいたった．もっともこのなかには Lw (ローレンシウム，原子番号103) のように，数人のアメリカ人が天秤（てんびん）ではかれないくらいの量をみつけたといい，外国の人がやってはみつからなかったという，いわくつきの金属もある．まだやっと全世

* 荷電粒子（陽子，重陽子，ヘリウムイオンなど）に加速してエネルギーを与える装置．サイクロトロン，直線加速器，ヴァンデグラフ高圧発生装置その他がある．

表 18-1　金属のアイソトープの組成例

金　属	種　類*		存在割合（重量%）
ニッケル	ニッケル	58	67.76
	ニッケル	60	26.16
	ニッケル	61	1.25
	ニッケル	62	3.66
	ニッケル	64	1.16
鉄	鉄	54	5.84
	鉄	56	91.68
	鉄	57	2.17
	鉄	58	0.31
マンガン	マンガン	55	100
金	金	197	100

* 数字はアイソトープの質量数を示す．

界で1グラムたらずというメンデレビウム，フェルミウムなどの金属もある．これも原子力時代のなせるわざである．

他方，放射能の発見にからまって＜アイソトープ：同位元素＞が次々とわかり，1元素が1原子種でなくなり，ついに金属も，ベリリウム，アルミニウム，ヒ素，蒼鉛，セシウム，コバルト，金，マンガン，ナトリウム，イットリウム，スカンジウム，ホルミウム，ツリウム，テルビウムのほかはいずれもいくつかのアイソトープが一定の割合い*にまざったものを純粋金属としてあつかってきたことがわかった．表18-1のようにニッケルは5つ，鉄は4つもアイソトープのまざったものであり，スズにいたっては10のまざりものということになる．

* この割合を存在比という．元素ごとに一定している．

表 18-2　原子の種類

天然放射性の原子	53
人工放射性の原子	約1250
天然に存在する安定な原子	274

このほかに人工的に原子炉や粒子加速装置で放射性のアイソトープがつくられており，表18-2のごとく原子の種類は1,200種をこすほどになってしまった．なかには100万分の1秒台で放射線をだして変わってしまう金属もあるわけである．*金属屋さんにまともに相手にしてもらえるのはウラン，トリウムのごとく＜半減期＞が，45億年，132億年という長いものだけが実用金属の仲間入りをさせてもらっている．

さて，このなかでいったい金属はいくつあるかといいたいところだが，これがなかなかやっかいな問題である．金属光沢があり，熱および電気の良導体で，展延性があり，常温で固体だといってみてもどうにも判然としないものがいくつかある．石や土の主成分であるケイ素をとりだしてみると，まさしく非金属とおもわれるのに金属に似た性質を程度の差こそあれあらわすのである．また，なかには半導体といわれ絶

* 放射性原子は放射線を出して新しい原子となる．たとえばコバルト60は β^- 線を出してニッケル60となる．これを放射性壊変という．その速度はおのおのきまっており，はじめの原子数がちょうど半分になるまでの時間を半減期という．

対零度では絶縁性がよいが，不純物，格子欠陥，熱的作用などにより，温度の上昇とともに電導性をもってくるものさえでてきて，金属なみになってしまいトランジスタ，光電池などが大活躍の時勢である．ケイ素，ゲルマニウムなどはその代表である．

そうしてみると，方針をかえて電子の様子を考えて区別したほうがよさそうである．といってもいままでとまったくちがう方法があるわけでなく，基本となるものはやはりメンデレーエフの周期表(1869)である．原子量の順に水素を1番としてならべると，銅は29，銀は47，金は79番，ウランが92番になる．この番号が原子番号といわれるもので，単なる順序をつけた数字だったのである．しかし原子の構造がわかってみると，原子の腹の中まで見通していたのだから，自然の神

表 18-3 元 素 周 期 表

周期\族	Ia	Ib	IIa	IIb	IIIa	IIIb	IVa	IVb	Va	Vb	VIa	VIb	VIIa	VIIb	VIII	O
1	1H															2He
2	3Li		4Be			5B		6C		7N		8O		9F		10Ne
3	11Na		12Mg			13Al		14Si		15P		16S		17Cl		18A
4	19K		20Ca		21Sc		22Ti		23V		24Cr		25Mn		26Fe 27Co 28Ni	
		29Cu		30Zn		31Ga		32Ge		33As		34Se		35Br		36Kr
5	37Rb		38Sr		39Y		40Zr		41Nb		42Mo		43Tc		44Ru 45Rh 46Pd	
		47Ag		48Cd		49In		50Sn		51Sb		52Te		53I		54Xe
6	55Cs		56Ba		57～71 ランタニド元素		72Hf		73Ta		74W		75Re		76Os 77Ir 78Pt	
		79Au		80Hg		81Tl		82Pb		83Bi		84Po		85At		86Rn
7	87Fr		88Ra		89～103 アクチニド元素											

57～71 ランタニド元素	57La	58Ce	59Pr	60Nd	61Pm	62Sm	63Eu	64Gd
	65Tb	66Dy	67Ho	68Er	69Tm	70Yb	71Lu	—

89～103 アクチニド元素	89Ac	90Th	91Pa	92U	93Np	94Pu	95Am	96Cm
	97Bk	98Cf	99Es	100Fm	101Md	102No	103Lw	—

秘さに恐れいるばかりである．

つまりこの数と原子核をとりまく核外電子*の数が同じことがわかったのである．79番の金では79個の電子が原子核の外を運動している．だが，これらの電子の並び方がまったく無秩序であっては困ってしまうが，果たしてどうだろうか．

1立方センチの金塊をみると，このなかにはざっとみて6×10^{23}個の金の原子が入っているから，電子の数は4.7×10^{25}個というぼう大な数が入っているわけで，まさに大騒ぎである．いっぽう，X線回折で金をしらべてみると，面心立方格子をなして原子はならんでいる．このようにきちんとした微結晶の集まりが目でみる金のほんとの姿なのである．それにしても，まったく多くの電子がつめられており，その混雑ぶりもうかがえよう．

*
核外電子はまた，軌道に後述のようにきちんとならんでいるので，軌道電子ともいう．

電子の配列はきびしい順序がある

ところが心配はいらない．こんな小さな原子のなかまで造化の神の神秘な力がはたらき，電子は秩序よく並んでいたのである．すなわち，これらの電子は量子力学的に要請される一定の軌道の上にきちんと並んでいたのである（図18-1）．その電子軌道は原子核に近いものから，K, L, M, N, O, P, Q 殻とよばれている．しかも電子がどんな軌道にどのように並ぶかということは，主量子数，方位量子数，磁気量子数，スピンなどの4つの主な量できまってくるのであって，つまり量子状態*によるのである．＜主量子数＞は原子核からの距離に関するもので，しかもその軌道にならぶ電子の並び方，つまりもっと専門的にいうと（あとで詳しく述べるが），s, p, d, f などとよばれる＜エネルギー準位＞（エネルギーのレベル）がこれできまってくるのである．

*
4つの量子数できまってくる原子のエネルギー状態をいう．

軌道のなかに入りうる電子の最大数はそれぞれの軌道によってきまっている．原子核に近いK殻は$(1^2 \times 2) = 2$, L殻は$(2^2 \times 2) = 8$, M殻は$(3^2 \times 2) = 18$, N殻は$(4^2 \times 2) = 32$ といった調子である．これだけ入ったとすれば殻は満員でそれ以上

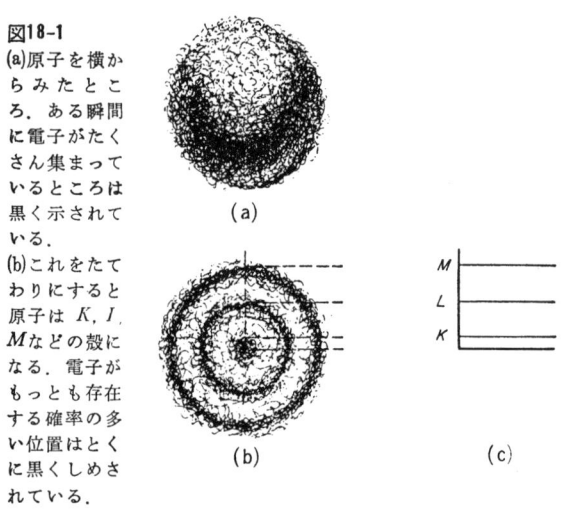

図18-1
(a)原子を横からみたところ。ある瞬間に電子がたくさん集まっているところは黒く示されている。
(b)これをたてわりにすると原子は K, L, M などの殻になる。電子がもっとも存在する確率の多い位置はとくに黒くしめされている。
(c)このもっとも存在する確率の多い位置をそれぞれ直線で図式的に示したもの。これで殻のエネルギー準位がわかる。

の電子はいかに押込んでも入れないのである。満員札どめなのである。しかもこれが少しずつエネルギー準位のちがうところに落着いているのである。

ここでちょっと先をいそがずに図18-2と周期表をみてもらおう。さきにあげた2, 8, 18, 32という数字は各周期ごとに並んでいる元素の数と同じだということである。1周期はH, Heで2個, 2周期は3番 Li からはじまり10番 Ne まで8個, 3周期も8個, 4周期は長くなり18個が入り, 5周期も18個で, 6周期になるとさらに長く32個の元素がはいる。この論法でいくと7周期も32個ということになる。87番の Fr からはじまり, 118番元素までということになる。だが, ようやく103番 Lw までみつかりかけたのが現状である。

どうもこのように原子が重くなると原子核が不安定* で壊れやすく地上にはありそうになく, どうしても人工的に粒子加速装置などでつくりださねば見つかりそうもない。いっぽうでは原子力時代で原子核をこわす研究もどんどん行なわれ

* 原子核は, 陽子と中性子からできているが, 原子が重くなるにつれて, その数は, しだいにふえてくる。それとともに原子核の安定性が失われてきて, いわゆる放射性となってくる。

図18-2 エネルギー準位の相対的な比較。原子核からはなれるにつれてエネルギー準位が高くなる。それはそれぞれの相対位置で示している。

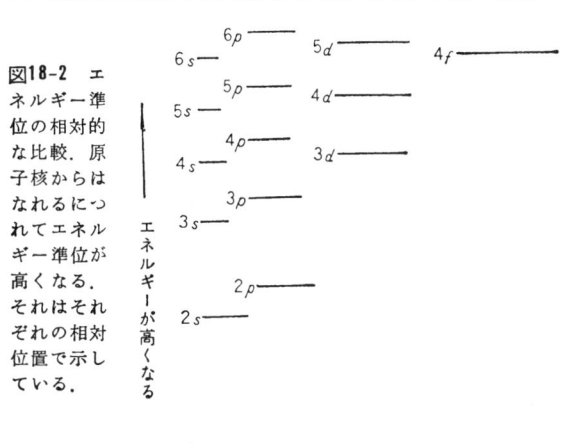

エネルギーが高くなる

6p ──
6s ── 5d ── 4f ──
5s ── 5p ── 4d ──
4s ── 4p ── 3d ──
3s ── 3p ──
2s ── 2p ──

1s ──

ているが，またその反面にはこうしてこわれやすい原子核をなんとかつくりあげようとしている人びともいる．

さて話をもどしてこれらの各周期がいずれもヘリウム(He)，ネオン(Ne)，アルゴン(A) クリプトン(Kr)，キセノン(Xe)，ラドン(Rn)などの希ガスで終っていることに注目しよう（図18-3）．金属屋さんも空気中で酸化されるのをさけるときや，金属の溶接やガスのもれや，拡散などを調べるのには大いにこれらの希ガスを使っている．それはこれらのガスは化学的にまったく活性* がなく，そんな目的にはおあつらえむきであるからである．それでときには不活性ガスなどともよばれている．

* 化学で反応性にとむことを活性があるという．

このような性質は電子のならび方からいうと，各軌道に電子がいっぱいで札どめの満員だということなのである．ヘリウムは原子番号2で，軌道電子は2個だから，K殻はこれでいっぱいというわけである．次のネオンは10番で，だから軌道電子は10個である．K殻に2個，L殻が8個の電子で，あわせて10個の電子だからこの10個で両方が満員である．こんな調子で，電子がそれ以上その殻に入れないので化学的に活性がないという結果になる．

[*221*]

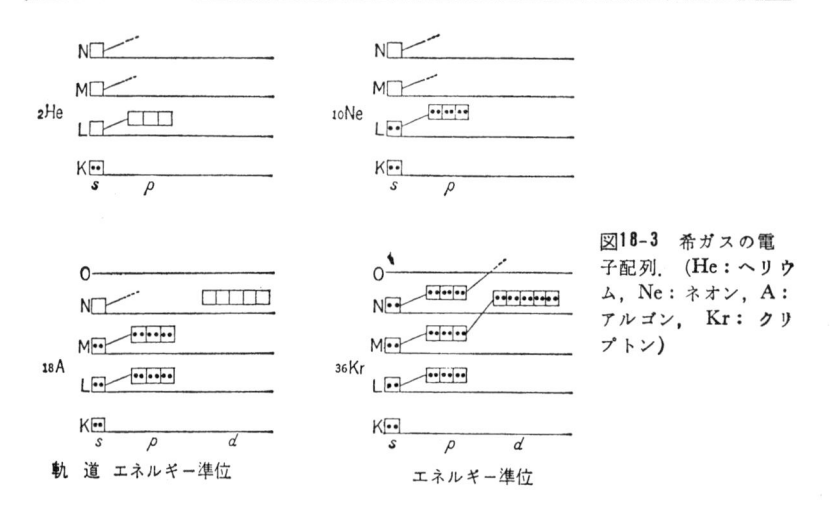

図18-3 希ガスの電子配列. (He:ヘリウム, Ne:ネオン, A:アルゴン, Kr:クリプトン)

*
W. Pauli Jr.:スイスの理論物理学者(1900～1958).パウリの原理の発見は24才のときのこと.

　だが,電子の数が多くなってくると,電子相互のエネルギーが関係し,複雑になってきて,どうも電子の配列のしかたもそうそうひとすじ縄にはゆかなくなってくる.ところがそこへうまく登場したのが＜パウリ*の排他律＞という,しごく簡単な原理である(1924).これによれば電子の軌道への入り方にも自然にひとつの規律ができていることが判然とする.すなわち同じ量子状態の2つの電子は同じエネルギーレベル(準位)のところへは入れないというのである.

　このように電子が多くなると,ひとつの軌道が満員にならないうちに他の軌道へ電子が入りはじめるという小さなイタズラがおこるが,この原因もこのパウリの排他律によってうまく説明できる.さらに,なぜ＜遷移金属＞が現われるか,＜希土類金属＞や＜アクチニド金属＞が16個も,なぜ周期表のひとつの狭いマスへつめこまれているのかがわかる.これだけの準備ができれば,もうこれらのことの理解は電子の配列をたのしみながらならべるだけで,わかってくるというものである.

金属と遷移金属と非金属

　軌道の電子は低温度ではなるべくエネルギーの少ない状態を占めようとする傾向がある．人間が落着いた平和な生活がほしいのと同じことである．ところがパウリの排他律によれば，いくつもある電子がみな同じようにエネルギーの低い状態を占めるというわけにはいかない．したがって，電子はエネルギー状態の低いところを占めてから順をおって次々と高いエネルギー状態のところまで満たしていくことになる．

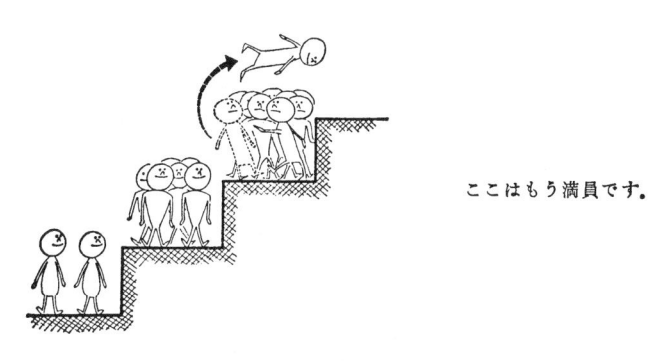

ここはもう満員です．

　主量子数の小さいものほどエネルギー状態は低い（表18-4）．いいかえれば，原子核に近いところを運動している電子ほどエネルギーは小さい．もし，原子核から遠くにある高いエネルギー状態の電子が勢いあまって外へとびだせば，残りの原子は正電気をおびることになる．なぜかというと，もともと原子は，原子核の正電荷と核外電子の負電荷の量とが同じで電気的に中性であるのに，負電荷の電子がとびだしたのだから，残りの原子は正電荷を示すわけだ．このような状態を＜イオン＞とよんでいる．

　イオンというのはもとは，あとに述べる水溶液における金属原子の状態から命名された名前で，ラテン語で"行く"という意味である．電気分解をおこなうとき，反対電荷の極板へ引っ張られていくことから起こったものであろう．2個の電

表 18-4　主量子数と電子の配列*

主量子数		1	2	3	4	5	6
第 2 週期	Be	2	2				
	B	2	3				
第 3 週期	Al	2	8	3			
	Si	2	8	4			
第 4 週期	Ge	2	8	18	4		
	As	2	8	18	5		
第 5 週期	Sb	2	8	18	18	5	
	Te	2	8	18	18	6	
第 6 週期	Po	2	8	18	32	18	6
	At	2	8	18	32	18	7

*
各週期のとなりあわせの元素を，それぞれの例にあげている（表18-3参照）．したがって電子の数が一つずつ異なっている．しかも金属と非金属のわかれ目の元素を例にあげた．

子がとびだせば，原子は正電荷2単位をもつことになる．金属の原子はみな正イオンになるのがふつうである．ところが金属のなかにはモリブデン，タングステンなどのように酸素とくっついて WO_4^{--}, MoO_4^{--} など逆に陰イオンとなってしまうものもある．しかし，こんなおかしな性質も実は軌道電子の配列やそれにもとづく原子同士の結合のしかたなどがわかってくると，しごくあたりまえのことになってしまう．

それでは，電子の配列のしかたをながめてみよう．

まず1番の水素（H）は1個の電子があるが，主量子数が1なのでおのずと入る位置はきまっている．2番のヘリウム（He）は2個の電子があるが，主量子数1ではエネルギー準位が2つだけだから，これも入る位置はきまる．これを $1s^2$ と書く．これでK殻は閉じた（満員になったこと）から，化学的に反応性はないことをしめしている．

10番のネオン(Ne)では10個の電子があるが，主量子数は2であるからこれらは $1s^2$, $2s^2$, $2p^6$ のようにならんでやはり L 殻は満員でとじており不活性である†．

†
図18-3の電子のならび方を，これとあわせてみなおそう．

そこで29番の銅(Cu)を例にとろう．29個の軌道電子がどうならぶかである．4周期なので主量子数は4である．これらの電子は 図18-4にしめすように並んでおり，$1s^2$, $2s^2$, $2p^6$, $3s^2$, $3p^6$, $3d^{10}$ と，まず28個の電子は落着くべき位置が容易に

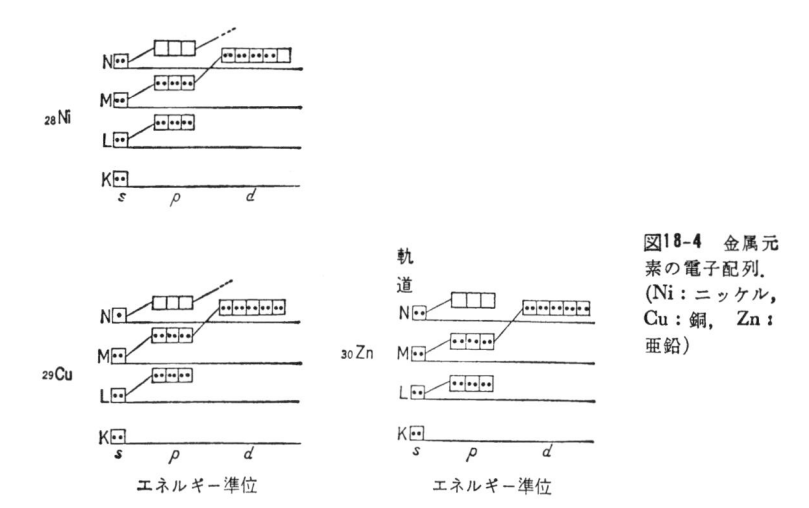

図18-4 金属元素の電子配列. (Ni：ニッケル, Cu：銅, Zn：亜鉛)

きまってくる.ところが,あとの一つはパウリの排他律のために $3d$ に入れないで,それよりエネルギー準位の高い $4s^1$ に入っているのである.この1個の電子は原子核からもっとも遠いところを運動しており,エネルギー準位が高いだけに暴れん坊で勢あまって軌道からはずれやすい.このような電子は原子価と関係しており,＜価電子＞とよばれるものである.それが原子の化学的特性をきめる重要な因子となる.

それでは銅より原子番号が1つ小さいニッケル (Ni) をみると28個の電子があるが,これは銅の28個とまったく同じ並び方かというとそうもいかない.それは量子状態がちがうから,あたりまえということになる. $1s^2, 2s^2, 2p^6, 3s^2, 3p^6$ までは図18-4のように銅と同じだが, $3d$ には銅のように10個も入らず8個だけで,つぎの2個はそれよりむしろ $4s$ のほうへ入り, $4s^2$ とおさまってしまう.

銅より原子番号1つ大きい亜鉛(Zn)では30個の電子があるが, $1s^2, 2s^2, 2p^6, 3s^2, 3p^6, 3d^{10}$ と28個は銅と同じ並び方をしている. d には入れずに残りの2個は $4s^2$ とおさまっている.

このふたつの例でわかるように,まだ電子が満員とならな

いうちに，すなわち全量子数の小さい状態をうめつくさないうちに，高い量子状態に入っていく傾向がでてくるのがうかがえる．このような並び方をするものが＜遷移金属＞とよばれる一連の金属である．21番スカンジウムからニッケル，39番イットリウムよりパラジウム，57番ランタンより白金まで，さらに89番アクチニウム以上の重い金属と，4回も周期表に遷移金属があらわれてくるのはこのためである．

＊
メンデレーエフの周期表では，アルカリ金属は一番左の列，ハロゲン元素は一番右の列である．したがって，元素は左から右へ移るにつれ，金属性がへり，右から左へ移るにつれて非金属性はへり，金属性があらわれてくる．こうして，周期表の中央には遷移金属がならぶことになる．

金属の代表といわれる＜アルカリ金属＞*から，非金属の代表のハロゲン元素への移行で現われる過渡的元素という意味で，遷移金属という名でメンデレーエフ時代からよばれていた．これは今日ではこのように電子の配列のしかたからみると判然と分類ができるわけで，その存在の意義もおのずと示されているといえよう．これらの金属はいくつかの安定な原子価をもち酸化物をつくるとき，高原子価では酸をつくり，低原子価では塩基性を示すというわけで，イオンになると金属と非金属の両性を場合によってしめすことになる．

しかし，金属としては融点が高く，硬く，磁性をもつものが多く有用な金属が多い．前述のモリブデンが金属としてあのような立派な光沢をもちながら，酸素がついて MoO_4^{--} イオンとなるのは，やはりこの性質のあらわれである．

さて，以上のように，電子の配列の様子に注目すると，金属と非金属の区別もおのずから判然としてくる．金属といわれるものは，d 準位にまったく電子の入っていない並び方をするアルカリ金属などと，d 準位は完成しているが，s, p 準位が不完全である，銅，亜鉛，ガリウム，金，水銀，鉛のようなものと，d 準位が不完全で他の高い準位へ電子が入っていく前述の遷移金属とである．† このほかには，$4f$ 軌道の不完全な希土類，$5f$ が不完全なアクチニド金属（みな放射性である）がある．

†
金属である銅，亜鉛と遷移金属であるニッケルの違を，図18-4をもう一度みてたしかめてみよう．

こういうことはまとめていうと，最外殻にある電子の数が元素の周期数と等しいか，または小さいものが金属であるということになる（図18-5）．ただし，1番の水素は例外である．

[226]

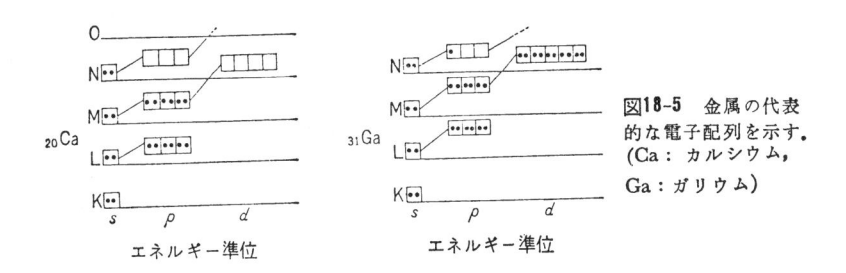

図18-5 金属の代表的な電子配列を示す. (Ca: カルシウム, Ga: ガリウム)

水素と上記の条件に合わない元素は，すべて＜非金属＞というわけである．しかし，これらのなかでも最外殻の電子の数が主量子数より1つまたは2つだけ大きいときは，若干金属性を示してくる．* すなわち，ホウ素，ケイ素，ヒ素，テルルなどがそれである．このようにみてくると，電子の配列から金属と非金属とは表18-3のように太い線でわけることができよう．

* このみかたで表18-4をもう一度みなおそう．

イオン結合と共有結合

さてはじめに，宇宙の森羅万象は原子同士が結びついて分子となり，これからできあがっていると，ちょっと大きくでた．だがこの原子同士の結びつき方は，イオン結合と共有結合と，それからこれらとははなはだしく様子が異なっている金属結合しかない．すなわち，ほとんどすべての物質の結合の様子は，この3つで示される．たくさんある物のなかには，これら基本型の変型が少しはあるが物の数ではない．

そのもととなる考え方は，最外殻にある電子だけがその結合に関与してくるということであり，結合するということは希ガスのような電子配列をとるようになるということである．†

† 化学は主としてこの最外殻の軌道電子の移動によっておこる性質，状態の変化を追及する学問だといえよう．原子のご本尊である原子核にはまったく変化はないSである．

希ガスは軌道が電子で満員になっているといったが，そのような状態になるには2つの方法が考えられる．そのひとつは，ある原子が他に自分の電子を移してしまうと残りの軌道電子は希ガスの配置と同じようになる方法である．もうひと

つは，外へ電子をだすのがいやなら，他の原子といくつかの電子を共有しあって，お互いの状態がきわめて希ガスの配置に近くなるようにするというずるいやり方である．前者が＜イオン結合＞であり，後者が＜共有結合＞である．

例をあげて話をすすめよう．リチウムは図18-6のような電子の配列だから，ひとつ電子を移動させれば希ガスのヘリウ

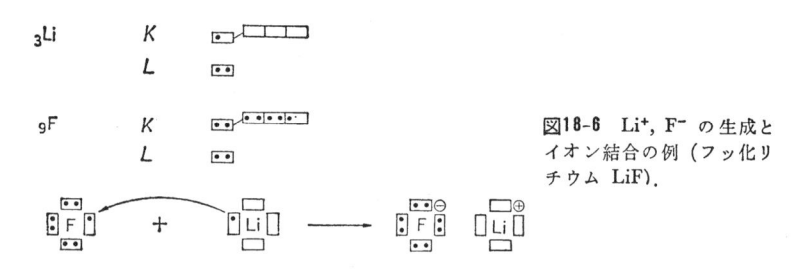

$_3$Li　　K
　　　　　L

$_9$F　　K
　　　　L

図18-6　Li^+, F^- の生成とイオン結合の例（フッ化リチウム LiF）．

ムと同じ配置になる．ということは Li^+ イオンとなるということである．これにたいして，9番のフッ素をみよう．これにいちばん近い希ガスは10番ネオンである．そこでこれに近づくのが手っとりばやい．フッ素はひとつ電子をもらえばまさしくネオンの電子配列である．ということは F^- イオンとなることである．これを Li と F 原子のあいだで行なえば，電子1個のやりとりがうまくいき，損得なしということになる．いいかえれば，これは陽電荷と陰電荷が互いに引っ張りあい，LiF という結合ができることを示す．これが＜イオン結合＞とよばれるものである．金属イオンの無機化合物はほとんどイオン結合である．

共有結合は，こんなハデな電子のやりとりをやらずに，ユックリとふたりだけで電子を共有して希ガスの配置をつくろうという方法である．はでな結納（ゆいのう）のやりとりなどしないで，実質的にガッチリとふたりで手をにぎろうというわけである．

塩素（Cl）の原子がふたつ結びついて塩素分子となる場合をまず例にとろう（図18-7）．ふたつが，aのように近づいた

図18-7 Cl_2 の共有結合

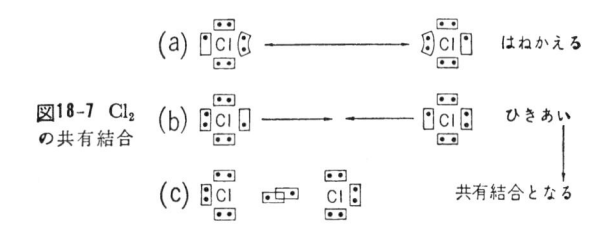

(a) はねかえる
(b) ひきあい
(c) 共有結合となる

のでは，やはり電子同士の反発力が働らいてうまくない．それはおのおのが満たされているからである．ところが，bのようにしてふたつの原子が近づいたとすると，この準位の電子はまだ満たされていないので引っ張りあい，cのようになる．この様子は，真の希ガスの電子配置にくらべると共有のためにちょっとばかりもの足りないが，とにかくどの電子がどの原子に属しているかわからなくなり，世間態でいえばまずまず希ガスの配置にみえるというものである．これが＜共有結合＞である．

無機化合物では，共有結合をしめすのは，Cl_2, H_2 (塩素ガス，水素ガス) などのように同じ原子同士が結びつく場合，周期表の同じ族の原子が IBr (臭化ヨウ素) のようにつく場合，あるいは，となりの族の原子と結合する場合，たとえば AlC (炭化アルミニウム) のような場合，ふたつの非金属原子が，CO_2 (炭酸ガス) のようになるような場合などで，その数はきわめて限られている．これにたいして，有機化合物ではみな共有結合をもっているといっても過言でないほど，ありふれたものである．

有機化合物の基本である CH_4 (メタン) を例にとろう．炭素は4個の電子をもつ．したがって4個の電子をもらえば，いちばん近いネオンの最外殻の軌道電子の数と同じく8個になる．* それで図18-8にみるように，4個のH原子とくっつくことになる．すなわち4個の水素と1個の炭素で電子を共有して，希ガスと同じ配置を示す．これこそまさに共有結合の基本となるものである．同じように考えると，エタン (C_2H_6)

* 炭素 C は6番であり，K 殻に 2, L 殻に 4個の電子がある．L 殻の電子が8個になれば，同じ周期の10番のネオンと同じになる．図18-3をみて，電子を自分でならべてみよう．

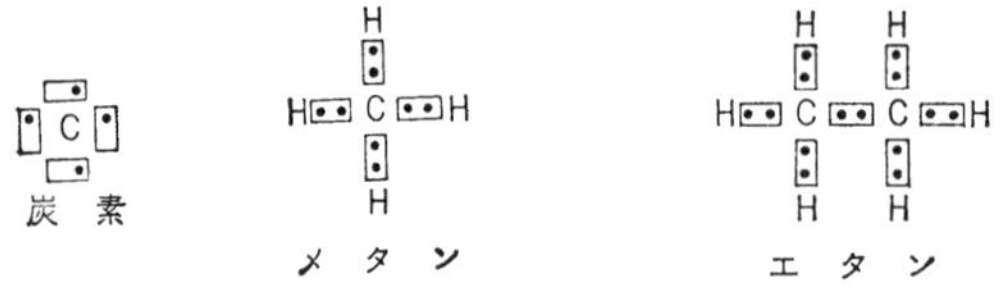

図18-8 共有結合の例.（注：最外殻の電子は8つになっている）.

のできぶりも，図をみているとおのずから明らかであろう．

とにかく無数にあるとさえいえる化合物のことなので，この一つだけですべてがかたづくわけではない．中間的なものや両者のまざった結合方式を示すものがあることも事実である．しかしそれらに深くふれる余裕はない．そして金属の本命である金属結合を電子配列という点から考えてみたい．

自由電子と金属結合

まず，金属の代表として金を例にとろう．前にふれたように6周期にあって主量子数は6であり，79個の電子がこれに応じて K, L, M, N, O, P 殻に並んでいる．79個の電子軌道における並び方は実に秩序正しく，$1s^2, 2s^2, 2p^6, 3s^2, 3p^6, 3d^{10}, 4s^2, 4p^6, 4d^{10}, 4f^{14}, 5s^2, 5p^6, 5d^{10}, 6s^1$ と79個が整然とならんでいる.* 前に述べたように，金の原子ひとつだとこんな調子でよいが，しかし，少なくともわれわれが認識しうる状態での金を考えると，前に計算したように物すごい原子がせまいなかに目白おしに並んでいる．しかし，その原子のならび方は＜面心立方格子＞†という並び方である．そこで，このような原子の集団において，果たして電子は1個の原子の場合のようにきちんとしていられるかどうかが問題である．

金は面心立方格子をつくっているのだから，ひとつの金の原子は12個の他の金の原子と隣りあっていることになる（図18-9）．そうすると，原子間の相互作用を，いやでもおうでもお互いに受けることになる．ということは，原子の中の電子がまずその影響を受けることを意味している．したがって，エネルギー準位の高い電子ほど，フラつきが大きいだけにその作用も大きく受ける．

* 図18-4を参考にして，この電子をならべてみよう．

† 5～6ページ参照.

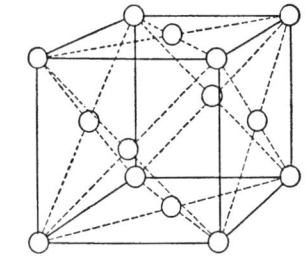

図18-9 面心立方格子. 金の原子は12個の他の金の原子ととなりあっている.

いいかえれば原子の中の電子はたえず運動(熱運動)していてその中間状態では,どの原子核に属しているか,はっきりとわからない状態がおこりうる.これは遠くからみていると電子が金属の結晶全体を動きまわっていることになる.他方,エネルギー準位の低い方は同じ運動をしながらも自己の属する原子核の近くにいるので,所在ははっきりしている.このように結晶格子の中を自由にとびまわる電子を＜自由電子＞とよんでおり,これこそ実に金属が電気のよい伝導体の特性をあらわすゆえんである.

多くの金属は表18-5に示したように,主として3つの結晶格子をつくるが,マンガン,スズ,蒼鉛,アンチモンなどはさらに複雑な結晶格子をつくっている.したがって,その性質はふつうの金属といくぶん異なっている.たとえば,蒼鉛はとけるさいにふつうの金属とは逆に体積が収縮する.氷の場合と同じである.また,蒼鉛やアンチモンの電気抵抗は温度の上昇にしたがって減少している点で半導体の性質を示す.

表 18-5 主な金属の結晶格子

体 心 立 方 格 子	Li, Na, K, Rb, Cs, Ba, βZr, V, Nb, Ta, Cr, Mo, W, α-Fe
面 心 立 方 格 子	Ca, Sr, β-Ce, Th, γ-Fe, β-Co, Rh, Ir, Ni, Pd, Pt, Cu, Ag, Au, Al, β-Tl, Pb, β-La
稠 密 六 方 格 子	Ti, α-Zr, α-Ce, Hf, α-La, Er, Y, Re, Ru, Os, α-Co, Be, Mg, α-Tl, Zn, Cd, Sc

さて，こうみてくると比較的自由に動きまわる自由電子のほぼ空間的に一様に分布した負の電荷のなかにうずまって金属格子がある．その格子上の定点には若干の電子をまとった原子核（正電荷）があり，こんな調子で＜金属格子＞はでき上がっている．このような格子のいくつかを凝集させて金属をつくっているのは最外殻にある＜価電子＞である．したがって，このような価電子が1原子あたり1個あるアルカリ金属は柔らかい金属となる．しかし価電子が増して周期表の中央に進むにしたがって，結合も多少の例外はあるが，強固になっていき，硬くなっていく（表18-6）．

表 18-6　金属の凝集エネルギー（Kcal/mol）

Li	39.0	Ga	52
Na	25.9	Ti	100
K	19.8	Ni	30.3
Rb	18.9	Bi	47.8
Cs	18.8	Mn	75
Cu	81.2	Fe	94
Ag	68.0	Co	85
Au	92.0	W	210
Al	55	Pt	12.7

このような凝集機構により金属はできているが，その＜凝集エネルギー＞はふつう絶対零度における結晶のエネルギーとこれをつくる原子が，互いに弧立するまでばらばらにわかれたときのエネルギーとの差として理論的に計算される．実験的には固体がこのようにわかれるときの昇華熱の絶対零度における値で示される．鉄，ニッケルなどの遷移金属の結合は比較的強く，タングステンでは210kcal/molと大きくなる．これらを共有結合やイオン結合の場合の凝集エネルギーとくらべてみるとき，金属の強固さをいうもののイメージがうかんでくるであろう（表18-7，18-8）．

表 18-7 共有結合の凝集エネルギー (Kcal/mol)

ダイヤモンド	~170
石　墨	~170
B	115
Si	85
Ge	85
SiO_2	405.7

表 18-8 イオン結合の凝集エネルギー (Kcal/mol)

LiH	112.5
NaH	91.8
NaI	120.8
MgO	242
NaCl	153.1

イオンと電解

　イオン結合している化合物は水にとかすと正負のイオンにわかれてイオン結合はなくなってしまう．これは正負イオン間の引力を両者間にしのびこんだ水がひきさく力をもっているということになる．これをむずかしくいえば水の透電恒数がきわめて大きいからこのようなことがおこるということができる．水をなくせば，またもとのイオン結合にもどる．硬い金属もイオンとなるとまったく別人のようである．あるものは冷い金属光沢をさらりとすてて美しい色をもったイオンとなり，とくに遷移金属には美しい色のものが多い．この色から時には金属を検出できるほどの特色をもっている(表18-9)．

　もうひとつはイオンを含む状態で電流を通すと金属とはまったくちがった状況がみられる．水溶液に炭素電極をいれて電流を通してやると，正イオンは陰極へ，負イオンは陽極へ引っ張られていく．もし硫酸銅溶液でこれをやれば陰極で赤銅色の銅が析出するということになる．すなわちイオンが電流をはこび電解されることになる．このように電極に析出す

表18-9 イオンの色

金属	原子価	イオンの色
バナジウム	III	青
〃	V	黄
クロム	VI	黄または橙
マンガン	VII	赤紫
鉄	II	淡緑
〃	III	黄
ニッケル	II	緑
銅	II	青
パラジウム	II	黄 黄褐 赤褐
ネオジム	III	赤ないし赤紫
サマリウム	II	橙赤
〃	III	淡黄
オスミウム	VIII	黄
イリジウム	III	オリーブ緑
白金	IV	赤褐
金	III	赤褐, 黄
ウラン	IV	灰緑

る金属には一定の差があるので，これをうまく使えば金属の相互分離や精錬ができることになる(図18-10).

$$M \rightleftarrows M^{n+} + ne^-$$

イオン結合の代表的な例である NaCl (食塩) を考えよう．これは Na^+ と Cl^- がいわゆる岩塩型格子の結晶をつくっている．これを 800°C に熱すると溶融する．この中へ炭素電極をつっこんで電流を流せばどうなるだろうか．電流が流れる証拠に電気がつく．これもやはりその析出物からみると Na^+ イオンが陰極で金属ナトリウムとなっており，同じ量の Cl^- が陽極で塩素ガスとして放出されている．イオン結合では固体でも溶液でもイオンとして同じように行動するのである．このようなやり方を＜溶融塩電解＞といっており，アルミニウム，マグネシウムなどの精錬に使われている．

さて，外殻の電子がとれてイオンになるわけであるから，化学的にみれば，活性の強い金属ほど電子を失いやすいということになる．金属の活性度は＜イオン化傾向＞として示さ

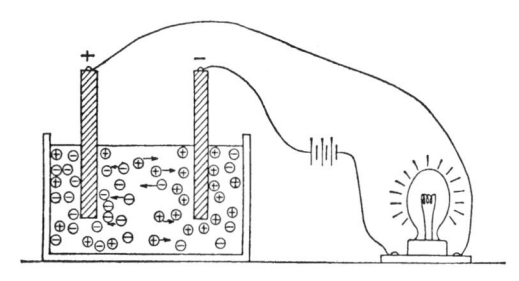

図18-10 NaClの電解．イオンが動き，電流が流れるので電気がつく．

れている(表18-10)．これは金属片をその金属塩の単位濃度の溶液につけ，これと水素標準電極とを組んで電池をつくる．そしてこの電池の電位差を水素の場合を0として示したものが標準電極電位である．この大小でイオンになりやすさが示される．金，白金などはそれが小さいゆえ時間がたっても少しも変わらぬため，貴金属として尊重されることになる．またこれは金属を電解するときや，互いに接触させたときにみられる変化を予想し，あるいはメッキをしたりする場合の大切な考え方である．ブリキとトタンのどちらがさびやすいかもこれからたやすく答えがでてくるであろう．すなわち金属が接しているとき湿気のために，さらに炭酸ガスのとけこみなどにより，そこには容易に電位差の変化がおこり（電池ができるわけ），トタンが赤くさび，ブリキは依然としてスズの光沢が残っているということになるわけである．

原子から電子をだしてイオンになれば，当然もとの原子より陽イオンは小さくなることが想像される．これにたいして非金属がイオンになると電子を外からもらうので最外殻では互いに斥力がはたらくために，はじめの原子よりイオンは大

表18-10 イ オ ン 化 列

金　　　属	Cs K Na Ba Ca Mg Al Cr Mn Zn Fe Co Ni Pb Cd Sn Si H Cu Hg Ag Sb Pd Au Ir Rh Pt Os
非 金 属	F O Cl N S H C P I

きくなってくる．このような関係は表18-11に示すように，イオン半径としてイオン結晶をつくったり，あるいは合金をつくる場合などにもいきてくる要素である．

表 18-11　金属原子の大きさとイオン半径
(Å単位)

Li	1.23Å	O	0.74Å
Li$^+$	0.60	O^{--}	1.40
Na	1.57	F	0.70
Na$^+$	0.95	F$^-$	1.36
Mg	1.36	S	1.08
Mg^{++}	0.65	S^{--}	1.84
Sr	1.91	I	1.33
Sr^{++}	1.12	I$^-$	2.16

同じように非金属を活性度の順にならべてみると表18-10のようになる．この傾向を頭において鉱石をみると，精錬の難易が容易に見当がつき，また酸化膜ができる場合，硫黄におかされる場合なども推定できよう．Al_2O_3, MgO からアルミニウムやマグネシウムをとるのにどれだけ先人の大きな努力がそそがれたか，その理由もわかろう．これにたいし銅などは木炭で還元して容易に金属にすることができるので，早くから用いられ，ついで鉄の還元がおこなわれて利用され，金や白金が自然状態にでてくることもうなづけよう．

地球の中の金属

日常生活に縁の深い金属も案外地球上では少ないのでびっくりするものである．身近にあるということは，精錬が容易であり，経済的価値の高かったことにも大きな要因があった．地球上の元素の分布は実測値をもとにして＜クラーク数＞として算出されている．地球の約16 kmまでの深さと水圏，気圏の元素を対象としている．岩石の主成分である酸素とケイ素で75.3％(重量)をしめ，アルミニウム，鉄，カルシウム，

表 18-12　金属の産出と精錬の難易からみた分類

地殻に多くあり精錬しやすいもの	鉄
地殻に多くあり精錬しにくいもの	ケイ素，アルミニウム，カルシウム，ナトリウム，カリウム，マグネシウム，チタン，マンガン
地殻には少ないが精錬しやすいもの	ニッケル，銅，コバルト，スズ，亜鉛，鉛，ヒ素，アンチモン，カドミウム，水銀，蒼鉛，銀，セレン，金，テルル
地殻に少なく精錬のむずかしいもの	バリウム，ジルコニウム，ストロンチウム，タングステン，リチウム，ニオブ，モリブデン，トリウム，ガリウム，タンタル，セシウム，ゲルマニウム，ベリリウム，ウラン，タリウム，インジウム，ルテシウム，白金，オスミウム，イリジウム，レニウム
核反応で人工的につくられるもの	プルトニウム，その他の超ウラン元素

注：各欄の金属はクラーク数の小さくなる順にならべてある．

　　ナトリウム，カリウム，マグネシウムをいれて97.91％となり，ついで水素，チタン，塩素をいれると実に99.43％に達してしまう．鉄やアルミニウムもたくさんはあるが経済的な鉱床となると限られてしまう．これからみると，よく用いられている他の金属の地球上の量はごくわずかだということになる．銅は25番目に地球上にあるが，わずか0.01％台，スズ(30番)は4×10^{-3}％，亜鉛(31番)は4×10^{-3}％，鉛(36番)は1.5×10^{-3}％，アンチモン(61番)，カドミウム(62番)は5×10^{-5}％，銀(69番)は1×10^{-5}％，白金(74番)金(75番)は5×10^{-7}％といった少なさである．それだけに希少で金属としての他の性質とともに金，白金が珍重されることにもなるのであろう．

　　この存在量と精錬の難易とを考えあわせると，金属は表18-12のようにわけることができよう．実用度はその経済的な価値によっているわけで，次から次へと新しい金属の用途のひらけていく状況もしのばれよう．

もっと勉強したい人のために (18)

- 柴田雄次：**無機化学 I, II, III,** 岩波書店，1960～3．〔II，IIIは金属を中心にのべられており，重要な基本的性質がよくまとめられている．金属関係の人が日常これだけ知っていれば十分といえよう．手もとにおいて，いつも見るのによい本．〕
- 桐山良一：**構造無機化学 I, II,** 共立全書．〔構造化学の立場に関

心をもってながめたい人には，入門書としてすすめたい。〕
- ポーリング：**一般化学**（関・千原・桐山訳）岩波書店，1963〜4.〔新しい化学の立場で考えているわかりやすいよい本である．高校時代より一歩ふみこんで考えるによく，化学結合，結晶，原子価など面白い話題がえられよう．〕
- ORGEL L.: *An Introduction to Transition-metal Chemistry, Lgiand Field Theory*, Methuen, London, 1960. 〔ケンブリッジ大学のオルゲル博士によるもので，d電子を中心にして原子価,安定性，イオン半径，エネルギー準位とスペクトルなど，新しい話題が手ぎわよくまとめられている100ページあまりの本．すこし本格的な勉強をしようとする人々にはよい本であろう．〕
- SANDERSON R.T.: *Chemical Periodicity*, Reinhold Pub. New York, 1960. 〔つづけてよむ本というよりは，周期表を中心としたハンドブックとしてつかうによい本．2〜5章の内容は基本的なもので，金属関係の人も知っていると便利な記述である．〕
- 槌田竜太郎：**無機化学概論**，岩波講座＝現代の化学 ⅡA.〔周期表にもとづいて，金属，非金属，原子価などが常識的にのべられてあり，いちおうの基礎概念をまとめておくのによい本である．〕
- 東 健一：**原子価論**，岩波講座＝現代の化学，ⅠA.〔同じく小冊子だが，上記よりさらに原子価についてくわしく知りたい人にむいていよう．〕

〔村上悠紀雄〕

19 ミクロの神秘
《金属結合の本質》

編者の要望は〈金属結合の本質〉をということであったが，書きあげてみるとむしろ〈金属の本質〉についての話となってしまったようだ．"100万人の金属学"に対しては学問的に過ぎるという．しかし熱心で意欲のある方々のために，このまま本書に残していただいた．(筆者)

銅原子が多数結合して金属の銅をつくる．各原子は面心立方格子とよばれる結晶の格子点にきちんと配列している．銅以外の金属も面心立方格子，体心立方格子，稠密六方格子，正方格子……さまざまな結晶格子を組み上げている．自然の妙というか，ミクロの世界の不思議というか，まことに見事である．

他の種類の物質，たとえば，ダイヤモンドや岩塩にしても独特の結晶格子をもっている．しかし，さまざまな結晶構造に目を奪われてばかりいないで，それらの物性と結晶構造とに注目すると，そこには何かしらの法則性があることに気づくであろう．金属とダイヤモンドのような共有結合性結晶と食塩のようなイオン結晶とをみただけでも，物性と結合の仕方なり，結合の本質なりとの間には深い，それこそ緊密な結びつきがあることがわかる．結晶構造こそいろいろあるが，結合の本質からすれば，物質は数少ないいくつかのグループに分けられる．各グループに属する物質は互いに似た性格を

もつことはもちろんである.

炭素原子の4個の電子の1つ1つが隣接する炭素原子の価電子の1つ1つと対をつくって結合しているのがダイヤモンドで,*各原子が互いに隣りの原子の価電子を共有しているところからこの種の結合を共有結合とよんでいる. また,金属原子の価電子が Cl や F などの原子に移って, 相互の原子をイオン化し合って,正負のイオン間の静電気的な力で結合しているのが岩塩 (NaCl) や LiF などのイオン結晶である. 金属はこれらのものとはまったく違う仕方で結合している.

* 図8-1 (98ページ)参照.

金属結合の本質を考える前に,金属が電気や熱の良導体である事実に注目しよう. 金属の代表的な物性に注目すれば,金属結合の本質がどう反映しているかがはっきりするはずである. したがって,逆にまた結合の本質を知ることができる. ところで,金属が良導体である理由は,結晶中を自由に動きまわる伝導電子がいるからだとされている. 1価の銅原子が N 個集まって結晶をつくれば,各原子が1個ずつの価電子をはき出すので,合計 N 個の伝導電子がいる. このことを結合エネルギーのほうから考えると,結晶になって変化しているのは,まず,原子の外殻にあった価電子であるから,同じ電子が価電子状態にあったときのエネルギーと伝導電子状態にあるときのエネルギー差が結合エネルギーを与えているのではないかと考える. 伝導電子状態のほうがもちろんエネルギー的に低くなっていなければいけない. 金属結合の本質を知ろうと思えば,まず,自由に動きまわる伝導電子のことを知る必要がある.

古い物理学と新しい物理学

原子や分子のように,ひじょうに小さな空間内でのできごとは,マクロの世界を律する法則とはまったく別の,ミクロの世界に特有の法則にしたがう. マクロの世界を対象とした古典物理学は,原子,分子,あるいは結晶中の電子の問題に対してはこの理由のために完全に無力であって,ミクロの世

界を支配する物理法則の上につくりあげられた新しい＜量子物理学＞が必要となる．

たとえば，量子物理学の根底に＜ハイゼンベルグ* の不確定性原理＞という物理法則がある．それは，電子のような粒子の速度とか運動エネルギーを精密に知ろうとすると，もはや，その位置はぼやけてしまって正確に知ることができないという法則である．つまり，電子は粒子としての性格を失って空間に波のようにひろがったものとしてしか認識できない．量子論の本質が確率論的なものであるというのはこのことである．

地球から打ち上げられた月ロケットの現在位置は速度と推進力および抵抗力とがわかっていれば正確に指定できる．このことはニュートン† 力学がちゃんと保証してくれる．したがって，われわれがこの力学法則にしたがってロケットをコントロールすれば，必ず月へロケットを命中させることができるであろう．

量子力学ではどうだろうか．ロケットの速度とこれに対する力とを正確に測定すると，ロケットの位置はもはや正確に知ることができない．ロケットをコントロールしようとしても，それが今どこにいるのかぼんやりとしかわからないので，闇くもにコントロールするしか手がない．あるいは，ブルーバードという世界一の競走用自動車で時速 450 km のスピー

*
W. K. Heisenberg
(1901～　　). ドイツの理論物理学者．1925年マトリックス力学を創始し，現在の量子力学の基礎をつくる．現在マックス・プランク物理学研究所長．1932年ノーベル賞．

†
Sir. I. Newton
(1642～1727). イギリスの数学者，物理学者，天文学者．'プリンキピア'とよぶ力学に関する大著を1686年完成する．その他科学的業績多く，近代科学の祖といわれる．終生独身でとおす．

図19-1 「ニュートン力学望遠鏡で見るとハッキリ見えるんだが，新品の量子力学望遠鏡で見るとボーッとかすんで見えるよ／ハテナ……こいつが量子力学効果という奴かな?!」なんてことは起こらない．マクロの現象に対しては量子力学効果は無視できるものだ．あわてちゃあいけない．レンズが曇ってるんだよ／

ドでつっ走ると，運転している人間はボーっと空間にひろがってしまうことになる．

量子力学とはとんでもない物理学だと思うであろう．しかし，考えるまでもなく，月ロケットや競走用自動車はマクロの世界の運動物体なのだ．そこに量子力学をもち出すのは牛刀に等しいので，量子力学に対する近似論であるニュートン力学で十分である．量子力学のいうぼやけとか不確定さは分子や原子の世界の問題であることを忘れてはいけない．本題にもどろう．

量子力学では質点の運動を記述するのに，ニュートン力学における質点の位置座標に代えて，その自乗が実体の確率密度を与えるような確率振幅を採用する．この確率振幅は，定常的な運動状態に対し，注目する空間内で波のように変動している．たとえば，結晶中の電子の，ある一定の運動エネルギーをもつ運動状態に対して，確率振幅を場所の関数として知れば，電子の確率密度を知ることができるから，必要な知識がすべてえられたことになる．確率振幅と運動エネルギーとを関係づける式が，＜シュレーディンガー*の波動方程式＞で，この方程式によれば確率振幅の空間的に変化するありさまは波動としてとらえられるので，確率振幅関数という代わりに＜波動関数＞とよび，Ψ という記号であらわす．

*
E. Schrödinger (1887〜1961)．オーストリアの理論物理学者．ド・ブロイの思想を発展させて完成した電子に対する波動方程式には創始者である彼の名がつけられている．1933年ノーベル賞．

打寄せる乱れのない波

自由電子というのは，完全に平滑な板の上をゴロゴロころがる質点のようなもので，ポテンシャルは一定ないしゼロである．結晶のなかの伝導電子を自由電子とみるということは，格子点にあるイオンのポテンシャルを無視することに等しい．そういう観点でみれば，自由電子の波動関数は波面に対して垂直に一様に進行する波の形をもつはずで，何者もさえぎるもののない遠浅の砂浜の海岸に打ちよせるような乱れのない平面波であろう．実際に，シュレーディンガー方程式を解くと自由電子の波動関数 Ψ は

$$\Psi \sim e^{ikr}$$

で与えられる．ここで r は位置を示すベクトルであり，k を伝播ベクトルないし波動ベクトルという．もちろん，このとき電子の確率密度は Ψ の絶対値の自乗すなわち $|\Psi|^2$ で与えられ，全空間に必ず1個の電子がいるのであるから

$$\int |\Psi|^2 d\boldsymbol{r} = 1$$

が成立しなければならない．したがって，

$$\Psi = (1/V)^{1/2} e^{ikr}$$

となる．V は考えている空間の体積である．*

自由電子の運動エネルギー（ポテンシャルエネルギーは零）は，やはり，シュレーディンガー方程式から

$$E = \frac{\hbar^2}{2m} k^2$$

となる．m は電子の質量，$\hbar = h/2\pi$ で，h はプランク常数で

図19-2　1次元格子のエネルギースペクトル．点線は自由電子エネルギースペクトル．

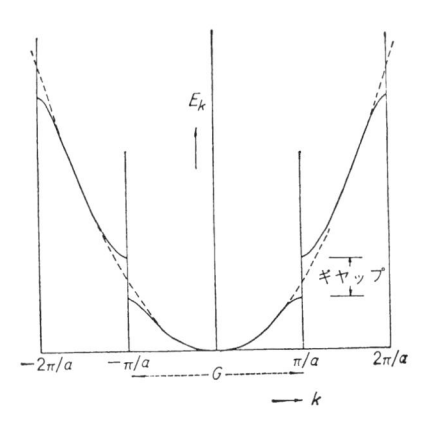

---

*
$\Psi \sim e^{ikr} = \cos(\boldsymbol{k}\cdot\boldsymbol{r}) + i\sin(\boldsymbol{k}\cdot\boldsymbol{r})$
Ψ^* は Ψ の共軛複素関数で
$\Psi^* \sim e^{-irk} = \cos(\boldsymbol{k}\cdot\boldsymbol{r}) - i\sin(\boldsymbol{k}\cdot\boldsymbol{r})$
ゆえに $|\Psi|^2 = \Psi\cdot\Psi^* = 1/V$
ここで V は結晶の体積である．自由電子の場合，電子密度は予想されるように場所によらず一定で $1/V$ にひとしい（図19-3）．

[243]

図19-3 2種類の波動関数に対応する電子密度。Ψ_2の場合，電子密度は格子点にあるイオン●の近傍で大きくなっており，最低のポテンシャルエネルギーをもつ。Ψ_1は逆にイオンとイオンとの中間で電子密度が極大で最高のポテンシャルエネルギーをもち，自由電子（平面波）より高いエネルギーをもつ。

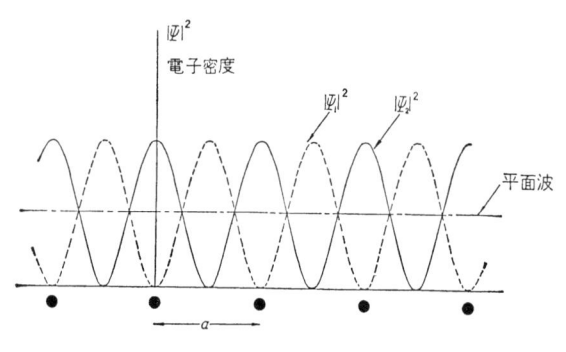

ある．この形はkに対して放物線で，図19-2に点線で示す．

一辺Lの箱の中に電子がいる場合，kのx, y, zの成分は$k_x, k_y, k_z = (2\pi/L)n,\ n = 0, 1, 2, \cdots\cdots$となる．これ以外の$k$の値は$\Psi$が境界条件を満足しないので許されない．

このようにkは連続した値をとらず，とびとびの値をとる．kの不連続値に対応してエネルギーも不連続値をとることになる．

岩に砕ける乱れた波

ところで，結晶中の電子を自由電子とみるのは，あくまで，近似であって，正しいことではない．格子点にはイオンがいるので，電子はイオンのポテンシャルを当然感ずるわけだ．波打ちぎわにある岩は波を乱す．それと同じように，格子点にあるイオンは自由電子の波を乱す．イオンは規則的に配列しているのであるから，波の乱れも規則的で，うまい条件の時は回折現象*を起こす．このことはつぎの問題として，まず結晶中の電子の正しい波動関数がどうなるかを考えることにしよう．

図19-3を見てほしい．そこには，自由電子に対する電子密度と比較するように，結晶内電子にとって実際に起こる密度分布の2例を描いてある．その1つは格子点にあるイオンの近傍で，密度が高くなっており，別の1つはイオン間の中心

* たとえば，光などが障害物の背後に幾何学的な影をつくらずにまわりこむ現象．光が波動であるということの証拠になる重要な現象である．結晶を構成するイオンによってX線が回折をおこすことを利用して結晶構造（イオンのならび方）を決定することができる．

近傍で密度が高くなっている．最初の型の波動関数に対する電子のエネルギーは，イオン近傍でイオンポテンシャルのためにポテンシャルエネルギーが減少するので，他の型のものよりも，また，自由電子に対してよりも低くなっている．結晶内電子のエネルギーの低い運動状態は，実際に第1の型の波動関数で与えられる．

このように，平面波が格子点にあるイオンによって乱される結果，正しい波動関数は

$$\Psi = u_k(r) e^{ikr}$$

で与えられる．u_k は格子の周期をもつ周期関数* であることは上に述べたことより想像できるであろう．この Ψ を＜ブロッホ関数＞という．u という関数は，イオンポテンシャルによるものであるから，原子内の価電子の波動関数にひじょうに近いものであるはずだ．図19-3を見たときにおわかりと思うが，格子点近傍では電子は結晶内でありながら結晶内ともちがう心持ちになる．もとの古巣の原子の価電子状態にもどったような錯覚をおぼえても無理ないのである．大ざっぱな近似では，したがって，u_k のかわりに u_0 なる原子の波動関数そのものを採用することもできる．

さて，このような結晶中の電子のエネルギーは，適当な考慮をしてやると，自由電子に対するのと似た恰好の式で書ける．すなわち

$$E = E_0 + \frac{\hbar^2}{2m^*} k^2$$

ただし，m^* は電子の＜有効質量＞とよばれるもので，周期的な結晶場の影響をとり入れたために，見かけ上，電子の質量にこのような変化が起こったものと考えればよい．くわしいことは，話をむずかしくするだけなので省略するが，実際の電子の質量 m に対する比 m^*/m が1に近ければ近いほど，イオンポテンシャルの影響は小さく，自由電子として取りあつかっても大過ないということである．m^* は電子比熱や電気抵抗や帯磁率の測定から実験的に求めることができる．つぎの

---

* 格子常数を a とすると，
$u_k(x) = u_k(a+x)$

表 19-1

金属	Na	K	Cu	Ag	Mg	Zn	α-Fe	Co	Ni
m^*/m	0.98	0.94	1.5	0.95〜1.0	1.33	0.8〜0.9	12	14	28

表はいろいろの金属に対する m^*/m の測定値を示している.

これからわかるように，自由電子近似はアルカリ金属に対してはかなりよく，貴金属に対してまあまあ，遷移金属に対してはまったくいけない．遷移金属では，原子の内部の電子殻に不完全殻（dシェル）があり，結合や伝導に関係する．これらの電子は内部の殻に属するものであるだけに，イオンポテンシャルの強い影響を受けているので，がんらい，自由電子近似が無理なのである．

エネルギーバンドの話

エネルギーバンドを＜エネルギー帯＞と訳す．バンドを帯と訳したのはあわて者がドイツ語や英語の辞書を引いて，帯（おび）とかベルトとかいう言葉を見て，これだと思ったからではなかろうか．周波数帯などの帯も同じような者の仕業といえる．想像力をやたらに働かせれば通じないこともないけれど，どっちかというと，ジャズバンドのバンドであって，似たものの群（むれ）とか集団である．こんなことをいいだしたのは，聞くほうもくたびれたでしょうが話すほうも疲れてきた証拠かも知れない．まあ，このへんで一服してください．ともかく，エネルギーバンドの話は重要だから．

さきほど海岸のイオンの岩に打ちよせる波が＜ブラッグ条件＞*を満すと回折を起こすことを注意した．光やX線が回折を起こすように，電子波が結晶格子点にあるイオンにより回折するわけである．1次元格子†に対するブラッグ条件は，格子常数 a，波長 λ に対し

$$2a = n\lambda$$

で与えられ，いっぽう，波動ベクトル k は

---

* X線や電子波が回折をおこす条件をきめる式で，Bragg が見出した．

† 直線上に一定間隔 a で原子がならんでできた原子の行列．

$$k = \frac{2\pi}{\lambda}$$

であるから,この条件は

$$k = n\pi/a \quad (n = \pm 1, \pm 2, \pm 3\cdots\cdots)$$

と書ける.図19-2の横軸の,$\pm\pi/a$, $\pm 2\pi/a$, ……のところで回折が起こっているのがそれである.

結晶内で回折が起こると,どういうことになるかというと,もちろん,入射波に対し回折波が同じ振幅で存在する.両者は進行方向がまったく逆である.入ってくる波とでてゆく波とが共存するわけだ.すなわち,$k = \pm\pi/a$ に対し $e^{i\pi x/a}$ と $e^{-i\pi x/a}$ の波が共存する.このような場合のシュレーディンガー方程式を満足する一般解としては2つあり,それぞれ

$$\Psi_1 \sim (e^{i\pi x/a} - e^{-i\pi x/a}) \sim \sin \pi x/a$$
$$\Psi_2 \sim (e^{i\pi x/a} + e^{-i\pi x/a}) \sim \cos \pi x/a$$

である.右辺の形は数学公式表から容易に理解できよう.図19-3に $|\Psi_1|^2$ と $|\Psi_2|^2$ と平面波とに対する電子密度を描いてある.前にもふれたように,イオンポテンシャルとの相互作用により,$|\Psi_2|^2$ に対応する状態はポテンシャルエネルギーが最低で,$|\Psi_1|^2$ に対応する状態は最高である.したがって,Ψ_1 と Ψ_2 とは $\pm\pi/a$ で同時に存在する解であるが,両者のエネルギーにポテンシャルエネルギー差 ΔE だけの差がある.

自由電子の場合には,$\pm n\pi/a$ に対してもこのような不連続はなかったが,結晶内電子の場合にはイオンポテンシャルとの相互作用により,$\pm n\pi/a$ で ΔE の不連続(ギャップ)が起こる.このことは図19-2に示してある.

上の議論はかなりむずかしいかもしれない.要は $k = \pm n\pi/a$ のところで,電子波の回折が起こり,入射波と回折波の2波が同時に存在することになるため,同じ k に対し2つの波動関数が,すなわち,2つの運動状態があることになる.そして,それぞれのエネルギーにはイオンポテンシャルに依存するエネルギーギャップだけの差があるということである.こ

のギャップの大きさはイオンポテンシャルが大きければ大きいほど大である．電子のエネルギーは $k=\pm n\pi/a$ でエネルギーギャップをはさんでいくつものグループに分けられる．エネルギーがバンド構造をとるゆえんである．

これまで述べた例は原子が1列に並んでいる1次元格子の場合である．その場合，周期 a の逆数の $\pm n\pi$ 倍のところにエネルギーギャップが現われた．このエネルギーの不連続の現われる場所は，k がブラッグの条件を満足するところである．1次元の格子に対しては図19-2，または，図19-4に示す

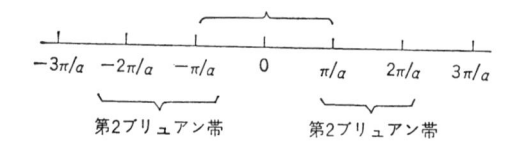

図19-4 格子常数 a の単原子一次元格子のブリュアン帯．

k_x, k_y, k_z を座標にとってあらわした空間．
†逆格子についての知識があれば，ブリュアン帯の構造はもっとわかりやすくなる．

が，3次元の結晶格子に対しても，ややこみ入ってはいるが，図19-2に対応する3次元の図を画くことができる．すなわち，ブラッグ反射を起こす場所の空間（k 空間*）構造が求まる．これを＜ブリュアン帯構造＞†といい，k 空間の原点（$k=0$）に近い帯域から第1ブリュアン帯，第2ブリュアン帯，…とよぶ．図19-5は銅の第1ブリュアン帯を示している．

ところで，電子のエネルギーは $E=(\hbar^2/2m^2)k^2$ の形をとる

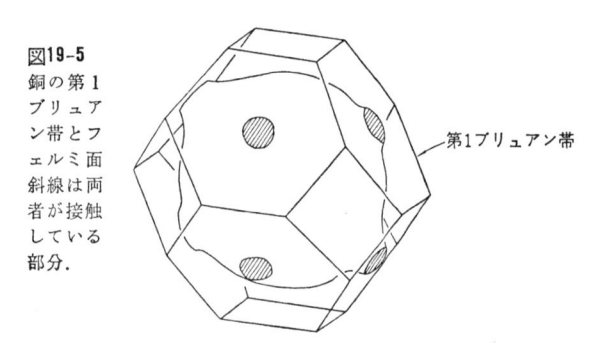

図19-5
銅の第1ブリュアン帯とフェルミ面
斜線は両者が接触している部分．

から，ブリュアン帯域の中に等エネルギーの曲面を画くことができる．3次元結晶の電子構造はこれを利用して立体的に示すことができるが，その前に知っておかねばならないことがある．

パウリの排他原理とフェルミ分布

以前に述べたように，結晶中の電子はその結晶の大きさに依存して不連続的な k および E の値をとる．もちろん，十分に大きな結晶をとれば，これらは準連続とみることができるが，ともかく，とびとびの値をとることに間違いはないので，原子におけるように結晶中の電子に対してもエネルギー準位が存在することになる．

N 個の1価金属原子が結合してつくる金属結晶中には N 個の伝導電子がいる．これらのすべての電子が勝手に振舞えるものならば，結晶の最低エネルギー状態は全部のこれらの電子が $k=0$ の最低準位に入っている状態である．しかし，電子はパウリ*の排他原理にしたがわねばならない．すなわち，1つの k で決められる準位にはプラスとマイナス向きのスピンをもった2個の電子が入るだけで，それ以上の電子は次々に上の準位に入る．たとえば，自由原子の1つの価電子準位にあった電子は，N 個の原子からできている結晶内ではその価電子準位に対応した N 個の準位群にバラまかれる．つまり，結晶では各原子準位が集まってそれぞれエネルギーバンド（準位群）をつくっているわけだ．

さて，このように結晶中の伝導電子は低い準位から順に各準位に配分されるが，各準位を電子が占拠する確率 $f(E)$ をエネルギー E に対して描いたのが図19-6で，図に示した E_F は絶対零度で電子が占める最高エネルギー準位である．E_F は〈フェルミ†エネルギー〉とよばれる．

絶対零度では E_F 以上の準位が空であるが，温度が上昇するにつれ，だんだんこれらの準位を占める電子がでてくる．熱的に励起されるために，図の点線がある温度における模様

---

* 222 ページ注を参照のこと．

† E. Fermi (1901～1954)．イタリアの理論物理学者．原子核について数々の研究がある．1938年ノーベル賞をもらった年に追われてアメリカに渡り，1942年12月シカゴで原子炉を完成し，はじめて原子の火をともす．

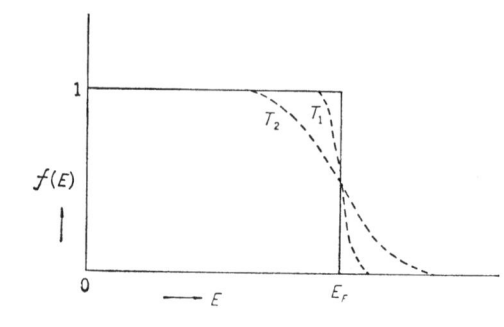

図19-6 電子のフェルミ分布. 実線は絶対零度, 点線は $kT_1 = 0.02E_F$ および $kT_2 = 0.1E_F$ に対応する分布関数を示す.

を示す. もちろん, 室温でも熱エネルギーは $1/40\mathrm{eV}$ 程度であり, $E_F \sim 5\mathrm{eV}$ 程度であるから, 励起される電子は E_F のすぐ近くの準位にあるものに限られる. フェルミ準位を海面とすれば, 温度の影響はさざ波程度で, 海底には何の影響もない.

このことは, 電気伝導や熱伝導を考える場合に重要である. 電気伝導や熱伝導に関係する電子は, 電場や熱的に励起される(加速される)電子に限られるが, そのような電子はフェルミ海面のさざなみ電子に限られる.

結晶内の電子は格子点にあるイオンポテンシャルのために, 自由電子的でなくなり, その有効質量が自由電子の質量とかなりちがうことがあることを前に述べた. 図19-2でいえば, $k = \pm n\pi/a$ の近くの電子は, とくに, 自由電子的でなくなる. 図からわかるように, 自由電子に対する点線と結晶内電子に対する実線の曲線とが互いにくい違っている. 金属のいろいろの性質や現象がフェルミ準位近傍の電子に依存するので, フェルミ準位がブリュアン帯のどこにくるかを知ることはひじょうに重要である. ブリュアン帯域の境界にたまたまフェルミ準位がくれば, 上述のようないちじるしいことが起こるからである. フェルミ準位を3次元の k 空間に画くと, 曲面になる. これを＜フェルミ面＞といい, 最近では, かなりいろいろの金属に対してフェルミ面の形が実験的に決められるようになった(図19-5).

多くの純金属のブリュアン帯のそれぞれに含まれる状態数

は1原子あたり2で，スピンの正負を考えると1原子あたり2個の電子が入る．このために，1価金属の伝導電子は，体心立方格子構造のものでも面心立方格子構造のものでも，エネルギーギャップよりかなり下の準位にあり，だいたい自由電子的であるが，正確には少しずつ違っている．

　すなわち，体心立方金属の原子あたり1個の電子を含むフェルミ球は原点 $k=0$ からもっとも近い帯境界までの距離の9/10にまで近づいている．エネルギー面が帯境界に交わる時は帯境界に対して垂直に交わらなければならない約束があるので，フェルミ面がブリュアン帯境界に近づくと，球は歪みはじめる．* 銅，金，銀の貴金属(面心立方格子構造)では，実際に，{111}帯境界面に向かってもり上がって接触していることが実験的に知られている．2価金属の場合には，同じ理由によって，すべての電子が第1ブリュアン帯を埋めてしまう前に，一部の電子は第2ブリュアン帯の準位へ浸み出しているために，いろいろ変わった性質が現われる．

* 自由電子ならば完全な球面をつくるものであるから，この"いびつさ加減"が自由電子からのずれをあらわしている．

金属の結合力

　孤立した原子の集団と結晶を作った原子群との相違が主として原子の外殻電子のあり方の相違にあること，それらの電子が結晶内をどのように運動しているかということについてお話しした．ここでは具体的に原子集団が結晶化したときのエネルギーの儲け，いいかえれば結合エネルギーの本質について考えてみようと思うが，電子論をつきつめれば，銅がどうして面心立方構造の結晶となるのか，鉄がどうして低温で体心立方格子をとるのかなどについて答えられるはずである．実際に，この種の理論的試みもいくつかある．原理的なことはだいたい解決しているといってさしつかえないが，第1原理から出発して実際の計算を，たとえば，銅について行なうと，六方稠密構造のほうが面心立方構造よりエネルギー的に低いという実際と合わない答えをだしかねない．計算はひじょうにデリケートなものに左右されるが，理論がそれを保証

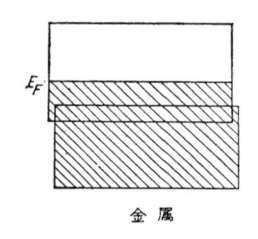

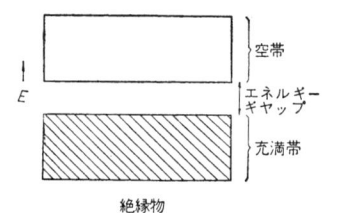

図19-7 金属と絶縁物のバンド構造．斜線の部分に電子がいる．E_F はフェルミエルギー．

するほどには厳密でないからである．物理屋さんは現在のところ原理的にわかっているということで満足しているように思われる．

さて，結晶中の電子は格子点のイオンポテンシャルの影響により，各イオンの近傍で大きな確率振幅をもったほうが得である(図19-3)．とくに，$k=0$ の状態では，大ざっぱないい方をすれば，結晶内にありながら，原子の価電子状態にも似た状態をとる．そこで，前に書いたように，波動関数を $\Psi = u_0(r)e^{ikr}$ と書き，u_0 を原子軌道関数から求めておく．ウィグナー* とサイツ† は各イオンを中心として互いに重り合わない多面体をとり，その中でシュレーディンガー方程式を解いて，この Ψ に対する最低エネルギー $E_0(k=0)$ を求めた．このやり方からも想像できるように，ウィグナーとサイツの方法は，準原子的な状態を結晶の中で考えて，その準価電子状態のエネルギーを求めることに等しい．ただし，この原子多面体の外のイオン間の中間領域では自由電子的であるとして，結晶中にある電子の特性を巧妙にとり入れてあることはもちろんである．かくして結晶中の電子のエネルギーが近似的に
$$E = E_0 + (\hbar^2/2m^*)k^2$$
で与えられることについては，すでに述べた通りである．いっぽう，E_0 に対応する孤立原子の電子エネルギーは，ナトリウムのような1価金属では I をイオン化エネルギーとすれば，$-I$ に相当する．したがって．原子同士が結合して結晶を作るときには
$$E_0 - (-I) = E_0 + I$$

---

* E. P. Wigner (1902～). アメリカの理論物理学者．プリンストン大学教授で固体や原子核に関する研究が多い．1953年来日．

† F. Seitz (1911～). アメリカのイリノイ大学の理論物理学者．現在，アメリカ科学アカデミー会長．*Modern Theory of Solid* (1940) の著者．1953年以降数度にわたって来日．

が負でなければならない．結合によって，エネルギーの儲け
があるはずだからである．

結晶を作ったとき，すべての電子が $k=0$ の最低準位に入
れず，フェルミ分布をとるので，より正確にはその平均エネ
ルギー $(3E_F/5)$ を E_0 に加えなければならない．これは前出
の式の k^2 に比例する第2項の平均値に相当する．けっきょ
く，1原子あたりの結合エネルギーは

$$-(E_0+I+3E_F/5)$$

に等しい．計算の結果(表19-2)は実測値(昇華熱)とよく合う．

表 19-2

金属	E_0	I	$(3/5)E_F$	$[E_0+I+(3/5)E_F]$	実測値
Li	-206	123.4	43.6	39.0	39
Na	-190	118.7	46.9	24.4	26

(単位はすべて Kcal/mol)

金属結合の本質はつぎのように理解できる．電子は格子点
にあるイオンの影響を受けながら結晶全体にひろがって運動
している．これらの電子と周期的に存在する金属イオンの電
場との相互作用が金属を安定に結合させていると．

いままでの議論では，伝導電子のみに注目して，イオンの
エネルギー状態に変化はないものとしてきた．アルカリ金属
はともかく，銅，金，銀のような貴金属では隣り合う原子の
閉殻間の反発を無視できない．このため，できるだけ接近し
て，内部の d 殻電子についても上記のようなエネルギーの儲
けを期待しないと安定な結合が得られない．いいかえればイ
オン間の反発による損を上まわるエネルギーの儲けを引きだ
すためにますます相互に接近しようとする．毒を制するに毒
をもってするわけで，ミクロの世界における解毒作用といえ
る．かくして，これらの金属はアルカリ金属のようにすき間
の多い体心立方格子構造をとらず，より密に原子をつめこん
だ形の面心立方格子構造をとることになる．

合金の結晶構造

いま述べたように結合エネルギーはフェルミエネルギーE_Fに依存する．E_Fの位置は原子1個あたりの価電子数とブリュアン帯構造とによって変化する．そのブリュアン帯構造は結晶構造によってまちまちで，面心立方，体心立方，六方稠密などそれぞれ特有のブリュアン帯をもっている．

たとえば，面心立方の1価金属の銅に価電子数の多い亜鉛のような元素を添加すると，原子1個あたりの価電子数がそれだけ増える．純銅のフェルミ面の一部はすでに第1ブリュアン帯境界に接しているので(図19-5)，このような第2元素が増加するにつれ，やがて，エネルギーギャップを乗り越えて第2帯内の準位へ一部の電子が入りこむようになる．いいかえれば，E_Fの増加のテンポが急激に増加する．このような事態では，いつまでも面心立方構造に固執することは損であるかもしれない．別の結晶構造に移り変わる可能性がでてくる．

原子1個あたりの価電子数を＜電子原子比＞とよんでいるが，この値と合金の結晶構造との間に単純な関係が存在することを経験的に指摘したのがヒューム・ロザリーで，その関係を＜ヒューム・ロザリーの法則＞とよんでいる．一般には第2元素を合金すると格子常数が変化するが，これがエネルギーギャップの大きさを変化させるので，この経験法則をちゃんと電子論的に説明するためには細かな理論的考慮を必要とする．

波のたたない海の話（金属と絶縁物）

金属中の電子は結晶内を自由に動きまわれるから電気的にも熱的にも良導体である．別の言葉でいえば，電場や温度勾配によって容易に励起される空準位があるからである．少しむずかしくいうと，電場や温度勾配によって電子のフェルミ分布が容易に変化するためである．電場によって加速され

ようとしても，入るべきより高いエネルギー空準位がないとフェルミ分布は変わりようがなく，結果として電場の影響を受けない．いまの場合，電流が流れないことになる．このような物質は絶縁物である．

　金属ではフェルミ面がブリュアン帯の内部にあり，十分にエネルギーギャップの下端までの間に間隔があり，容易に移れる空準位があるのに対し，絶縁物ではエネルギー帯が完全に電子で満たされ，電場や温度勾配で容易に越せないくらいに大きなエネルギーギャップがすぐ上にある（図19-7）．これらの物質では，エネルギーギャップの大きさが数電子ボルトもあり，それを越すには，たとえば，10^7 Volt/cm 以上の電場を必要とする．シリコンやゲルマニウムではエネルギーギャップが1電子ボルト程度なので，高温になると電気伝導が現われる．半導体といわれるゆえんである．エネルギー帯論からすれば，絶縁物は波の立たない海のようなものである．

　ここでは金属物性論のもっとも基礎的なお話しをした．最近ではもっと複雑な問題についての研究が進められている．しかし，一般の合金における問題とか金属表面に関する問題などとなるとまだまだである．格子欠陥についてもそうで，ようやく少しずつミクロスコピックな，精密な知識をもつようになったばかりである．いわんや実用材料における現象になると，あまりにも複雑な因子が多く，経験的に理解していくより致し方がない．それにしても，知識を体系づけてゆく上にはミクロスコピックな物理法則をもとに複雑な現象をときほぐして，ものごとを論理的に判断する態度が肝要であると思う．

もっと勉強したい人のために (19)

§ 外国の入門書も，国内の解説書も数多いが，つぎの3点をおすすめする．

- KITTEL C.: *Introduction to Solid State Physics*, John Wiley & Sons, New York, 1956. 〔固体物理学に関する第一級入門書．邦訳に，山下次郎訳，固体物理学入門，丸善，がある．〕
- 久保亮五：固体物理の話（久保他著，固体物理の歩み，岩波書店，1961）．〔エネルギーバンド構造その他についての肩のこらない解説書，KITTEL級の入門書をかたわらにおいて，骨休めのつもりで読めばむずかしい理くつも頭に浸みとおるであろうし，固体論の全体を容易に把握できるであろう．〕
- 永宮健夫他著：固体物理学，岩波書店，1961，〔KITTELの本にくらべて，やや高級な解説書．専門家むき．〕

〔鈴木　平〕

20　磁石ものがたり
《磁性のはなし》

　＜磁石＞は万病の特効薬であるという説がある．そのもっともいい例に，高血圧にはとくに効き目があるといわれたおなじみの"磁気バンド"がある．ブームの時は，中年層から老年層の半数が，それをはめていたのではないかと思われるくらい流行した．
　むかしから「磁石工場には高血圧の人がいない」といういい伝えがあるところをみると，まるっきり根も葉もないことではないように思われる．
　もっと耳よりな話しがある．いつだったか，来日した米国の高等学校の校長先生から「教室の天井に太い電線をわたして強電流を通じておき，その電線の下にいる生徒と電線からそれている生徒の成績を比較してみると，下にいる生徒のほうがすぐれている」という話しをきいたことがある．これは電線の下には，かなりの＜磁場＞がつねに働いていて，その作用で頭がよくなるということであるらしい．
　このほか，磁石の効用には限りがない．ニキビ，ソバカス

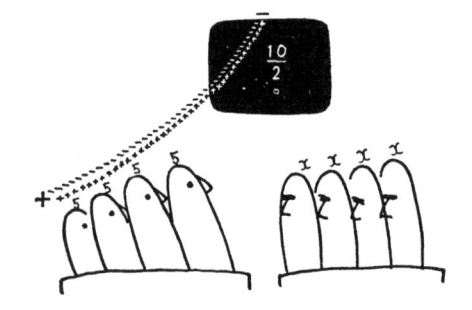

電線の下では，あたまがよくなる？

の多いご婦人には，磁石の表面で顔をなでると，たちまちにして，きれいになるというのがある．某化粧品会社からそのような美顔器が売り出されているときいている．また老人の精力増進に絶大な効力ありということで，南方に磁石リングを輸出したいと相談にきた貿易社員があった．

たしかに磁石というものは，マカ不思議なもののようである．そこからはこれといったマ力もみあたらないのに，はるか遠くのものをスルスルと吸い寄せるのだから，誰でもハテナと首をかしげるのも当然なことである．科学する心のはじまりは，このハテナという驚きに端を発するということであるので，磁石についての「ハテナ」をといてみたいと思う．

どんな金属でも磁気はもてる

のっけからの原子の構造の話で恐縮だが，世は原子力時代でもあるし，だいいち，磁石の「ハテナ」はこの原子構造の大略を知らないと「ナルホド」とならないので，さわりだけをお聞きねがいたい．

負の電荷をもった電子は自転(スピン)しながら，原子核のまわりの軌道を回わっている(図20-1)．コイルに電流を通じると，磁場が発生するのと同じ原理で，電子の軌道運動と自転運動のいずれも磁気発生の原因となる．

だから，どんな金属でも，磁石となる資格をもっていそうである．じじつ，アルミニウムでも，空気でもひじょうに強

図20-1 原子の構造．原子核の周りには負の電荷をもった電子が軌道を回わりながら自転（スピン）している．

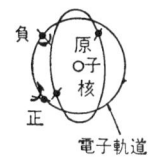

い磁場をかけると，ほんのわずかながら磁石となる．ただ，なんとしても，われわれがこれを磁気がないと考えてもさしつかえないほど，発生する磁気があまりにも弱い．このような物質を＜非磁性体＞*といっている．

原子から出てくる光のスペクトルを調べてみると，電子は磁気をもっていることがわかった．その磁気が，電子のスピン運動が関係することがわかり，これは＜電子磁気＞といわれる．そして，これから説明する強磁性体の磁気も，これが大きく寄与している．

さて，この電子のスピンの向きは，通常は，互いに逆向きの電子が一対になっている．その場合，互いに磁気を打ち消し合うので，外部に磁気を示さない．これをある方向に揃えるためには，何千万エルステッド† あるいはそれより幾桁も強い磁場を加えなければダメである．

このような強磁場を人工的に発生させることは，まったく無理なはなしである．

数年まえのことだが，工業用水研究会で問題になった「水の磁気処理法」という興味あるプロセスがあった．これは工業用水の循環する通路やボイラの缶に湯あかなどができるとその寿命が短くなるので，磁気処理によってこれを解決しようというものである．つまり，流水の通路に磁石をセットしておくと，水はこの数百エルステッドの磁場を通るとき分子構造に変化をうけて，固い湯あかなどは発生しなくなるという考えである．

この装置は，ＣＥＰＩなどの名称で広い需要層をもっていて，米国では年産数億円にのぼる売れゆきを示しているそう

---

* 非磁性体と称せられるものに，常磁性体と反磁性体がある．外部磁場の方向と同じ向きに磁化されるのが常磁性体であり，反対方向のものが反磁性体である．

† エルステッドというのは，磁場の強さでcgsの単位である．地球磁場の強さは0.3エルステッドであり，電磁石や永久磁石でつくりうる磁場の強さは，通常の装置では2万エルステッド以下である．

である．ところが，誇大宣伝に対し，とくに監視のきびしい米国では，政府の試験所で詳細な実験を行ない"効果なし"の判定を下した．もし有効であるためには実に巨大な磁場を必要とする，と結論している．

ほとんど，すべての磁気学者は，この磁気処理の有効説には否定的な立場をとっている．同じように高血圧治療や精力増進に対する有効性にも首をかしげざるをえない．磁石がつくり出せる程度の弱い磁場では，効果がないはずである．

チューリップと蜜蜂と南風

では，磁石を近づけると，すぐ吸い着くようなもの，たとえば鉄，ニッケル，コバルトのようなものを＜強磁性体＞というが，数10あるいは，数100エルステッドほどの弱い磁場で鋭い磁気を示し，磁石に吸い着くのはなぜであろうか．

外部から磁場を作用して，その方向に電子の自転を揃えることは，とうてい無理で，これは実験的にも，理論的にも立証されている．だから強磁性体には，これ以外の別な考え方をしなければならない．

すでに述べたように電子の自転の向きは正負で一対になって互いに消し合っているが，鉄のような原子では，この事情がちがってくる．鉄のような原子核のまわりには26個の電子がとりかこみ，卵の殻が幾重にもなった立体的な軌道に沿って回わっている．そして，ふつうの金属とちがうところは，いちばん外側の殻からみて2番目の殻は，電子が満たされていないで，一部空家になっている．

このような鉄，ニッケル，コバルトなどのような特異な原子構造をもつ金属グループでは，自転の向きが互いに打ち消し合っているより，その一部が平行である方が安定しているわけである．この自転を平行に揃える力を説明することはとってもむずかしくて，量子力学をもってこないと説明ができないのでここでは省こう．

以上をまとめていうと，強磁性金属というのは，もともと

電子の自転が一部揃った形で磁気をもった状態を,生まれながらにとっているのである.

たとえば,縦も横も同じ間隔でチューリップの花が並んでおり,おのおのの花のまわりに,たくさんの蜜蜂がむらがっているとする.この場合,花は原子核で,蜜蜂は電子である.多くの蜜蜂は一つの花から動かないで飛びまわっているが,あちこち飛びかっているものもある.これが電気や熱の運び手である＜自由電子＞である.

いま,南のかぐわしい風が吹いているとする.そうすると,蜜蜂の一部は花のまわりにむらがりながら,その方向に頭を揃える.蜜蜂はそれぞれのチューリップを中心にしたグループに属していながら,互いに他のチューチップに属している蜜蜂と平行になっている.

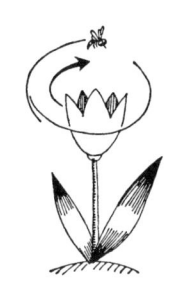

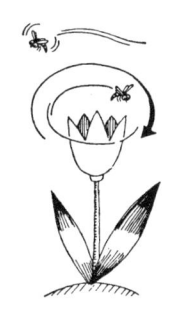

磁性のカギをにぎるミツバチ電子の動き.

このように,特定の状態の蜜蜂が強磁性に役立つ電子なのである.

以上から,「生まれながらにもっている磁気」が生ずるのは,原子の磁気でなく,それぞれの原子に属している「特定な方向に揃った電子の数」によっていることがわかるであろう.この強磁性に役立つ蜜蜂の数は,整数でなくてよいのであって,鉄の場合は平均して 2.2 匹になっている.

けっきょく,鉄のような強磁性体は,その原子群の一部の電子同士が,それぞれ互いに平行になっていて,生まれながらに最大限まで＜磁化＞された磁気(自発磁気)*をもってい

*このように外部から磁化されるか否かにかかわらず自発磁気をもっていることが強磁性体と常磁性体・反磁性体との本質的な差異である.強磁性体も,ある一定温度以上に加熱すると自発磁気を失う.これがキュリー点である.

る．いいかえると，強磁性体というのは，はじめから"最大限に磁化された磁石"であると定義できる．けっして，外部から加えた磁場のために新しい磁気が生成されたのではないのである．

金属は小さな磁石の塊である

いま，鉄とアルミニウムの塊にそれぞれ紙をのせ，鉄粉か砂鉄をふりかけてみよう．

もし，磁石であれば＜磁力線＞の方向に沿って鉄粉が集まり，よく知られている粉末模様がみられるはずである．しかし，磁化していないふつうの鉄は，前述のように強磁性体であっても，アルミニウムと同じように，一見したところ粉末模様が現われない．これは，どちらも外部に磁場をつくらないからである．

そこで，もう少し，こまかく観察をすすめてみよう．

細かい鉄粉を石鹸水に入れて，かきまぜ，それを，アルミニウムと鉄の試料の表面にたらして，200倍から300倍の顕微鏡でのぞいてみると，アルミニウム試料のときは，まったく鉄粉がばらばらに散らばっているが，鉄ではやや趣きが変わってくる．図20-2に示すように，鉄粉が線形に集まって，ある区域をかこっている．

このことから，鉄のような強磁性体は，外部にまったく磁

図20-2 磁区粉末模様．細かい鉄粉をふりかけて，鉄を拡大してみるといくつかに区分された領域の周りに鉄粉があつまる．この領域が磁区である．

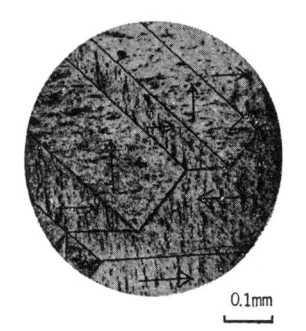

0.1mm

気を示さないようにみえても，内部ではそれぞれ磁気をもっている区域から成り立っていて，鉄粉を吸い寄せる作用をしている．

この鉄粉でかこまれていて，顕微鏡でみなければわからないような小さな区域を＜磁区＞と名づけている．したがって，強磁性体というものをあらい表現でいうと，ひじょうに小さな磁石のあつまった材料であるということができる．

強磁性体が小磁石(磁区)の集まりでありながら，ふつうの状態では外部に磁気をあらわさないのは，図20-3のように，この小磁石が互いに打ち消し合う方向に同じ割合で存在していて，全体として磁気が消されてしまうためである．

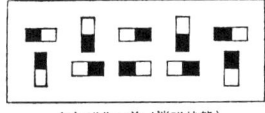

図20-3 内部磁石の配列．鉄が外部から磁場をかけられる前の，磁区（小磁石）は，プラス，マイナスが同じ確率で並び(a)のように，外部に対して磁気を打ち消し合っている．外部から磁場をかけると，(b)のように整列する．

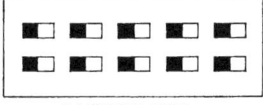

(a) 磁化の前（消磁状態）　　(b) 飽和磁化の状態 (→H)

もし，なにかの機会で，これらの磁区に号令をかけ，ある方向に向きを変えさせることができれば，磁気を外部に示し，磁化された状態になる．この号令の役割りをするのが外部から加えられた磁場である．

この"自発磁気をもった磁区"があるかどうかが，強磁性体の根本的なきめ手となるわけである．そして，強磁性材料のいろいろの基礎的な現象をこの磁区が存在するという考えでみごとに解明できる．

磁化は，磁壁の移動ではじまる

それでは強磁性体はどのようなプロセスで磁化されるのかを考えてみよう．

金属の原子は規則正しい配列をつくっている．これを結晶といっている．たとえば常温の鉄の原子は，図20-4に示すよ

図20-4 結晶格子と鉄の磁化容易方向：太い矢印が，磁気の向き易い'安定方向'を示す．

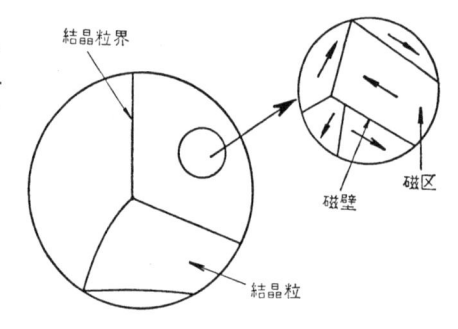

○ 鉄原子
→ 磁化容易方向

図20-5 結晶性と磁区．鉄の結晶粒は，このように90°，または180°を向いた磁区から構成されている．

結晶粒界
磁区
磁壁
結晶粒

うに，体心立方形とよばれる配列をつくっている．そして，磁区の磁化方向も無秩序でなく，きまった方向をとっている．

鉄の場合でみると，図20-4の太線に示した主軸方向(正負の向きまで入れて6方向)のいずれかに＜自発磁化(スピン)＞が向いている．これを＜磁化容易方向＞*という．

金属は無数の結晶粒からなっているが，その結晶粒のひとつひとつの中に，図20-5のように，それぞれ磁化容易方向のいずれかをとった磁区が，角つき合わせて配列している．隣り同士の磁区の向きは 90°か 180°であり，磁区の境界を＜磁壁＞といっている．

さて，まず消磁状態(磁化のまえの状態，図20-6a)では，

*
この磁化容易方向は，ニッケルのように結晶格子の対角線の方向，コバルトのように底面に垂直な方向のものがある．これは結晶格子の配列と関係がある．

磁区の方向は磁化容易方向の6つの方向を同数ずつとっているので,外部に磁気を示さず,＜磁力線＞は内部を回流している.

　つぎに,これを磁場の中に入れてやると,しだいに磁区の向きに変化がおこり,磁場の方向に近い磁区が優勢になり,他の磁区を侵略して合併してしまう.この変化はつぎの2つの条件でおこなわれる.

　① 磁区の磁化方向は,最初は磁壁の移動でおこる.
　② 180°の磁壁の移動が,90°の磁壁の移動より先におこる.

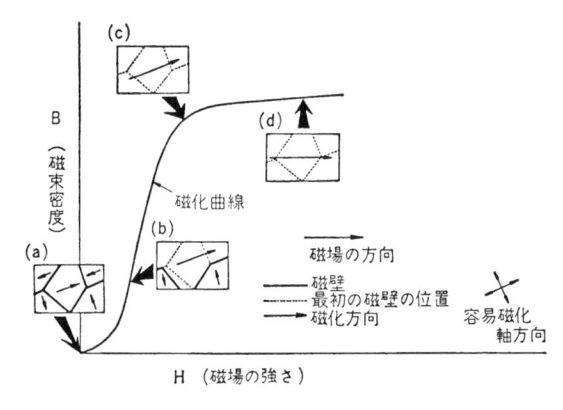

図20-6 強磁性材料の磁化曲線と磁区の挙動の関係.磁化のすすみ方は,まず磁区の境界(磁壁)の移動ではじまる.つぎに磁化容易方向から回転してゆく.

　180°の磁壁の移動がおこりやすいのは,結晶は磁化方向にわずかに伸びているので,90°の向きの移動がうごきにくいためである.内部が磁化方向に伸びていることを＜磁歪＞(じわい)といい,理論的にも工業的にも興味ある現象が関連している.

　磁壁の移動が完了すると,図20-6 c の状態になり,これ以上,磁場が強くなっても磁壁がないので,その移動は起こりえない.そこで止むをえず,磁区全体の磁力方向が,磁化容易方向から向きを変えていく.

　この変化は当然安定な状態から,エネルギーの高い,不安

定な状態に無理に移されるので，困難なプロセスである．

したがって，磁場を強めても，＜磁束密度＞がなかなか増加しない．そしてついにdに示す最大限に磁化された状態，すなわち自発磁気の強さに達する．これ以上はもう磁化の強さは変化せず，ただ外部の磁場の強さだけがプラスされるだけである．これで強磁性体に＜飽和(最大限)＞の現象のあることもわかるだろう．

磁石は，こんなところに使われる

先年テレビで「強力磁石の話」をしたところ，いろいろ反響があったが，いちばん驚いたのは，永久機関の発明狂がまだ世の中に多いことであった．磁石を利用してこれをやろうというわけである．ナルホド磁石は物を吸い上げる．地球の重力は物を落下させる．これを組合わせれば，いつまでも上がったり下がったりする永久機関ができそうに思える．

こんな原理の永久機関の装置を，持込んできた人が3人もいた．その1例を示そう．

図20-7の装置略図を見てほしい．

いかがでしょうか．これは果たしていつまでも回わりつづけているのだろうか．これは読者に宿題にしておきましょう．

この人はこの装置を特許庁に持ち込んだが，審査官も説明できず，なんといわれても，永久機関はありえないの一点張

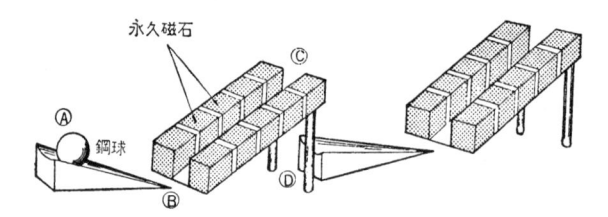

図20-7 磁石を使用した永久機関．パチンコ玉を④に置くと，溝に沿っていき，⑧にくる．ここに磁石が直列に並べられ，上にいくほど磁力が強いので，球は吸い上げられ，ⓒの崖で落下しⒹにくる．ここで再び同じことを繰り返す．このセットを競輪場の走路のようにサークルにしておくと，球はいつまでも上下をりくえして走り続けるという仕掛けである．

りで，却下されたものだそうだ．磁石はこのような特殊な用途のほかに，広い実用価値をもち，月産5億円以上生産されている．外部に安定な磁気を供給するために使用されるもので，コイルや電磁石と同じ機能をもちうる．たとえばスピーカー，計器，発電機，磁選機などの磁場発生部分につけられる．その用途は数10種類にのぼる．*

さて，前述の永久機関という装置の主役になっている永久磁石の磁気は，読んで字のごとく，いつまでも変わりなく続くものであろうか．ふつうの鉄はすぐに磁力がなくなってしまうのに，磁石はなぜ磁力を強く持ち続けるのか．このような永久磁石の磁気的性質というものは，どのようなカラクリになっているか？　これを話題にのせていってみよう．

* 磁石の用途は，磁場中に対する電流に対する機械的力作用の応用（例；スピーカー，電気計器），磁場の変化がコイルに生ずる発電作用の応用（例；発火機，発電機），磁場中を切る導体中に発生する渦流損失の応用（例；積算電力計，スピードメーター），吸着吸引力の応用（例；磁選機，チャック），指向性の応用（例；コンパス）などがある．

律義な青年とプレイボーイ

磁性材料という名の金属も，まったく正反対の性質をもつ2つの種類がある．1つは外部に磁界をたくわえるために役立つ永久磁石，他の1つは磁束が外部の磁場で容易に変動できる磁心材料である．前者は磁気の向きが動きにくく，一度磁化したらその磁気を保ちつづけるもの，後者は磁区の磁気方向が外部に順応しやすいものである．

端的にいえば永久磁石の磁区は，少しぐらいの誘惑にも泰然として動かない律義な若者であり，磁心材料の方は外部のさそいに簡単にのって，西へ東へと向きを変える自由謳歌のプレイボーイというところだ．

磁性材料の性質を学問的に評価するには，＜ヒステリシスループ＞というものをとる．縦軸に「材料」の磁化のされ方，横軸に「外部」の磁場の大きさをとると，図20-8のような曲線がかける．磁化するのに大きな磁界の必要な横肥りのループは永久磁石，小さな磁場で磁化されるスマートなループは磁心材料である．横肥りのヒステリシスループは，磁化されにくいかわりに，磁化したものに反対磁場をかけても，なかなか減磁しない．これが永久磁石に必要な性質である．

ヒステリシスループ

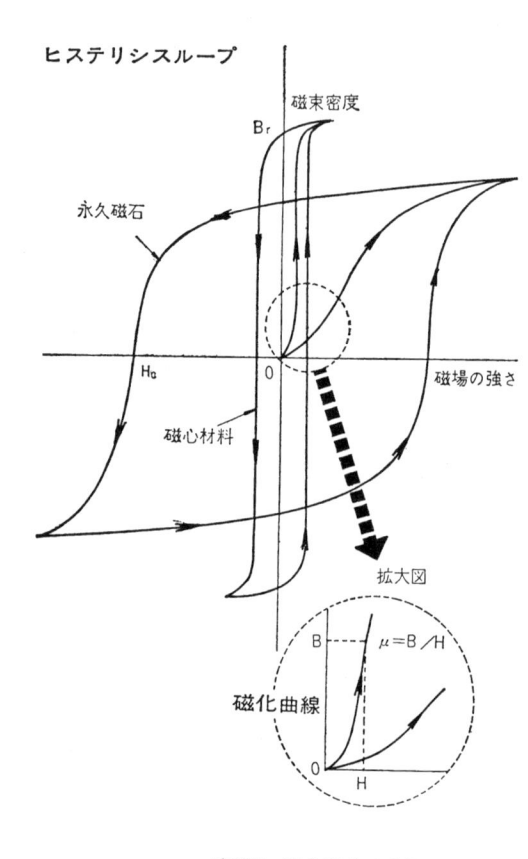

図20-8 磁性材料のヒステリシスループと磁化曲線.磁束密度Bは,単位面積あたりの磁力線の数,磁場(磁界)の強さ(H)は,単位長さあたりの起磁力を示す.透磁率は,磁束密度と磁場の強さの比を示す.

磁化曲線　$\mu = B/H$

　実際に使う場合を例にひいて,このような性質の必要性を考えてみよう.図20-9を見てください.左の図は永久磁石の代表的な用途である電気計器の回路である.継鉄の空隙部分の両端にはNとSの磁極が発生するため,NからSへ磁界が流れるが,一部は磁石の中を通るため,磁石の内部に磁気を打ち消すような方向の磁場が生成する.その打ち消す方向の磁場,すなわち,反磁場はNとSの距離の短いほど(磁石が小さいほど)大きくなるので,この反磁界に打ちかって小さな体で強い磁性を保つためには"逆の方向に働く磁場に抵抗す

[268]

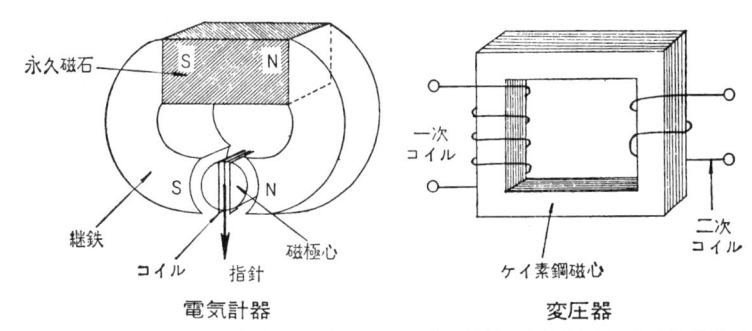

図20-9 永久磁石および磁心材料の用途例.（左側）永久磁石は，継鉄を通して空隙部に磁場を供給する．（右側）磁心材料は，一次コイルの磁場に応じて磁束が変化し，しかもロスが少ないものである．

る能力"をもたなければならない．その基準となるのが＜保磁力＞(H_C)であり，図20-8に示している．

つぎに磁心の材料の使い方の例として，変圧器を同じく図20-9に示す．一次側の電流変化に応じて，磁心の中に交番磁場が生じるが，その速さに追従して磁束が変わり，磁壁の移動し易いように"磁界に順応し易い能力"をもたなければならない．その基準となるのが＜透磁率(μ)＞で，図20-8の磁化曲線の原点からの傾斜に相当する．

磁壁に手錠をかける手段

磁化のすすむ過程は磁壁の移動ではじまるので，永久磁石というものは，磁壁を動かないようにしてやればよい．どうやってこれに手錠をかけてやったらよいか．

その手段としてまず頭に浮かぶのは，(1)内部歪を大きくしてやること，(2)地に細かい析出物を分散させてやること，の2つである．

金属の内部歪を大きくすると，ちょうど満員電車の中に押し込まれたように，動きにくくなる．内部歪を与えるには，

熱処理とか加工とかいろいろ考えられるが，その中でもっとも強烈なのが焼入れである．硬さを生命とする刃物，ダイスなどはこれで処理する．

有名な本多磁石鋼＜KS鋼＞や，古くから知られているクロム鋼，タングステン鋼は，この原理を応用したものである．しかし，これは昭和8年三島磁石鋼＜MK鋼＞の出現で，完全に過去のものとなった．MK鋼の保磁力が高いのは，地の中に"磁気的に異質なもの"を分散させ，これに動きを抑える"錨"の役目をさせているためである．電車の中に女性を適当に分散させておくと，まわりが動かなくなり定着するのと同じようなものと考えてもらえば，皆さんの経験から納得できるであろう．

もっとよい手段はないか

強磁性体を磁場に入れ，磁場を強めてゆくと，磁壁が移動し，磁場の方向に近い向きの磁区が，他の磁区を食って大きくなり，ついに一つの方向のみの磁区になる．そこから先は磁壁がなくなるので，磁化はきわめてむずかしくなることはすでに説明した．

それでは最初から磁壁のない状態をつくってやれば，うまく工夫すると永久磁石としてもっと優れたものがえられるにちがいない．近代の強力磁石は，ほとんどすべてこの原理を応用したもので，＜単磁区型＞といわれる磁石がこれである．単磁区状態をつくるには，強磁性体をきわめて細かい粉末にしてやればよい．

この型の代表的なものは，＜アルニコ5磁石＞と＜バリウム・フェライト磁石＞であり，世界の磁石生産量の90％以上はこれで占められている．*

アルニコ5磁石を顕微鏡で数万倍に拡大してみてやると図20-10のような組織がみとめられる．細長いのが強磁性の析出物であって，非磁性の地に分散している．大きさは0.00001 mmの程度である．このくらいの寸法の粒子になると，磁区

*
アルニコ5磁石は，MK鋼を改良したもので，Co 24％，Ni 14％，Al 8％，Cu 3％，Fe残部の成分をもつ5元素合金である．バリウム・フェライトは$BaO \cdot 6Fe_2O_3$の化学組成の金属酸化物である．

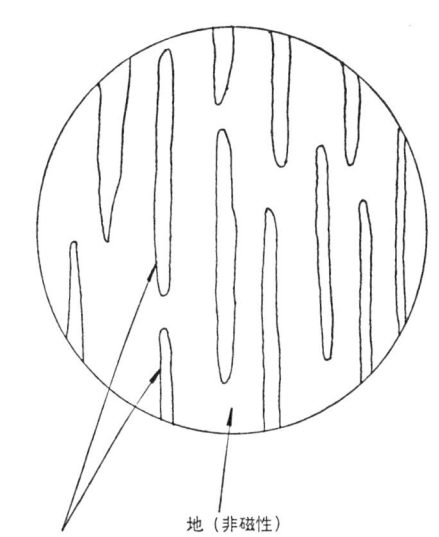

図20-10 アルニコ5磁石の電子顕微鏡組織.細長い粒子はきわめて小さいので,単一磁区であり長手方向には磁化しやすいが,この方向以外は向きにくい.

細長い析出粒子(強磁性)　　地(非磁性)

が1つしか存在しないので,磁化は磁化容易軸から外部磁界の方向に回転によって向きをかえる以外に手がない.ところがこのように針状の細長いものは,長手方向に磁化していると安定で,他の方向を向きたがらない.

たとえば洗面器に水をはって,針を浮かせると,その長手方向は磁場方向に向かい,他の方向に向けようとしてもすぐに戻ってしまう.きわめて安定な状態であるから,外部から磁化をかけて回わしてやろうとしても,たやすく動かないわけだ.この磁石の優れているのは,そのためである.このようなのを＜形状異方性＞の大きいものという.

バリウム・フェライトはこれとやや事情がことなる.この材料を数100倍の顕微鏡でみると,図20-11のように無秩序に配列した結晶粒(単磁区性)が集まったものである.この一部にX線をあてて,原子の配列状況を調べると,拡大図のような状態になっている.このような結晶形は六方格子と名づける.この結晶では底面に垂直な矢印の方向が,磁化容易方向

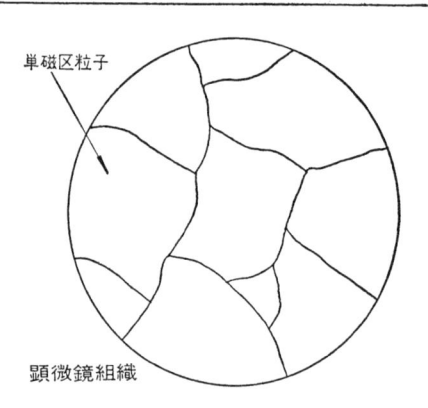

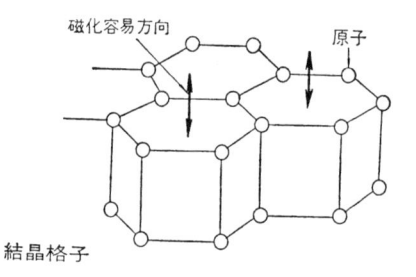

図20-11 バリウム・フェライトの顕微鏡組織と結晶格子．バリウム・フェライト磁石の結晶粒は単一磁区で，扁平な六方晶．矢印の方向のみ磁化されやすい．これが永久磁石としている理由である．

単磁区粒子

顕微鏡組織

磁化容易方向　原子

結晶格子

で，これから磁化の方向を偏らせようとすると，ひじょうに大きなエネルギーが必要となる．このバリウム・フェライトのような結晶の材料を，＜結晶異方性＞が大きいという．磁化の向きを変えるのに，大きなエネルギーがいるので，"反磁界に抵抗する能力"はきわめて大きい．

磁壁を自由にする手段

これまで主として永久磁石の磁気的性質の機構を解剖してきた．つぎに変圧器，モーター，継電器などのコイルの磁心として用いられる＜磁心材料＞の方はどうであろうか．

磁心材料の磁気的性質は，磁石と反対なのであるから，磁壁の動きをなるべくフリーにしてやればよい．そのためには上に述べたことからわかるように，磁石の場合と逆につぎの

ような点に注意してやる必要がある．
1 内部歪のないようにすること
2 非金属介在物が分散していないこと
3 合金中に不純金属の溶け込みの少ないこと

まず内部歪がないようにするため，磁心材料を必ず焼なましによって仕上げることがのぞまれ，またプレス打ち抜きなどをやったのちも，焼なましなおさねばならない．非金属介在物や不純物を抑えるため，原料は高純度のものを用い，溶解も真空溶解がのぞましいのはこの理由からである．

また結晶異方性もこれを少なくしておかないと，磁化のされ方が困難になる．磁心材料の開発をする場合に，結晶異方性の符号のちがう金属を組合わせてやるとよい．

磁心材料として有名な"パーマロイ"がこの例である．これは鉄とニッケルの合金で，鉄とニッケルは磁化容易方向がことなるので，適当な成分で磁気異方性が零になる可能性があるわけだ．*

* 磁気異方性が正のものと，負のものを合金にしても，かならずしも零のものが得られるとはかぎらない．合金というものは，その単体金属の性質を足し算して平均した効果をもたないからである．パーマロイの場合は，たまたまそういう結果が得られたのである．

高周波用磁性材料は何か

現在のようにエレクトロニクスが進歩してくると，電波の波長が短く，周波数がしだいに大きくなり，メガサイクルを超してくる．テレビや通信機などで使用される磁心材料は，上述のものとやや異なる性能が必要である．

このような高周波では，磁壁の移動がその交番磁場についていくことはむずかしくなる．高周波磁心材料におこる損失は，磁気履歴によるエネルギー損失よりも，磁場変化にともなって発生する＜渦電流＞によるものが大部分である．

そのために高周波用に使う磁性材料にとって，もっとも大切な性質は磁化のされやすさよりも，電気抵抗の大きいことである．フェライトは，鉄の酸化物と亜鉛，マンガン，ニッケルなどの酸化物の固溶体で，透磁率は高くないが，セトモノの1種であるため，絶縁物に近い抵抗をもっている．近代エレクトロニクスの寵児となったのはこのためである．このほ

かに合金を粉にして絶縁物で固めたり，薄板にして重ね合わせたり，渦電流に対抗する対策がいろいろとられている．

もっと勉勉したい人のために (20)

- BOZORTH R.M.: *Ferromagnetism*, D. Van Nostrand Co., New York, 1951. 〔強磁性に関する最もすぐれた著述，内容も広くわかりやすい．〕
- PARKER R.J. and STUDERS R.J.: *Permanent Magnet and Their Application*, John Wiley & Sons, New Yrok, 1962. 〔より実用的で，G.E. 社のメンバーが書いたので応用面にもくわしい．〕
- 近角聡信：強磁性体の物理，裳華房，修正版，1963. 〔日本の書物では，これをおすすめする．全般的に強磁性の問題をわかりやすく説明してある．内容も新しい．〕
- 牧野昇編：磁性材料とその応用，オーム社，1962. 〔実用書．技術者，学生むきにかかれている．〕

〔牧野　昇〕

21　働らく電子蟻

《熱と電気伝導》

19.《金属結合の本質》参照.

　前に金属の中の電子について，少々むずかしい話をしたが，ともかく，いろいろの重要な性質や現象が，小さな目に見えない電子の微妙な働きに由来するということは，驚異的だ．その微妙な働きを刻明に研究することを金属物性論は目的としている．

　ここでは，もっとも金属的な現象である，電子による熱と電気の伝導の話をしようと思っているが，どうも，私が話すと，やさしい話もむずかしくなる傾向があるので，特別に，大学の学生に登場ねがうことにする．ひとりは大学に入りたてのほやほやで，他はドクター・コースの学生で兄貴分であると承知してほしい．

　Dはドクター候補生，Gは学士の卵である．

　「Dさん，金属が良導体であるということは，小学校の時から知っているんだけれど，電気伝導がいいということはともかく，熱伝導がいいというのはどういう理由でしょうか」

　「金属の場合，電気伝導も熱伝導も同じ伝導電子の働きに

よるんです．金属には自由に動きまわれる伝導電子がいることは知っているでしょう？」

「ええ，でもね，電気伝導というのは電荷の流れですから，すぐ，電子の流れによるんだなと思えるんですが，熱伝導は熱エネルギーの流れでしょう？．それが，どうして電子の流れなのかピンとこない」

「順を追って考えよう．まず，結晶の中で電荷の流れをおこすものが電子だけかどうか．電子はもちろんだが，イオンの流れも電荷を運びます．」

「イオンの流れはイオン結晶や，電解液の場合だけではないのですか．金属でも起こるのですか．」

「ええ，古くから知られているんですけど，1962年に格子欠陥国際会議を京都で開いた時，米国の学者で固体金属のイオン電流の研究報告をした人がいました．もちろん，イオンの拡散によるんですが，ふつう，強電場ではじめて現われる現象なので，今の話としてはふれないでいいと思います．」

電子と格子の衝突

*
箱の中のガス分子が熱運動をするように，結晶の中の格子点にある原子も熱運動をしている．

†
格子振動が'伝わる'のは格子振動状態（温度）を平均化しようとする傾向によるもので，いいかえれば平衡化の傾向にもとづく．いま結晶の一部を熱して温度を局部的に上げてやると，その部分の格子はそれだけ激しく振動する．ほうっておけば周囲に漸次その振動が伝わって温度の一様化がおこる．熱エネルギー（格子振動のエネルギー）が運ばれたのである．

「そうすると，電気伝導は電子の流れによるとして，熱伝導の方は……」

「熱の流れの方が面倒です．熱エネルギーを運ぶものとて，伝導電子と格子振動*の2種類がある．金属では伝導電子と＜格子振動＞の両方，絶縁物では伝導電子がいませんから格子振動だけが熱を運ぶ．まず，格子振動の方から考えよう．温度が高いと，格子点にある原子はそれだけ激しく振動する．この振動のエネルギーの平均値は絶対温度に比例します．結晶の中に温度のちがいすなわち温度勾配があると，温度の高いところの格子振動が低温の方へ伝わるので熱エネルギーが運ばれるというわけです．†」

「金属の球をスプリングでつないだ模型で考えたときに，その一端を激しく振動させると，他の端に伝わっていきますね．熱エネルギーがこのように伝播するものなら，その伝播

[*276*]

速度は弾性波の伝播の速度と同じはずですね．つまり，音波の速度と……」

「ええ，いい質問です．熱振動の伝播はG君のいう通り本質的に弾性振動の伝播そのものです．熱振動はふつう毎秒 10^{13} サイクルという波長の短い高周波振動ですが，このような短波長の振動は，伝播途上にある別の格子振動に衝突すると大きく散乱される．長波長の振動はあまり散乱されません．鉄橋の欄干の一方をカンと叩いて他の端に耳を立てていれば，鉄の中の音波の速度がわかります．これは比較的長波長の弾性振動です．高周波，短波長の振動である熱振動も伝わる速度は音速に等しいですが，温度勾配にそっての伝播速度はこれと違ってきます．短波長の振動であるために，あっちにぶつかりこっちにぶつかりして進む様子は，ちょうど酔っぱらいが歩くのと同じで，衝突と衝突の間は音速で進んでも，ジグザグ運動ですから，勾配方向の直線路に対する平均速度は遅いというわけです．勾配方向の平均速度を輸送速度とよんで，混乱をさける方がいいと思います．あとでもう一度この問題について話しましょう．」

「Dさんの話を聞いているとわかるような気がしますが，それでは電子が熱エネルギーを運ぶというのは？」

「温度が高いと電子の運動エネルギーが増す．電子のフェルミ分布の話を思い出すといいんだけど，このような電子は温度勾配にそって低温側へ運動していく．もちろん，高温側へ運動するものもありますが，そこではどうということは起

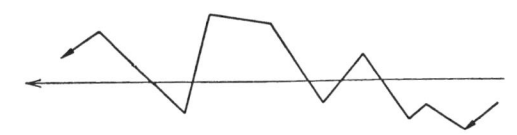

* 電子は負の電荷をもっているので，実は電場の方向とは逆の方向に動く．電流は電場の方向に生まれる．熱の伝導に対しては，電子も温度勾配に対して順の方向に動いてエネルギーを運ぶが，電気的中性の条件を守らねばならないので，それだけでは電流は生まれない．局所的な電子の過不足をつねになくそうとして，逆向きの電子の流れがおこるからである．これは温度勾配があると，その方向に電場が共存するのと同等の効果が生まれることを意味する．単位の温度勾配に対するこの電場の強さを，その金属の絶対熱起電力，ないし単に熱電能という．2種類の金属をつないで温度測定に利用する熱電対はこの現象を応用したものである．

長い水平の矢印を電場なり温度勾配の向きとすると，格子振動なり電子は他の格子振動とぶっかりながらジグザグ運動をしつつ，電場なり温度勾配の逆* または順の方向に動く，酔っぱらい運動が電気や熱を運ぶ運動の本性である．電場や温度勾配がなければ，電子や振動はまったく乱雑な運動をするだけで電流も熱流も生じない．本性を失った酔っぱらいのようなものだ．

[277]

こらない．*低温側へいった電子は格子点にあるイオンと衝突して……」

「なるほど」

「衝突すると，せっかく高いエネルギー準位にいた電子はそれより下の空いている準位へ落ちこむことになります．運動エネルギーの一部は格子へ与えられ，格子は激しく振動するようになる．つまり，その部分の温度はそれだけ上昇するわけです．」

「熱エネルギーが運ばれたというわけですか．」

「そうです．今の電子と格子との衝突のさいに電子と格子の系全体の運動エネルギーの出入りはゼロ，つまり電子が失ったエネルギーを格子がもらいうけるというふうにエネルギーが保存されています．ところで，このように熱伝導は電子による伝導と格子振動の伝播によるものと2種類あるんですが，金属が良導体であるわけは……」

「不良導体である絶縁物にはこのような自由電子がいないからでしょう．」

「まあ，それには違いないんだけれど，それでは考えに飛躍がある．格子振動による熱の伝導は絶縁物であるダイヤモンドでも，また良導体である金属にも同じようにあるわけです．金属がとくに良導体であるのは，格子振動による熱伝導より電子による熱伝導の方が大きいからです．」

軽い荷物と重い荷物

「ああ，そうですか，どうして電子の方が大きいんですか．」

「電子が熱エネルギーを温度勾配にそって単位距離を運ぶとして，温度差を1度とすれば，これは電子全体の熱容量といえますね．熱伝導度はこの熱容量 c_e にかけることの電子の平均速度 v_e と，さらに平均の運動距離 Λ_e，これを＜平均自由行程＞といいますが，けっきょく，$c_e v_e \Lambda_e$ に等しい．正しくは，これの⅓なのですが．」

「同じように，格子振動だったら，格子の熱容量 c_p とその伝

*19.《金属結合の本質》の図19-6あたりをみてほしい．

熱と電気伝導

電子は軽い荷物をかついで早く走り，格子振動は重い荷物をかついでゆっくり走るので……．

播速度 v_p と平均自由行程 Λ_p の積，つまり $(1/3)\, c_p v_p \Lambda_p$ になります．*

ところで，電子の方が熱の伝播に対しより有効であるゆえんは，c も Λ もちがうんですけれど，いちばんちがうのは速度 v で，電子のそれはフェルミ速度だから約 $10^8 \mathrm{cm/sec}$ であるのに対し，格子振動のそれは音波の速度だから約 $10^5 \mathrm{cm/sec}$ で，したがって3桁も大きいわけです．けっきょく，ふつうの金属では，室温で，電子による熱伝導度は格子熱伝導の数10倍で，いっぽう，合金では電子の不純物原子による散乱がふえて Λ_e が減少する結果，同程度になります」

*

ところで，みなさんのなかには式の嫌いな方がいるかも知れないが，話し言葉というものはどうもあいまいで，キチンとした概念を好む物理学は話し言葉だけではどうしてもいい加減さが残るので，かえってわかりにくいことが多い．式は物理学の言葉である．ここにでてくる式などは比較的容易に読みとることのできるものであるから，物理の言葉を聞きとる癖をつけたいものである．たとえば，$(1/3)cv\Lambda$ の意味はこ

* 格子振動のエネルギーは連続ではなく，振動数を ω とすると $\hbar\omega$ を単位とするとびとびの値をとる．この最小単位のエネルギーのつぶ（エネルギー量子）をフォノン (*phonon*) とよぶので，添字に p をつけたというわけ．

[279]

うだ．電子にしても格子振動にしても熱エネルギー c という荷物をかついで，Λ の距離を v の速度で運ぶわけで，これが温度1度の勾配にそって単位時間に単位面積を通過する熱エネルギーにほかならない．因子 $1/3$ は酔っぱらい運動なので，温度勾配の方向の移動を考えての補正である．

ちょっと数字を入れてみよう．室温の銅に対して，電子の場合，$c=10^{-1}R$ cal/mol deg, $\Lambda=10^{-5}$ cm, $v=10^8$ cm/sec, 格子振動の場合，$c=3\ R$ cal/mol deg, $\Lambda=3\times10^{-6}$ cm, $v=3\times10^5$ cm/sec, R はガス恒数である．したがって，

$$\frac{(電子による熱伝導度)}{(格子振動による熱伝導度)}\approx 30$$

c, v, Λ を落着いて見てみると，電子と格子振動による差を決定しているのは，D君のいうように電子の速度と格子振動の速度，つまり音波の速度のちがいにあることがわかる．電子は軽い荷物をもって，少し長い距離をずーっと早い速度で運搬するのに対し，格子振動は重い荷物をもって，少しく短い距離を遅い速度で運搬する．運搬能率としては電子の方に軍配が上がることになる．

乱れた列のあいだを走り抜けること

「なるほど，だいぶわかりました．ところで，平均自由行程は衝突の頻度が決めるでしょうが，少しくわしく話してくださいませんか？」

「ええ，それが伝導度の話の，いわば核心です．ひとつ，電気抵抗の問題を考えることにしましょう．」

「Dさんによれば，絶対零度における完全結晶の電気抵抗はゼロですね．このことは先ほどの話で，電子は格子点にあるイオンと衝突して運動エネルギーの一部を失うといっていることと矛盾するように思うのですが」

「そうです．このままではご注意のとおり矛盾があります．少し正確に話をしましょう．量子論によると，格子点にある静止しているイオンのポテンシャルは電子を散乱するのです

が,全体としての電流に変化が生じないことを証明できます.つまり,完全な結晶の抵抗はゼロです.ところで,任意の温度の格子のイオンは熱振動しているので,ある瞬間には格子点からズレた位置にあります.この位置のズレが電子の散乱の様子を変え電気抵抗を生ずる.ですから,格子振動に限らず,格子の周期性を乱している不純原子やその他の格子欠陥はみな電気抵抗の原因となるわけです.」

*

平均自由電子というのは,衝突から衝突までの平均距離であるが,上の話からもおわかりのように,静止しているイオン間距離以上の大きさになっても不思議はない.実際に,銅では,室温で $\varLambda \sim 10^{-5}$ cm にもなる.つまり電子は 2～300原子距離を自由に飛行する.格子振動もなく不純物もない完全結晶では,結晶の端から端まで抵抗を受けずに走りぬけることができる.早い話が,キチンと整列している人の列はぶつからずに間を走りぬけることができるが,その列がゆらゆらゆれていたり,行儀の悪いのが列からはみだしていれば,どうしてもぶつかってしまう理屈だ.

D君にかわって,平均自由路程について少しくわしく話をしよう.わかりにくければ,D君たちの話だけを聞いていただき,以下の話はとばしてもよい.

電子は電場によって力を受け,加速される.何かしら摩擦抵抗がなければ,ニュートンの慣性則によって無限に加速されるであろう.したがってオームの法則は成立しない.オームの経験則によれば,一定の電場を作用すれば一定の電流がえられるのであるから,物質に特有の摩擦抵抗があるはずだ.いま,作用している電場をとつぜん切ったとする.電子の電場方向の平均速度は十分に時間がたつと 0 になり,電子はまったく乱雑な運動をするようになる.つまり電流が消える.

輸送速度は電場を切ると指数関数的に減衰するが,その減衰の度合いを示す定数を＜緩和時間＞*という.電子は慣性法則によって運動をつづけようとするが,摩擦抵抗力のために

* 外部の条件がとつぜん変わったとき,物質の状態は新しい条件できまる状態へ変化する.条件の変化に対して状態の変化が十分にゆっくりしたものである場合に観測される現象を緩和現象という.単純な場合には,時間 t に対して $\exp(-t/\tau)$ の形で変化することが多い.この τ を緩和時間とよんでいる.

減衰するわけである．この理屈から抵抗力が mv/τ で与えられることを知る．m, v は電子の質量と速度，τ は緩和時間である．いっぽう，電場による力と摩擦抵抗力とが等しければ，電子は一様な速度の運動をする理屈で，これからオーム則が導かれる．すなわち，前者の力 eE が mv/τ に等しいとして

$$v = eE\tau/m$$

となる．E は電場の強さ，e は電子の電荷である．

電気伝導を σ，電気抵抗を ρ とすると，

$$\sigma = 1/\rho = i/E$$

ここで電流密度 i は，単位体積中の全電荷 ne が速度 v で動くために生じていることに注意して上式をかきなおすと，次式のようになる．

$$\sigma = 1/\rho = i/E = ne^2\tau/m$$

これが最終的な電気抵抗の表現式である．ところで，定義から

$$\Lambda = \tau v$$

と書ける．v はフェルミ準位にある電子の速度であるから，銅に対して約 1.6×10^8 cm/sec，一方，$\tau = 4 \times 10^{-14}$ sec であるので，Λ は 6×10^{-6} cm となって，前にいったように格子点の間の距離の数100倍も大きい．

さて，D君たちの話を聞こう．少し，めんどうな議論をしているらしい．

よっぱらい運動

「Dさん，ところで，熱を運ぶ格子振動は別の格子振動にぶつかるといわれましたね．そこのところをよく説明して下さい」

「格子振動が格子振動と衝突すると，運動量のやりとりが起こります．ところで，2つの振動が衝突して，第3の振動を生むとしますね．この3者間の運動量のやりとりならば，ふつうの衝突で，衝突後の振動の進行方向はあまり変わりません．つまり大きな散乱効果は期待できません．この程度の

※
ここまでは電気抵抗の原因が格子振動にあるという話をしてきた．ところで格子振動が電気抵抗を減少する場合がある．極低温度では多くの金属が超伝導（電気抵抗＝0）を示すが，その原因がこの格子振動の働きによるのであるから驚くよりほかない．電子と格子振動との相互作用が強いほど，強力な超電導性を示す．つまり，正常の状態（高温）で電気抵抗の大きい金属ほど，より安定な超伝導体であるわけで，軽くつはともかく，皮肉なことである．

酔っぱらいなら無事というわけです．」

「そうすると，もっと別の衝突が起こるのですか」

「ええ，このへんがむずかしいところです．われわれがパイエルスのU-衝突とかU-過程とよんでいる衝突です．2つの振動が衝突する時に，これらが熱振動のように波長のひじょうに短い振動の場合に限って，大きく進行方向が曲げられる場合があります．これをU-衝突といいますが，熱伝導の場合のもっとも有効な抵抗になります．実は，前にいわなかったすでんが，電子も格子振動と衝突する場合に，ふつうの衝突とこのU-衝突との2種類の衝突をやります．電子の進行方向を大きく曲げるのは，やはり，このU-過程だから，格子振動による電気抵抗はU-過程に原因しているということができます．U-過程のくわしい説明は先生にしてもらって下さい．」

「むずかしいですね，けっきょく，U-過程が平均自由行程なり，緩和時間を決めているわけですね．ユー過程でなくてヨっぱらい過程ですか．そのうちに，先生の講義がありますから，注意して聞くことにします．最後にUというのは何の略語ですか？」

「ドイツ語の umklappen からきているので，折り返すとか，逆転するとか……．そうそう，本をパタンと閉じるという意味もある．このへんでわれわれも umklappen しようか」

「そうですね，どうもありがとうございました」

マティーセンの法則その他

ふたりに帰られてしまったので，私も急いで話を閉じなければならない．電気伝導も熱伝導も格子振動がそれぞれの伝播速度を決めていることはD君の話から理解していただけただろうと思う．※そのほかの抵抗を与える原因としては不純物やいろいろの格子欠陥がある．いちおう，両者は独立な抵抗の原因なので，全体の電気抵抗や熱抵抗は格子振動による，いわゆる，格子抵抗と不純物や格子欠陥による抵抗との和で与

[283]

えられる．これをマティーセンの法則といい，実験的にもちゃんと成立することが確かめられている．

重要なことは，不純物や格子欠陥による電気抵抗は温度にほとんど依存せず，一定であるということである．絶対零度に近いと，電気抵抗の格子振動による部分はひじょうに小さくなり，実際に測定される抵抗はほとんど不純物による抵抗である．このために，金属の室温における電気抵抗と液体ヘリウムの温度($4°K$)における電気抵抗との比(抵抗比)をとると，室温の抵抗はほとんどが格子振動によるもので，不純物などにいわば無関係であるから，不純物などの量が相対的にわかる．たとえば，銅のような場合，抵抗比1万とすれば10^{-5}以上の純度，浮遊帯炉を使って純化した材料の純度に相当する．抵抗比数千ならば10^{-4}くらいの純度に対応する．*

熱伝導の場合には，不純物などの抵抗は温度に依存するが，温度に依存の仕方が格子欠陥の幾何学的な形などによってちがうので，注目する格子欠陥が何であるのかを決めることができる．

* 前ページの注で超伝導の話をしたが，超伝導状態にある金属を，ある臨界値以上に強い磁場中におくと超伝導を示さなくなり，正常状態にうつる．この節のマティーセンの法則の話はすべて正常状態にある金属の電気抵抗，および熱抵抗に関する．したがって，$4°K$でほんらい超伝導状態にあるものならば，磁場中にこれをおいて正常状態にしたときの抵抗に対して成り立つ法則である．

もっと勉強したい人のために (21)

- KITTEL C.: *Introduction to Solid State Physics*, （前出）.
- OLSEN J.L.: *Electron Transport in Metals*, Interscience Pub. New York, 1962.〔電気伝導，熱伝導に関する専門書．内容は KITTEL の著書ていどのやさしさ．小冊子であるところに魅力がある．〕
- ZIMAN J.M.: *Electrons and Phonons*, Clarendon Press, 1960.〔入門のための本としておすすめする気はないが，大学卒の研究者にとって座右の書．〕

〔鈴木　平〕

22　しずくと泡のはたらき
《半導体のはなし》①

　ダイヤモンドをちりばめた黄金作りの指輪，イヤリング，首飾り，王冠等々と書きつらねてくると，おとぎ話にでてくる宝物を連想する．ダイヤモンドと金とが，このような宝物の代表のように憧れの的となっている理由は，たぶん，この地球上に存在する量的な希少価値と，百年も千年も不変と思われるその美しさ，とにあるのであろう．

　そういう詩的な見方から一歩さがって，少々味気なくなるが，電気材料としてこれをながめてみると，いっぽうのダイヤモンドは絶縁物の代表となり，他方の金は「金属」という術語にも表われているように，良導体の代表にみえてくる．

　こういう電気材料の電気伝導性の程度を示すには，抵抗率（あるいは比抵抗）という表わし方を用いるが，これは，その材料を1センチ立方の角砂糖のような形にしたときにもつ電気抵抗を，オーム値で表わしたもので，単位はオームセンチ（あるいは$\Omega\,\mathrm{cm}$）とよぶ．

　そこでダイヤモンドと金の抵抗率を調べてみると，ダイヤ

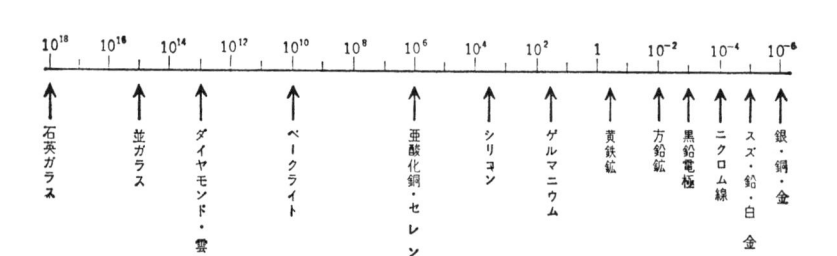

図22-1 いろいろな材料の常温における抵抗率
〔単位:オーム・センチ(1 cm³ の抵抗値)〕

（絶縁物: 石英ガラス, 並ガラス, ダイヤモンド・雲母, ベークライト, 亜酸化銅・セレン; 半導体: シリコン, ゲルマニウム, 黄鉄鉱, 方鉛鉱, 黒鉛電極, ニクロム線; 導体: スズ・鉛・白金, 銀・銅・金）

モンド1センチ立方では（本当にそうなら，これは約17カラットにあたり，そうめったにお目にかかれるものではないのだが……）約10^{18}オームセンチで，金の方は，1センチ立方で（これだけあれば16Kくらいのエンゲージリング数組になろう）2.2×10^{-6}オームセンチである．なるほど，いずれも絶縁物と導体の代表者たちだけあって，その抵抗率のちがいは，少々のところではなく，たいへんな桁ちがいである．

ところで，この地球上には，目にあまるほどの，いろとりどりの物質があるが，それらのすべてが，上の例のように，はっきりと絶縁物と導体とに分けられるかというと，そうではない．その中間のものも，かなり存在するのである．

図22-1は，いくつかの代表的な材料について，それらの常温における抵抗率で並べてみたものである．ベークライトの10^{10}オームセンチあたりから上は，いわゆる絶縁物，黒鉛電極の10^{-3}オームセンチあたりから下は，良い導体とみてよい．この両者の中間の方鉛鉱から亜酸化銅あたりまでの一群のものが，ここで問題の対象となる物質，つまり，＜半導体＞(semi-conductor)とよばれるものである．これらは単に，抵抗率が中途半端の値だから"半"という字をつけられたのであろうが，厳密には，その特徴ある電気の伝導機構から定義されるとい

ったほうがよいのである．

図22-1の半導体群に属するものをよくながめてみると，方鉛鉱，黄鉄鉱などは，ラジオの初期のころのいわゆる鉱石検波器として，欠くことのできない重要な役割りをになったものであり，セレン，亜酸化銅などは，いわゆる金属整流器として，半導体整流器の先駆をなし，今日でもまだ多少，名ごりをとどめているし，シリコン，ゲルマニウムにいたっては，現在のトランジスタ，ダイオードの材料として，あまりにも有名になってしまっている．

このように，半導体という物質がいずれも，整流作用のような，非直線的な電気伝導に関係をもっているということは，上にのべたように，何か特徴ある電気伝導機構をもっていることを裏がきするものとみてよいと思う．

第 Ⅳ 族 の 性 質

そこで，もっとも代表的といわれるゲルマニウムを例にとって，半導体の本質をさぐってみよう．

まず，図22-2の簡略化した元素周期表を見ていただこう．こういう周期表から受けとれる元素の性質の一般的傾向として，右方にあるものほど非金属的性質をもち，左方にあるも

右のものほど非金属的 →

← 左のものほど金属的

Ⅰ	Ⅱ	Ⅲ	Ⅳ	Ⅴ	Ⅵ	Ⅶ
Li	Be	B	C	N	O	F
Na	Mg	Al	Si	P	S	Cl
K	Ca	Ga	Ge	As	Se	Br
Rb	Sr	In	Sn	Sb	Te	I
Cs	Ba	Tl	Pb	Bi	Po	At

↑上のものほど非金属的

下のものほど金属的↓

図22-2 簡略化した元素周期表．

のほど金属的になるということがいえる．そうすると「中庸は徳の至れるものなり」という，孔子の言葉をもちだすわけではないが，ちょうど中央に位置する第IV族——C(炭素)を最上位とする一族——が何か意味ありげにみえてくる．さらにまた，上にいくほど非金属的になり，下にいくほど金属的になるという傾向もあるので，これをこの第IV族にあてはめてみると，最上位C(炭素)の典型的結晶は，とりもなおさずダイヤモンドで，これは前述の通り立派な絶縁物．いっぽう，下位のほうの Sn(スズ)，Pb(鉛)は，最良とまでにはいかないが，まずまず導体の仲間として認めてよかろう．そうなると，残ったのは，そのまた中間位置のSi(シリコン)とGe(ゲルマニウム)だ．この2つには，何か導体と絶縁物の中間の特別な性質をもつものであってもよいような気がしてくるわけである．そして，これが期待どおり，典型的な半導体であったというわけである．

電気の運び手の新顔—正孔—
　　(それが半導体を特徴づけている)

第IV族の結晶の原子の並び方は，ダイヤモンドで代表される独特の形をしているので，ダイヤモンド格子という．原子をだんごで，結合力のつながりを串であらわすと，単位になる格子の形は図22-3のようになる．これは，どの原子に着目しても，必ずその周囲に4個の原子があって，互いに結合しあっていることを示している．この格子配列を，多少，厳密

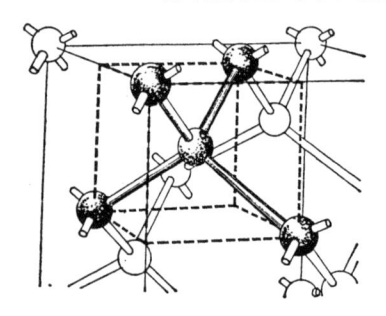

図22-3 ダイヤモンド結晶の単位格子．球は原子を，串は結合力をあらわす．どの原子に着目しても，その周囲には4個の他の原子が結合している．

半導体のはなし①

さを欠くが，平面的にわかりよく書き直してみると，図22-4のようになる．第Ⅳ族の元素の原子では，最も外側の軌道電子，つまり＜価電子＞*は4個あり，結晶格子配列では，隣接の原子の価電子が互いに2個ずつ対(ボンド)になって，原子間の，結合力となり，1原子あたり4対のボンドを共有する形のみごとな結晶を構成するのである．

ところで，一般にこれらの原子核の，価電子に対する束縛力は，元素周期表の上位のものほど強く，最上位の炭素の結晶であるダイヤモンドでは最強で，よほどのエネルギーを与えないかぎり，価電子はほとんど移動しない．これが，ダイヤモンドが良い絶縁物といわれる理由である．いっぽう，下位のほうのスズや鉛では，この束縛力がきわめて弱く，室温の熱エネルギーでも，ほとんどの価電子がその定位置を離れて，結晶の中を自由にとびまわる，いわゆる＜自由電子＞の状態にある．すなわち，電子の運び手が，きわめて豊富なのだ．これがスズや鉛が銅などよりは，多少，抵抗は大きいけれども，いちおう導体の仲間に入る理由である．

そこでいよいよ，シリコン，ゲルマニウムの番であるが，これらの場合では，束縛力もほどほどであるため，半導体としての特徴がはっきりでてくるのである．図22-4をゲルマニウム結晶に見直して，いまこれに，熱とか光，あるいは電圧

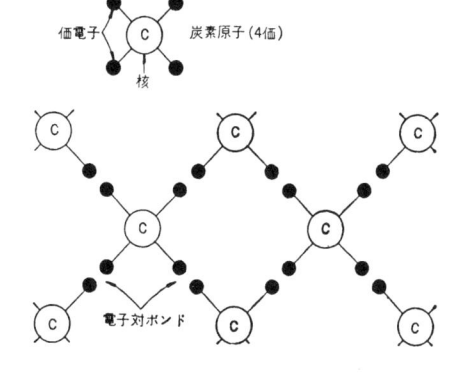

*
原子核の最も外側の軌道の電子の数は，その原子の元素の，物質としての性質を特徴づけるのに重要な役目をもっているので，これをとくに価電子と名づけている．元素周期表で，第Ⅰ族元素は価電子1個，第Ⅱ族のそれは2個というように順次ましており，第Ⅷ族は8個となっている．

図22-4 平面模型化したダイヤモンド格子．隣接する原子の価電子がそれぞれ2個ずつの対のボンドを形成しようとする．これが結合力となる．

[289]

図22-5 自由電子と正孔の発生.

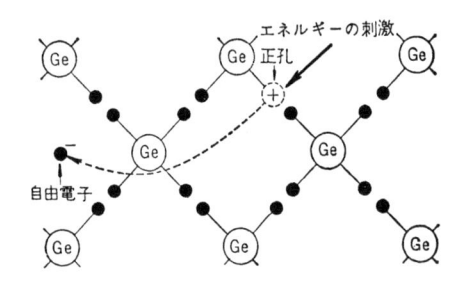

によって，ある一定値以上のエネルギーを与えると，図22-5のように，一部の価電子はエキサイトされて，所属原子の束縛力をふりきって，自由電子として，さまよい出すのである．こうして，わずかながら，負電気の運び手ができたので，多少ながら電気の伝導性を生ずることになる．

ところで話はここで終るのではなくて，この価電子のとび出たあとの空席が，また，おもしろい働きをするのである．ここは，いまの価電子が坐っていたときに，電気的に中性であったので，負電荷をもった電子の去ったあとでは，空席ながら正電荷をもつことになる．これが正電荷をもった孔という意味で＜正孔＞ (*positive hole*) と名づけられた（"孔"というより "泡(あわ)" としたほうがよかったのではないかと思う．その理由は，このあとの説明中にでてくる）．

そこで，図22-6で，1という正孔に着目してみる．この空席

図22-6 正孔の移動は価電子の順送りによる．

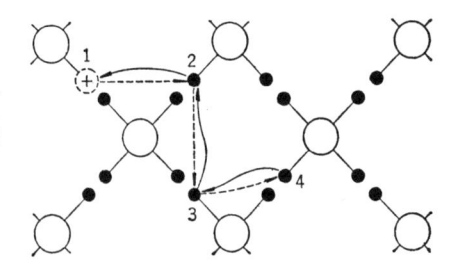

図22-7 水滴（自由電子）と水泡（正孔）の関係．正孔とは電子のいっぱいに満ちている池の中の泡のようなもの．泡が浮きあがるということは，水が順々に下がったことにほかならない．

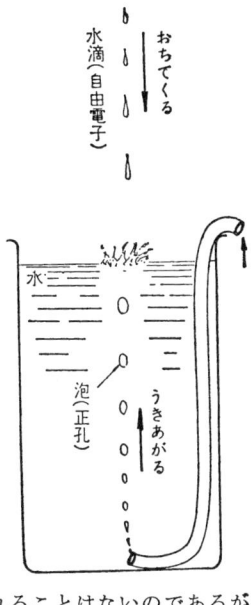

自体は所属の原子核のそばを離れることはないのであるが，他の電子を引きずりこみやすい状態にあるので，近くにあって，やはり多少，刺激をうけて腰の落ちつかない状態にある他の価電子，たとえば，2という電子が，1の空席に移ることができる．そうすると，2が新しい空席の状態になる．これは結果として，正孔が1から2に移動したと見なしてもよいわけである．同様にして，3，4，と順送りに空席の状態を移していくと，正孔が1から4まで動いたと考えることができる．たとえば，*映画館の真中あたりに空席が1つあったとしても，観客が順送りに詰めていき，けっきょく，いちばん端に空席ができた場合のようなもので，真中の空席の椅子をかついで持ってきたわけではないが，空席という状態が，順次移動したと考えられるようなものである．もうひとつのた

*
科学界の諸現象を，たとえ話で説明することが多いが，気をつけなければならないことは，そういうたとえ話は，ある現象の，ある限られた一面だけをあらわすものであって，その現象全体のたとえではない，ということである．

とえ話が，水のなかの泡である．水中に浮かび上がる泡に着目すれば，誰がみても，泡というものは，何か一種のツブのような存在にみえる．しかし実は"水のない部分"であって，泡が浮いていくことは，水が順ぐりに下にさがったことに他ならないわけである．

正孔の解説にあたっては，どなたも，そのたとえ話に苦労している．トランジスタ作用の発見者の一人として有名なあのショックレー博士* は，その名著 "Electrons and Holes in Semiconductors"（1950年）では，2階建ての大車庫のなかの自動車群の動きにたとえている．さすがに自動車の国，アメリカのお国柄を発揮したものと思ったが，自動車の普及の少なかった当時（1950年）の日本のわれわれには，あまりピンとこないたとえであった．しかし，今日の日本の都会の自動車族ならば，いやというほど，身にしみて理解できることであろう．

以上のようなことで，エネルギーの刺激をうけて，負電荷の自由電子と正電荷の正孔とが，同数ずつ発生して，電気の運び手（"キャリア"という）になる．したがって，図22-5の結晶の両端に直流電圧をかけたとすれば，ジグザグながらも自由電子は正電位の方へ，正孔は負電位の方へと，それぞれ移動し，両者によって伝導性が生ずることになる．このような仕組みによる半導体を＜真性半導体＞（intrinsic semi-conductor, i型ともいう）といい，シリコンやゲルマニウムのごく純粋なものがこれにあたり，常温での抵抗率は，シリコンで約60kΩ・cm，ゲルマニウムで約50Ω・cm である．もし，温度を上げれば，熱エネルギーの刺激が増し，発生する自由電子と正孔の数も増えて，抵抗値が下がることになる．ふつうの導体としての金属は，温度上昇とともに抵抗が増す性質をもっているが，半導体は上述のように逆の性質を示すもので，半導体の特徴のひとつである．

* 1948年，W. Shockley, J. Bardeen, W. H. Barttain の3博士を中心とする米国の Bell Telephone Laboratories の研究グループにより，トランジスタが発明された．のちにその功績によりノーベル賞が与えられた．

極微量の不純物のはたらき

トランジスタなどの半導体機能素子において,真性半導体に劣らず重要なのは,つぎにでてくる＜不純物半導体＞である.

前述のような,きわめて純粋なシリコンやゲルマニウムの結晶に,ほんのわずかの特定の不純物原子が含まれると,いわゆる半導体的性質が,がぜんいっそう明確に決定づけられてくる.

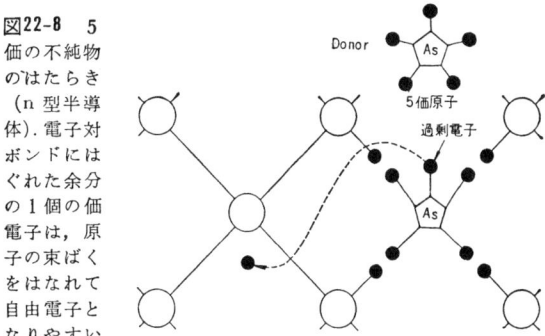

図22-8 5価の不純物のはたらき(n型半導体).電子対ボンドにはぐれた余分の1個の価電子は,原子の束ばくをはなれて自由電子となりやすい.

いま,ゲルマニウムの結晶中に,5価の元素の原子(たとえば第V族中のヒ素 As)を,ほんのわずかばかり混ぜたとすると,ヒ素原子は,本来ならばゲルマニウムのあるべき結晶格子点に,図22-8のように入りこみ,ヒ素の5個の価電子のうち,4個は周囲のゲルマニウムとともに電子対ボンドを形成するが,1個だけ,はじめから半端で残る.これは,いわば相手のない過剰電子であって,所属のヒ素原子核の束縛力が弱く,室温の熱エネルギーの刺激だけでも,自由電子となって電気伝導にあずかることにある.この場合,正孔は関係なく,キャリアとしては,この負電子が主役となるので,"*negative*" という意味で,＜n型半導体＞とよぶ.そして,このときのヒ素のような混入元素を,一般に不純物というが,この場合

図22-9 3価の不純物のはたらき（p型半導体）電子対ボンドの欠けている空席は，隣接の価電子を引きずりこんで正孔をつくりやすい．

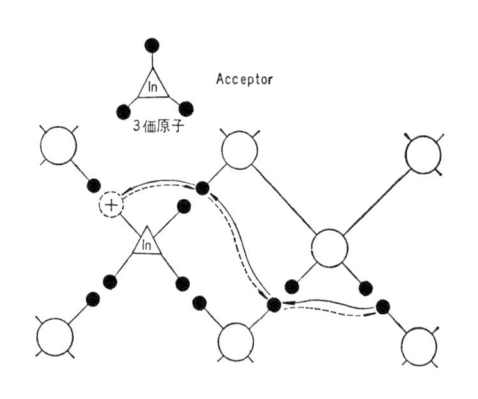

のように過剰電子の供給源としてはたらく不純物原子を＜ドナー(donor)＞* と名づけている．

つぎに不純物として，5価の元素の代わりに，こんどは3価の元素（たとえば第Ⅲ族中のインジウム In）を，ほんの少し混ぜた場合を考えてみると，結晶の作り方は前と同様であるが，図22-9のように，インジウムの周囲の電子対ボンドのうち，一個所だけ電子の1個欠けている空席ができる．つまり，正孔になるべきものが，はじめから存在することになるので，室温でも図22-6の場合と同じような正孔の移動が可能になるのである．この場合は，過剰電子には関係がなく，キャリアとしてはこの正孔だけであるので，positive という意味で，＜p型半導体＞とよぶ．このときの不純物を＜アクセプタ(acceptor)＞と名づけている．ドナーがn型に，アクセプタがp型に関するものであることを記憶するには donor の綴りの中にn字が，acceptor の綴りの中にp字が入っていることに着目すれば便利である．

不純物半導体でも，温度が高くなるほど，抵抗率の下がる性質のあることは，真性半導体の場合と同じであるが，その他に重要なことは，同じ温度でも，過剰電子，あるいは電子空席の量が混入不純物の量に比例するので，結晶をつくるときに加える不純物の種類と量とを調節することによって，で

* donor とは寄贈者，acceptor とは受領者という語であるが，ここでは，5価の不純物原子は，自由電子の「供給者」として，3価の不純物原子は，空席に隣接の電子を「受入れる」はたらきをする者として，それぞれドナー，アクセプタと名づけられたと考えてよい．

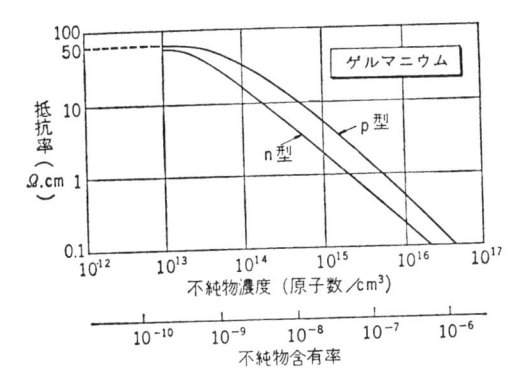

図22-10 不純物の量と抵抗率との関係．わずか1億分の1の不純物でも大きな効果をあらわし，トランジスタ作用のもととなる．

き上がる半導体の型と抵抗率を意のままにコントロールできることである．

では，どのくらいの量の不純物が，どの程度に影響をもつものかを示した1例が，図22-10である．横軸の目盛の1つは，ゲルマニウム結晶1立方センチ中の不純物の原子数をあらわしているが，もうひとつのほうの不純物含有率というのは，1立方センチ中のゲルマニウムの原子数（約5×10^{22}個）に対する不純物原子数の比をとったものである．

これをみると，真性半導体としての約50Ω·cm に近づけるには，少なくとも不純物含有率が，10億分の1以下になるまで，超純粋に精製しなければならないことがわかる．これを"純度"の方であらわせば 99.99999999％ いわゆるテン・ナインである．そして，実際にトランジスタなどに用いる場合の抵抗率は 0.1〜1 Ω·cm 前後であるから，いわばセブン・ナイン前後ということになる．日常，われわれがお目にかかる純鉄とか，純銅とかいっても，その純度はたかだか，99.99％程度であることを思えば，上述の純度は相当なものであることがわかる．

以上で，半導体にp型，n型，i型とあることがわかったが，これらの半導体の応用製品としてのトランジスタやダイオードはどんな原理構造かというと，図22-11に示すような

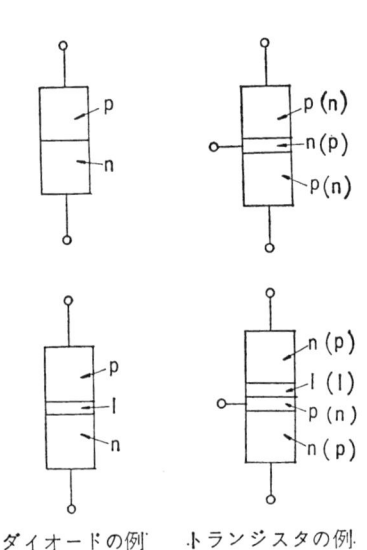

図22-11 半導体素子は p,n,i の組合わせの単結晶でできる．

ダイオードの例　　トランジスタの例

ものである．つまり，ダイオードは pn，あるいは pin，構造，トランジスタは pnp, npn, pnip, あるいは npin といったところである．ただ，いうまでもないことではあるが，p 型とか n 型とかの結晶を，別々に作って，くっつけたのではダメであって，全体が1つの単結晶であって，ただ，その内部における不純物の種類と量の分布が，図22-11のようになっているにすぎないのである．

ではこのような構造が，どんな機構で整流作用なり，増幅作用なりをいとなむのかという段どりになるわけであるが，それは，この解説の範囲からはみだすことになりそうだ．なお，"半導体"の種類には，ここにのべた単純元素のものの他に，＜化合物半導体＞，＜有機半導体＞など，つぎつぎと新しいものが加わりつつあるということだけを付言して，この話を終りにしよう．

もっと勉強したい人のために (22)

- 武田行松：真空管とトランジスタのはたらき（エレクトロニクス講座＝基礎編第 I 巻, 共立出版, 1957).〔本項のつづきとして読んでいただきたい.〕
- 新美達也, 林敏也：トランジスタ工学, 東明社, 1962.〔ひと通りの理論をふくめ, 半導体物性から各種トランジスタまで, さらりとよくまとめてある. 歴史的文献も適度にあげてあるので便利である.〕
- 神山他訳：半導体工学, 岩波書店, 1961.〔これは, SHIVE J.N. : *The Properties, Physics, and Design of Semiconductor Devices*, D. Van Nostrand, 1959. の訳本である. 数ある外国の解説書の中では, 内容のしっかりしたもののひとつ.〕
- 半導体ハンドブック, オーム社, 1963.〔内外を通じて, さいきんこれだけ充実したハンドブックはめずらしいと思う. 座右において参考にするのによい.〕
- 渡辺 寧：半導体とトランジスタ(1), (2), オーム社, 1959.〔たいへん高級な本である. 著者一流の見解でつらぬかれている. ほんとうの学術専門書というものの典型としてごらんねがいたい.〕
- SHOCKLEY W.: *Electrons and Holes in Semiconductors*, D. Van Nostrand, 1950.〔著者はトランジスタ発明の 3 博士の 1 人. この本はトランジスタ作用発見後まもなく出版された歴史的な名著. 半導体のバイブルと評されているもの. この中の Part I が著者一流の解説的文章でおもしろい.〕
- HUNTER L.P. 編：*Handbook of Semiconductor Elements*, McGraw-Hill, 2nd. ed. 1962.〔Handbook という書名ではあるが, いわゆるハンドブック形式ではない. 多数の専門家が分担している. 第 2 版はいまのところもっとも充実したもののひとつといえる.〕

〔武田行松〕

23 不純物と美の結晶
《半導体のはなし》②

　何も話をきかせてない人をつれてきて,顕微鏡をのぞかせる.その人が見た世界が図23-1のようだったとしたら,果してなんというだろう？
　実際に試してみると,まず,たいていの人が,
　　「きれいですね,なんですか,これは？」
とたずねる.そのうち1割くらいが
　　「ああ,雪の結晶ですね？」

図23-1 シリコン結晶の中に見える"雪の結晶"

と半分わかってしまったようなことをいう.

　実際,この写真ができた時に,ある有名な乳業の会社に「結晶の中の○印」という題でこの写真をコマーシャル用に売りつけ,その賞金で研究室一同でピクニックでもいこうかといささか本気で企んだものである.

　これは実はシリコン結晶の中をのぞきこんだ顕微鏡写真なのである.トランジスタやコントロールド・レクティファイアといった近代的な半導体装置を作る材料として有名なシリコンのなかに,こんな"雪の結晶"がかくされている.

　といっても,そのへんにころがっているシリコン結晶をもってきて顕微鏡でみたって見えはしない.ちょっとした秘密もあるわけだ.

　第一にこの顕微鏡は,ふつうのとは少しばかりちがった赤外顕微鏡で,試料の向こう側から赤外線で照らして,その赤外線ですかされた試料の姿をみる.赤外線はそのままでは人間の目で感じることができないから,その像を,いちど人間に見える光の像に変える.そうした図形がこの写真である.

　人間の骨だけの姿をX線でみるとき,目に見えないX線を人にあて,その像を,写真のフィルムとか,特殊の蛍光膜とかで改めてわれわれに見えるようにして眺めるのと変わりはない.

　けれども,結晶を赤外顕微鏡にかけるだけでは,ただすけて見えるだけで,骨のない動物をX線にかけるのと同じことで,何も見えない.そこで,シリコン結晶の表面に,硝酸銅とか,硫酸銅の濃い溶液をたっぷりぬりつけ,これをいちど加熱して静かにさましてやる.こうした処理を経たシリコン結晶は,明るいところでいくら眺めても別になんの変化も起こっているようには見えないが,これを赤外顕微鏡にかけてみると,図23-1のような美しい模様が結晶内部に散在しているのが見える.結晶の性質によって,こうして見える図形はさまざまで,小さい虫ピンをバラまいたように見えることもあるし,髪の毛を投げこんだように,細い黒い繊維のような

ものが縦横にからみ合っているのが見えることもある．

こういう研究をはじめると，研究者はちょっとした収集癖におちこみ，つぎからつぎへとこうやって写真をとってはアルバムにはりつけ，一人ひそかにあけてみては悦に入っているといった病状を呈するようになることが多い．そのくらいおもしろい仕事なのである．

銅原子とハエ

トランジスタが生まれたころ，ゲルマニウムという半導体を取り扱う技術者がひじょうになやまされた現象があった．ひとつのゲルマニウムの結晶をとりあげて，まずその比抵抗を測っておこう．半導体には，「型」というものがあってインジウムとか，アルミニウムを入れた結晶をp型といい，アンチモンやヒ素を入れたものをn型という．p型とn型とは明らかに反対の性質があって，針を立てたときの整流性の方向も反対なら，熱起電力も反対の符号を示すから，まちがうことはない．

さて，このゲルマニウムが，いまn型の10オーム・センチの比抵抗をもっていたとしよう．これを確かめたら，電気炉を温め，800℃になったところで，15分間だけその結晶を炉に入れ，また空中にとり出してみよう．種も仕かけもない．これでゲルマニウムはp型の5オーム・センチの比抵抗に早変わり．

技術者たちはこの不可解至極な現象でさんざん悩んだあげく，ようやく原因を見つけることができた．犯人は，表面に知らない間に付着していた銅（Cu）の原子だったのである．水道の水はもちろん，われわれの研究室の空気のなかには，十分たくさんの銅原子があって，温度が上がったとたんに結晶の中に侵入する．それは驚くほど身軽に浸み込んでしまうのである．*

ところが，結晶の中に入った銅は，どこにも平均に入っているのではなくて，結晶の構造が乱れているようなところに

*
今日では半導体を使っている工場には，例外なくイオン交換樹脂を通した水を供給する装置がついているけれども，10年前には，そんなものは「ぜいたく」と思われたものである．

半導体のはなし②

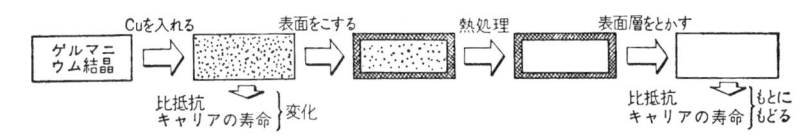

図23-2 ゲルマニウムに入れた銅原子を吸い出すことができる．

たかりやすい．ハエが食卓の上にいて，追うと遠くへ逃げるのに，少したつとまたもとの皿の上にきてとまるように，結晶の温度が下がってくるときに，そういうところに集まってくる．これを＜沈殿＞とわれわれはよんでいる．

　われわれがちょっと変わったおもしろい実験をやったことがある．図23-2に書いたように，まず結晶の中に銅を十分に入れてやる．このように結晶の中に追いこんだ銅を，外へ吸い出してやろうというのである．われわれより先に，真空の中でゲルマニウムを熱しつづけたら，だんだん銅が外に追い出されるということを，銅の同位元素からの放射能を頼りにたしかめた人があったが，われわれは，もう少し手品師のような感じをだしたいと思った．

　そこで，結晶の表面を，粗いエメリーペーパーで，ごしごしこするのである．こうして表面の結晶構造が微視的にみてひじょうにこわされた層を作っておいて，これを改めて 600〜700℃ぐらいに熱し，10〜20分ぐらいたってからまた冷やすのである．さて，こうして炉からとり出した結晶を，化学薬品にひたして，表面の荒らされた層だけをとかし去ってしまう．あとに残った結晶は，はじめの結晶より，ほんのちょっと小さくなっているが，そのなかに残っている銅の濃度は，驚くほど減っている．

　この手品は，食膳にかけるハエ帳の内側に，ハエとり紙のベタベタした面を内側にしてつけ，このハエ帳を食卓にかけてから，食膳をたたいて，食物にたかっているハエを驚かす手つづきと同じなのである．びっくりしたハエは皿の上から逃げるが，そのついでにハエとり紙に脚をとられて動けなく

なる．こうして，一度に相当のハエはとり去られるというしだいなのだ．

こんな実験を思いついたのは，銅が結晶の格子の乱れたところにつきやすいということと，結晶のなかを動きやすいということとに着目したからである．図23-1のように，黒い図形になって見えるのは，結晶の中のある点を中心に銅が寄ってきて，そこから沈殿し，成長した姿にほかならない．さいわいシリコン結晶は赤外線には透明だから，銅の集まった姿は不透明な図形として見ることができる，というわけなのである．

転位にからまる銅原子

夏目漱石の「夢十夜」という小品を読むと，立木を切り倒して仁王像を彫るのを眺めているところがある．そして，あまりにもみごとな槌とのみとの扱い方にみとれていると，隣りの男が，あれは仁王を彫っているのじゃない，もともと木の中に仁王が入っていて，ただそれを掘り出しているだけなんだと教えてくれるところがある．

図23-1の図形をみても，こういう美しい形は，結晶の中にあらかじめかくされていて，銅はただ，そのまわりからまといつくことによって雪の結晶に似た形を浮きあがらせているに過ぎないという気がする．

このように銅を吸いよせ，からみつかせるのは，結晶の中の小さい不整がつくる力学的な作用をあらわす"コットレル雰囲気"のせいだということがだいたい信じられている．先にのべた転位の線にそってついた銅が，髪の毛のように認められるのも，同じように力の場の中で吸いよせられた結果である．

半導体の中の，このような格子の不整個所は，金属の場合とちがってひじょうに興味深い現象をあらわす．それは，半導体が＜構造敏感＞* という体質をもっているからで，こんな例からもその片鱗を知ることができる．

*
結晶構造上の欠陥に敏感な性質．

図23-3のように，半導体の結晶をもってきて，そのなかでの電子，正孔など，電気を運ぶ粒子の平均の寿命を計り，また比抵抗をも測っておく．つぎに，銅などのよごれが結晶の

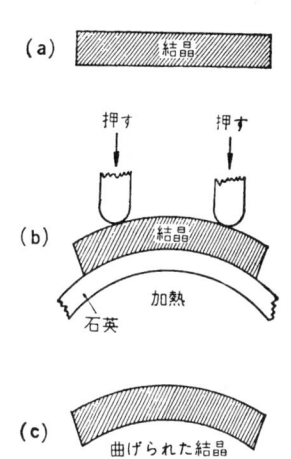

図23-3 結晶を高温にして曲げるだけで，電気的特性は変わってしまう．

なかに導入されることがないように注意して，これを熱してやり，熱い間に石英管の表面におしつけてやると，グニャリとまがって彎曲するから，この状態で再び冷却する．* このような変形をうけた結晶の中には，格子の乱れ，とくにある種の転位がひじょうにたくさん生じている．そこでこの処理の後で再び測定してみると，比抵抗はもちろん，とくに電子などキャリアの寿命がいちじるしく減少していることがわかる．

はじめに300マイクロ秒あったのが10マイクロ秒になるという変わり方は珍しくない．これでわかるように，結晶の中に転位が生じると，転位のそばに他の不純物原子が付着しない状態でさえ，それは電気的な現象にひじょうに大きな影響をおよぼすものである．

だから，この頃の半導体工業では，ゲルマニウムやシリコンを買うときに，必ず「エッチピット」は1平方センチに何個あるかをたずねるのが常識になっている．結晶表面を化学

---

* 昔，まだゲルマニウムの本性を私たちが十分つかんでいないころ，ある日本の会社の人がきてゲルマニウムの薄い板がほしいなら，ローラーでつぶしてひらたくしたら，という乱暴な話に皆で笑った記憶がある．ところが，ゲルマニウムは700°C以上に熱すると，かなりはっきりと，やわらかくなり，駄菓子のネジリ棒みたいなものを簡単に作ることができる，ということが判ってきた．だからといってトランジスタ用の薄板をローラーで作るというのではない．しかし，たしかに私たちは，きわめて容易に盲点に落ちこんで可能性を見すごす傾向があるようだ．

薬品で処理したときできる孔（ピット）は，転位が表面とぶつかったところだということがわかっているから，この数から，およその結晶の"よさ"を判定できる．そのうえ，整流器やトランジスタを作るとき，転位が多い結晶を使ったのではけっしてよいものは作れない．

シリコンのn型結晶の表面から，図23-4のように，たとえばB（ホウ素）原子を厚さ1ミクロン程度拡散法でしみ込ませると，ホウ素は結晶にp型の伝導性を与えるので，ここにいわゆる＜pn接合＞ができる．pn接合はきれいな整流特性（図23-4b）を示すが，この逆方向（電流の流れにくい方向）に大きい電圧をかけていくとおもしろい現象がみられる．

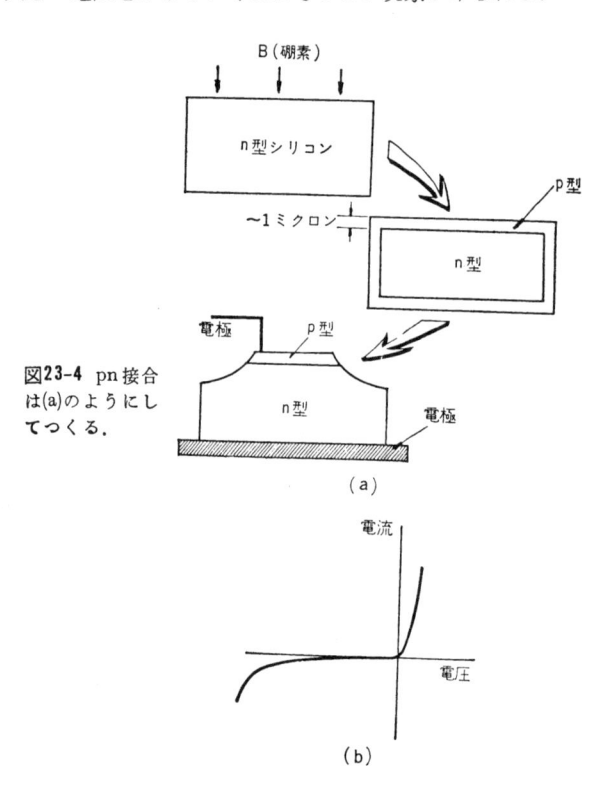

図23-4 pn接合は(a)のようにしてつくる．

半導体のはなし②

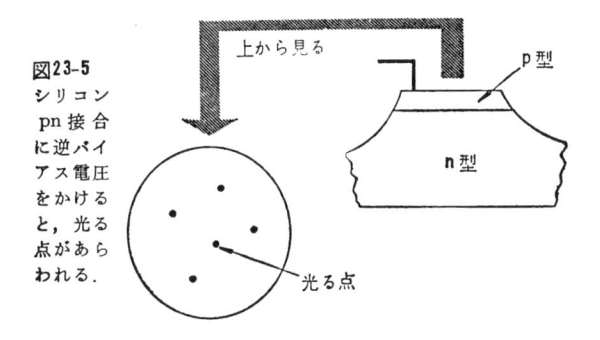

図23-5 シリコンpn接合に逆バイアス電圧をかけると，光る点があらわれる．

上から見る
p型
n型
光る点

　暗室に入って，このような逆バイアスをかけたpn接合の表面を顕微鏡でみていると，図23-5のように，小さく輝く点が，電圧を増すにつれて，1つ，2つと増えていくのが見える．しまいには，pn接合の面のなかに，輝く点がにぎやかに並んで，実に美しい．私はサンフランシスコ空港に夜の10時頃到着したとき，下界がまさに逆バイアス下のシリコンpn接合のようだったのを忘れることができない．

　ところで，この輝く点*の配列は，結晶の中を走る転位の線が，pn接合と交わったところと対応しているらしいのである．暗室の中で，図23-5のような発光点を写真にとり，つぎにpn接合の表面を化学薬品でエッチしたときの孔（ピット）の写真を別にとって，この2枚の写真を並べてみると，たいへんよく対応しているという実験結果が発表されている．

　こういうわけで，転位や格子欠陥に銅をからませてみることに意義があるのである．

　私たちの仲間で，もし転位に銅がからむのなら，図23-6aのように，結晶の表の裏とをテスタであたっていったら，銅のからんだ転位ABに達したときに，急に電流がたくさん流れるだろうと考えて試してみた．たしかにいくつかはそうなったが，どうしても出ないものがあった．意地の悪いことに，銅は平均につかないで，図23-6bのように，こぶをつくりな

* この光る点は，ヒーターの電熱線のように赤熱，白熱しているのとはわけがちがう．こういう，一度熱を通らないで，電気が光に化けるのを，エレクトロルミネッセンスとよぶ．とくにここに述べた光る点は，そこに電子などのキャリアが高い濃度で創り出されるので，プラズマの1種と信じられ，とくにこれがあまりに小さいので，「マイクロ・プラズマ」という名前がついている．

[305]

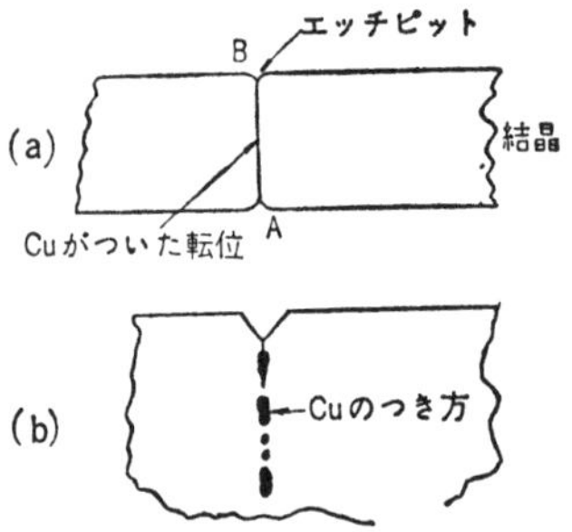

図23-6 転位につく銅は必ずしも均一にはつかない．

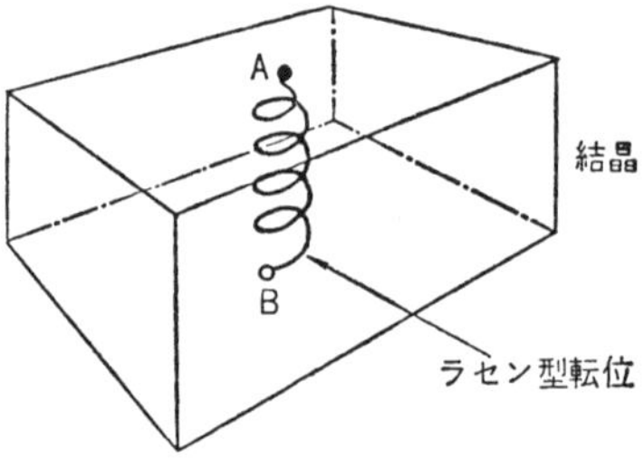

図23-7 ABというラセン型転位に銅をからませたら，インダクタンスになるだろうか．

がらからまるらしい．

　私たちはまた，図23-7のような，ラセン型の転位（ラセン・バネのような形の転位）に銅をうまくからませたら，結晶の中に「インダクタンス」ができる．これは，この頃の「固体回路」に寄与するところ大であろうと茶のみ話に花をさかせたことがある．

　先年，ショックレー*研究所の Queisser 氏が訪ねてきたとき，昼食をしながら雑談をしていたら，ショックレーの仲間でもまったく同じことで話し合ったことがあるそうだ．

　シリコンの中に銅が入る話はこう書くとあんがい簡単のようにきこえるかもしれないが，実は，結晶の中に「酸素」が入っているかどうかで，どうも話が複雑になりそうな気配なのである．「雪の結晶」などといって道楽みたいにしてばかりはいられそうもない．

---

* ショックレーが先年日本にきたとき，こんな質問をした．「米国ともあろう国で，科学技術の論文で今もって，インチとセンチを混用しているのはどういうわけですか？」「私の研究所では，前からセンチに統一しています．こういうことは，一度慣用されるとなかなか改まらないものです．」彼は即座にこう受けてから，さらに，「でも，日本語という言葉の混乱とあいまいさほどには，科学の世界をまどわせているとは思わないが，どうですか？」

*
この頃では，スタンフォード大学で，教育に専心し，ゲームを教材に使う話を彼から直接きいた．

もっと勉強したい人のために (23)

§ 半導体の結晶の中にある不完全な部分を観測し，その不完全さがどういうようにでき，また振舞うかといった点を議論した本は，すでにいくつか出版されている．

- RHODES R.G.: *Imperfections and Active Centers in Semiconductors*, Pergamon Press, 1964. 〔浅く広く以上の問題を勉強したい人が，通読するとよい本である．〕
- READ W.T., Jr.: *Dislocations in Crystal*, McGraw-Hill, 1953. 〔もっと基礎的なことをはっきりしておきたい人にすすめる．〕
- NEWKIRK et al: *Direct Observation of Imperfection in Crystals*, Interscience Pub., 1962. 〔不完全なところをどうやって観測するかという点を主にした本で，かなりくわしく述べられている．〕
- COTTRELL A.H.: *Dislocation and Plastic Flow in Crystals*, Oxford, New York, 1953. 〔専門的かつ古典的．〕
- 大川章哉編：**格子欠陥研究の進歩**，アグネ，1964. 〔英語に強くない人におすすめしたい．〕

  § ややむずかしくても，ここ数年の新しい成果が盛りこまれているのがよいという場合は，VAN BUEREN H.G.: *Imperfections in Crystals*. North-Holland Pub., 1960. で勉強するか，つぎにあげる会議の Proceedings で直接の課題にぶつかるほうが賢明であろう．

- SHOCKLEY W. et al: *Imperfections in Nearly Perfect Crystals*, John Wiley & Sons, 1952.
- SCHROEDER J.B.: *Metallurgy of Semiconductor materials*, Interscience Pub., 1962.
- BROCK G.E.: *Metallurgy of Advanced Electronic Materials*, Interscience Pub., 1963.
- PEARSON G.L. et al: *Progress in Semiconductors*, Vol. 6, *Plastic deformation of Semiconductors*, Heywood & Co. Ltd., 1962.
- GRUBEL R.O.: *Metallurgy of Elemental and Compound Semiconductors*, Interscience Pub., 1961.

〔菊池　誠〕

小さな術語集

―さくいんを兼ねて―

ア アイソトープ：isotope－同位元素，同位体．歴史的には化学的性質が同じで物理的性質の少し異なる原子．原子核の構造よりいえば陽子数が同じで質量数の異なる原子．放射性のものをラジオアイソトープという．*217*

亜境界：sub-boundary－結晶の中で主として転位の配列からなって，両側の結晶部分にわずかの結晶方向差を与えているような境界面．*142 206 211*

アクセプタ：acceptor－半導体内において，キァリアとして正孔の供給源となるような不純物原子．*294*

アクチニド金属：actinide metal－89番アクチニウムから103番ローレンシウムをさす．いずれも放射性の金属で，7周期3族に入る．*223*

アルカリ金属：alkali metal－リチウム，ナトリウム，カリウム，ルビジウム，セシウムなどで，酸化性がつよい．塩基性をもっている．*226*

α 固溶体：α solid solution－1次固溶体．主体となる金属を土台とした固溶体．→1次固溶体．*47 52*

アルニコ5磁石：Alnico 5 magnet－M.K.鋼の改良．磁場熱処理により，優れた磁気的性能をうる．現代の磁石のナンバー・ワン．アルニコの名は主成分の頭文字．*270*

α 相：α phase－2元合金に出てくる相のうち，主体となる金属を土台とする相．*47*

α 鉄：α iron－鉄の同素体で，A_3 変態点以下の鉄，結晶構造は体心立方晶型．*76*

安定析出相：final precipitate－析出過程の最後におちついたところでできる析出相で，状態図にものっている相．

イ イオン：ion－原子から軌道電子がとれると原子の残部は陽電荷をおびる．また，外から電子がつくと負電荷をもつ．これをイオンという．*223 233*

イオン化傾向：ionization tendency－金属がその金属イオンを含む溶液に溶解する傾向．電気化学的に測定する．また，その大小によってならべた金属の順序．*234*

[*309*]

イオン結合：ionic bond — 正負イオンの静電的引力によって化学的に結合する方式．代表例は食塩．227

1次固溶体：primary solid solution — 状態図において，純金属につづいている固溶体合金．→α固溶体．20

入り込み：intrusion — 疲労過程中に結晶の薄いくぼみがすべり帯の中に生ずる現象．突き出しの反対．210

ウ ウィグナー：E.P. Wigner 252

ウィルム：A. Wilm 176

渦電流：eddy current — 磁場の強さの変化により，導体に生ずる渦状の電流．273

エ A_1変態：A_1 transformation — 鉄の共析変態．変化は，オーステナイト$\rightleftarrows$パーライト．78

A_3変態：A_3 transformation — 鉄の同素変態の一つで，α鉄$\rightleftarrows$γ鉄の変化．77

Ar′変態：Ar′ transformation — オーステナイト化温度から冷却するさい，オーステナイトから直接結節状トルースタイト（または微細パーライト）の生ずる変態．81

Ar″変態：Ar″ transformation — オーステナイト温度から焼入れするさい，オーステナイトからマルテンサイト組織を生ずる変態．さいきんは M_s の記号で表わす．81

永久磁石：permanent magnet — 相当大きな磁化を安定に保磁する磁石．磁性材料の一つ．267

S-N 曲線：S-N curve — 繰返し応力振幅と破壊にいたる繰返し数との関係を示す曲線．206

X線回折：X-ray diffraction — X線を結晶にあてたとき，入射方向以外にX線が干渉の結果進行すること，またはその現象．18 34

エッチ・ピット：etch-pit — 腐食によってできる小さい孔．88 94 303

エッチング：etching — 金属の表面を腐食すること．89

エネルギー・バンド：energy band — 孤立した原子が集まり，互いに結合して結晶を作ると，もともと一定のエネルギー準位にあった電子のエネルギーは結晶を構成する原子数に相当する数の多数の準位に分散する．たとえば孤立したナトリウム原子の$3s$準位は $3s$ エネルギー・バンドにひろがる．246

MK鋼：M.K. steel — 三島徳七博士の発明したニッケル，アルミニウム，コバルトを主成分とする磁石鋼．現用磁石の中心となる材料．270

n型半導体：n-type semiconductor — 不純物としてドナーを多く含み，主として過剰電子による電気伝導をしめす半導体．→p型半導体．293

エネルギー準位：energy level — 原子などがとりうるエネルギーの値またはその状態をいう．エネルギーの差が高さの差に比例するように表示する．水平線でレベルをしめす．219

エルステッド：Oersted-磁場の強さの CGS 単位. *259*
延性破壊，展性破壊：ductile fracture -顕著に塑性変形を生じてから生じる破壊. *184*
オ　オーステン：R. AUSTEN　*85*
　　オロワン：E. OROWAN　*166*
カ　カーケンダール：E.O. KIRKENDALL　*150*
　　回折：diffraction--→X線回折
　　回復：recovery -結晶にある温度で damage を与えたのち，その結晶をその温度以上に保持したときに熱の放出をともなう過程. *134*
　　ガウス：Gauss-磁束密度の CGS 単位. *266*
　　核（相変態の）：nucleus -相変態によって新しい相が形成しはじめるごく初期において，構造的に相としてみなすことができるための最小限の大きさをもった微粒の新相. *70*
　　核外電子：orbital electron -原子核のまわりの電子．軌道電子ともいう. *219*
　　核生成と成長：nucleation and its growth-核の生成とその成長でおきる現象. *71*
　　拡張転位：extended dislocation -ひろがったリボン状の転位．ひろがったところは積層欠陥になる. *106 162*
　　核反応：nuclear reaction -原子核に高いエネルギーをもったアルファ粒子，陽子，重陽子，中性子などをすてるとき他の原子種にかわること. *215*
　　核分裂：nuclear fission- ウランなどの重い原子の原子核が中性子により2つの同じくらいの原子核にわれる現象. *215*
　　確率振幅：probability amplitude -電子の運動は波動として理解されるが，その波の振幅．確率振幅の2乗は電子の存在確率（確率密度ないし電子密度）を与える. *242*
　　確率密度：probability density--→確率振幅. *243*
　　核力：nuclear force-陽子―中性子，陽子―陽子，中性子―中性子をむすびつけて原子核をまとめている力. *216*
　　拡散：diffusion - 合金の場合についていえば，合金に濃度の差があるとき，この差を無くすような原子の移動. *145 148*
　　拡散係数：diffusion constant- 異種の原子の濃度が場所によって異なるとき，一様な濃度になるようにまじり合う速さをあらわす定数. *195 201*
　　過剰電子：excess electron-正常な結晶格子配列の電子以外に余分に存在する電子．通常，自由電子あるいは伝導電子といわれる状態にあるもの. *294*
　　加工硬化：work hardening-いったん塑性変形した物質の降伏強度が処女状態のものより高くなる現象．-→ひずみ硬化. *102 116*
　　加工硬化率：rate of work hardening -加工硬化する割合．ひずみに

[*311*]

対する応力上昇の度合い．*102*

活性化エネルギー：activation energy-金属や合金の相変態や拡散などの反応過程において，反応を開始させたり，持続させるのに必要なエネルギー．*71*

価電子：valence electron-原子の最外側軌道に属する電子．この数により金属の原子価がきまる．したがって反応のさいの行動や，つくる化合物の型がかわる．*225*

硬さ：hardness-材料の面に直角に，きめられた形の鋼の玉やダイヤモンドの錐体を目方をかけておしこんだときのへこみぐあいで硬さを示した値．*99*

下(部)降伏点：lower yield point-軟鋼の応力ひずみ曲線で，塑性変形が一定応力で急速に進行するところのその応力．*160*

過飽和固溶体：supersaturated solid solution-固溶している溶質原子の数が，その温度での平衡状態として許される数よりも過剰になっているような準安定状態の固溶体．*67*

γ鉄：γ iron-鉄の同素体で，A_3 と A_4 変態点の間における鉄．結晶構造は面心立方晶型．*75*

キ　規則-不規則変態：order-disorder transformation-固溶体の結晶において，溶媒原子と溶質原子の配列がでたらめな状態から規則正しい配列へと転移する場合の変態．*64*

規則合金：ordered alloy-原子配列に長範囲の繰返しをもっている合金．*18 21 164*

ギッブス：J. W. GIBBS　*28 36*

希土類金属：rare earth metal-57番ランタンから71番ルテシウムにまでの金属で，周期表の3族6周期に入る．*223*

ギニエ：A. GUINIER　*178*

凝固：solidification-液相の金属が冷却して固相になる変化．

凝集エネルギー：cohesive energy-分子をつくる原子間は化学結合によるが，さらにこの分子間に引力が働いて固体や液体が構成される2つの引力をいい，物理的な力であり金属をつくるなどはこのためである．*232*

強磁性体：ferromagnetic material-磁石を近づけると，吸引されるもの．自発磁気をもっている．*261 270*

共晶温度：eutectic temperatur-共晶があらわれる温度．*26*

共晶合金：eutectic alloy-共晶組織の合金．*26 35*

共晶組織：eutectic structure-共晶反応の結果として形成される特有な顕微鏡組織．*67*

共析反応：eutectoid reaction-2元系合金の1相状態の固相を冷却するさい2種の新しい固相へ分解するような変態反応．*64 68*

共有結合：covalent bond-2個の原子間で互いに価電子を共有することにより生ずる結合様式．*228 229*

共晶点：eutectic point-固体状態では全然またはごく一部しか溶け

合わない金属同士の合金で,成分2つ以上が同時に晶出する点.→共晶線. 26

共晶反応:eutectic reaction-2元系合金の液相を冷却するさいに2つの異なった固相が同時に形成されるような変態反応. 64 67

切り欠き効果:notch effect-材料の切り欠き部によっておきる応力集中効果. 207

金属結合:metallic binding-金属の正イオンと自由電子との存在によって生ずる結合様式. 227 230

キャリア:carrier-物質内で電気の運び手となるもの.電子と正孔がある. 292

均一核生成:homogeneous nucleation-各部分で一様に核ができること.→不均一核生成. 70

金属間化合物:intermetallic compound-無機化合物のような比較的簡単な成分元素の比率であらわされる合金で,固有の結晶構造を有するもの. 18 47

ク 空格子点:vacancy-結晶中で原子が規則的にならんでいなければならない位置に原子の欠けているところ.原子空孔,空孔. 14 121 149

空洞:void-結晶中に存在する孔で,1原子あるいは2,3原子大の孔ではない,もっと大きい孔をいう. 129

クリープ:creep-ふつうの降伏強さ以下の圧力を加えたときのおそい変形. 191

グリフィス:A. A. GRIFFITH 185

グリフィスの先在割れ目:Griffith's crack-グリフィスが考えた物体内に先天的にある応力集中のもとになる割れ目. 185

ケ KS鋼:K.S. steel-本多光太郎博士の発明した高コバルト磁石鋼. 270

経年変化(経時変化):secular change-合金に何かの処理をし放置したとき,その性質がしだいに劣化するような変化. 169

結晶:crystal-原子が一定の規則にしたがって格子状に規則正しく配列している固体. 2 14 120

結晶異方性:crystal anisotropy-結晶格子の方向による性質のちがい. 127 272

結晶格子:crystal lattice-結晶において,原子の中心を空間的につらねてできた網目状の格子. 20 45

結晶粒:crystal grain-金属組織を顕微鏡でみたときの粒状のもの.それぞれが一つの単結晶に相当. 15

結晶粒界:grain boundary-結晶粒の境界.→結晶粒. 17

原子核:nucleus-原子の中心をなす実質部.一定数の陽子と中性子とからなり正電荷をもつ. 12 215

原子空孔:vacancy-結晶中の原子の配列の周期性の一部が乱れて

原子が1個ぬけたところ．→空格子点，空孔．*14 121*
顕微鏡組織：microstructure-顕微鏡でみたときの金属のすがた．*16*

コ　コーエン：M. Cohen　*189*
合金：alloy-金属に，金属あるいは非金属を加えてできた物質で，金属的性質を有するもの．*3 16 254*
交叉すべり：cross slip-すべりが一つのすべり面からこれと交叉する別のすべり面へ連続的に移る現象．*103*
格子間原子：interstitial atom-結晶中の原子で正常な配列位置以外のところにあるもの．*121*
格子欠陥：lattice defect; lattice imperfection-結晶中で原子配列の規則性が乱れているところ．*45 121 134*
格子点：lattice point-結晶格子において，原子のおるべき位置．*14*
剛性率：modulus of rigidity-剪断応力と剪断歪を関係づける弾性率．*99*
固着（転位の）：anchoring, pin-down,-転位を溶質原子その他で動けなくすること．*161*
降伏点：yielding point-応力—ひずみ曲線で急激にひずみが増加する点で，このとき通常は曲線の傾斜は逆転する．*160 189*
降伏強さ（応力）：yield strength-巨視的な塑性変形が開始する応力．*101 157*
コットレル：A. H. Cottrell　*160*
コットレル効果：Cottrell effect-金属の中に溶けこんだ他の金属あるいは非金属原子が，刃状転位のところに引かれる効果．*160 173*
コットレル雰囲気：Cottrell atmosphere-コットレル効果の結果生じた刃状転位のまわりの溶け込んだ原子の多い領域．*302*
固溶限：solubility limit-固溶体として第2成分が溶けこむ限度．*47*
固溶体（合金）：solid solution-ある金属の結晶格子の中に，他の元素の原子が入りこみ，いぜんもとの金属の結晶形を保っている合金．*16 19 46*
コントロールド・レクティファイア：controlled rectifier-シリコンの結晶に細工をして，3本の電極を出すと，小さい電力で大きな電力を制御できる．カラーテレビの照明にまで実用化されている．*299*

サ　再結晶：recrystallization-加工された金属をある温度以上に加熱した場合に，新しい結晶核の発生およびその成長のみられる現象．*132*
サイツ：F. Seitz　*252*
最隣接原子の仮定：assumption of nearest neighbours-金属や合金の結合力や自由エネルギーを論ずるさい，もっとも近くに隣接しあっている原子相互間の作用のみ考えれば十分であるとする仮定．*62*

小さな術語集

ザックス：G. Sachs 112
サブ・グレン：sub-grain- ふつうの結晶粒の内部に存在する相互の方位差のきわめて小さい結晶の領域. 142
残留応力：residual stress- 熱によるひずみまたは機械的ひずみを保持する内部的応力.

シ　G. P. 集合体：G. P. zone; Guinier-Preston zone-析出の初期段階に母体になる金属の結晶格子上にできる溶質原子の集団. 178
磁化容易方向：easy direction of magnetization- 自発磁気が安定に向いている結晶軸. 264
時期割れ：season cracking-黄銅・Al-Zn-Mg 系ジュラミンのようにある応力状態で応力腐食のために亀裂を生じる現象. 置き割れ，自然割れ. 184
磁区：magnetic domain-強磁性体の内部の磁気的に分割され自発磁気をもった領域. 263
時効：ageing, aging- 金属材料の性質が時間の経つにつれて変化すること. ふつう，われわれにつごうのよい方向に変わるのをいう. 169
自己拡散：self diffusion-同じ種類の原子の間で起こる拡散. 148
時効硬化：age-hardening-金属材料が時間の経つにつれて硬くなってゆく現象. 67 170
自己拡散係数：self diffusion coefficient-同種原子間の拡散係数. 201
示差熱分析：differential thermal analysis- 熱分析の一方法で，温度を上昇させながら試料と標準物との温度差を測って相変化の起こる温度を知る方法. →熱分析. 32
磁石：permanent magnet- 安定した磁場をうるために使用される磁性材料. →永久磁石. 257
磁心材料：magnetic core material-コイルの芯におかれ，その効率を高める材料. 267 272
磁束密度：magnetic flux density-単位面積あたりの磁束の数. 266
自発磁気：spontaneous magnetism-強磁性体が生れながらにもっている磁気. 261
シュレーディンガー：E. Schrödinger 242
ショックレー：W. Shockley 292
磁壁：magnetic wall：磁区の境界. 264
絞り：reduction of area-引張り試験で破断させたときの，試料の断面積の減少の割合. 112
自由エネルギー：free energy-物質の状態を表わす熱力学的な量. 自由エネルギーが低い状態が安定. 57
自由度：degree of freedom- 物質のある状態を決定する場合に，自由に考えられる変数の数. 28
自由電子：free electron-結晶内で，所属原子の束縛をはなれて，移動できる状態にある電子. →伝導電子. 231 244 261 292

[315]

樹枝状晶：dendrite- 鋳造した金属にあらわれる木の枝のような形の結晶で，冬の朝の窓につく氷の結晶のような形のもの. *49*

集団発生：multiplication -フランク・リード源のように転位の1つの源から，いくつもの転位線が生まれ出ること. →多重形成. *208*

ジュラルミン：duralumin- Wilm の発明した合金. アルミニウムに銅，マグネシウム，マンガンなどを加えた軽合金. *66 171 176*

主量子数：principal quantum number- 電子の状態をきめる4つの量子数（主量子数，方位量子数，磁気量子数，スピン）の1つ. *219*

シュレーディンガー方程式：Schrödinger equation-電子に対する運動方程式. *243*

常温時効性：age-hardenable at room temperature-室温近くの温度で金属材料の特性が時間の経つにつれて変わる性質. *170*

小角結晶粒界：small angle grain boundary- 両側の結晶粒の方位の差が小さいような粒界. *94*

ジョグ：jog-転位線上の段階. *142*

状態図：phase diagram-→平衡状態図. *24 38 62*

上(部)降伏点：upper yield point- 軟鋼で応力—ひずみ曲線をとると，ある応力で急に塑性変形が生じて，応力の低下が起こる. その直前の極大の応力. *160*

初晶線：primary crystal line-融液からはじめて固相の結晶があらわれる温度. *31*

ショット・ピーニング：shot peening-径1mm程度以下の小鋼球を噴射して材料の表面硬化をおこなわせる処理法.

磁力線：magnetic line of force- 磁場における力線で，その方向は磁束の方向と一致. *265*

磁歪：magneto striction- 磁場の作用によって物体に生ずるひずみ. *265*

じん性：toughness-破断する前にエネルギーを吸収する性質.

真性半導体：intrinsic semiconductor- 純粋な成分の結晶で，しかも半導体的な性質を示すものをいう. 純粋なゲルマニウムやシリコンがその代表例. *292*

侵入型固溶体：interstitial solid solution- 結晶格子間に他の原子が入りこむことによってできる固溶体. 置換型固溶体の反対. *22 159*

ス 水素脆性：hydrogen brittleness-鋼で，ある量以上の水素を含んだ場合（とくに応力下で）に示す脆性. *184*

鈴木効果：Suzuki effect- 面心立方型合金にみられる拡散転位のところへの固溶した原子の偏析. *163*

スピン：spin- 原子内の軌道にある電子のもつ仮想的な回転運動.

258 264

すべり面：slip plane-すべりが生ずる結晶面．→すべり帯．*100 114*

セ　正孔：positive hole：物質における電気のキャリアの一種で，正の電荷をもつ．*289*

脆性破壊：brittle fracture-ほとんど塑性変形をともなわないで生じる破壊．*184*

青銅：bronze-本来は銅にスズを加えたものを主体とする銅合金のことだが，転じて広くは銅合金の代名詞にも使う．*19 38 50*

整流性：rectification-ある装置に電圧をかけたとき流れる電流が，その電圧のむき（プラス，マイナス）によって異なるとき，それは整流性をもつという．*300*

青熱脆性：blue brittleness, blue shortness-軟鋼が200〜300℃の範囲で室温よりもろくなる現象．*184*

析出：precipitation-過飽和固溶体中で過剰に固溶している原子が母格子（固溶体の結晶）から別れて新しい相を形成して安定状態（母格子の相と新しい相とが共存）となる現象．*31 64*

析出硬化：precipitation hardening-析出に原因する硬化．→析出

積層欠陥：stacking fault-面状の格子欠陥の一種で結晶の格子型によって，原子の積み重なりの周期性は定まっているが，この積み重なりに不整のあるものをいう．*8 129 136*

接合状態，整合状態：coherent state-合金の結晶の中に別の相が形成されるようなとき，その境目のところで別相の領域内の原子と母体内の原子とがなお1つ1つ対応している状態．*179*

接合ひずみ：coherency strain-別相との結晶格子の寸法のちがいを無理して合わせて，接合状態を保つために母体の結晶格子の中にできるひずみ．*81*

セメンタイト：cementite-炭化鉄 (Fe_3C)．*78*

遷移金属：transition metal-原子構造上から，価電子を2つの殻にもっている元素，いいかえれば空でもなく満たされてもいない d 殻をもつ元素からなる金属．*222 226*

遷移クリープ：transient creep-最初の段階のクリープ．クリープの速度が最初大きく，次第に減少して一定値に達するまでのクリープ．*192*

ソ　相：phase-金属の顕微鏡組織における一様な質の等しい部分．*53*

双晶：twin-特定な面または軸に関して対称な2個の同種の結晶の結合した固体．*136*

双晶境界：twin boundary-隣同士の結晶が鏡面対称のような双晶関係にあるときのその境界．この境界は双晶面とはかならずしも一致しない．*136*

相変態：phase transformation-金属や合金で相が変わること．*57*

相律：phase rule-状態図における相の数と，成分数と，自由度の関係をあらわす規則．*28*

塑性加工：plastic working - 金属の材料の形を永久に変えるような加工．鍛造，圧延，押出，線引などがその例．115

塑性変形：plastic deformation - 力を加えたことによって生じた永久的な変形．98 111

ソルビー：H.C. Sorby　85

ソルバイト：sorbite - α鉄と微粒セメンタイトとの機械的混合物で，マルテンサイトを 500〜600°C に焼戻したときに得られる組織．83

タ　ダイオード：diode　296

第3次クリープ：tertiary creep - 最終段階のクリープ．定常クリープの後でクリープ速度が急に増大して破壊にいたるまでのクリープ．192

体心：body centered - 隅の位置と同等な位置が中心にある単位格子．7

体心立方格子：body centered cubic lattice - 立方体の各すみ以外に，中心に原子1個をもつような結晶構造．α鉄はその一例．27

第2相：second phase - 合金の相変化で，新しく出てくる第2番目の相．16 47

耐熱合金：heat-resisting alloy　145

ダイヤモンド格子：diamond lattice - 結晶格子構造の一型式で等軸晶系に属する．ダイヤモンドの結晶がその代表的なもの．37 78

タングリング：tangling - 転位のもつれ，加工硬化の原因の一つ．103

単磁区型磁石：single domains magnet - 単一磁区をもつ微粒子からなる永久磁石．270

弾性変形：elastic deformation - 力を加えたときは変形するが，力を除くとともに戻るような永久的でない変形．111

短範囲の規則性：short range order - 近い距離，とくに一原子のとなりの状況をきめるような規則性．→長範囲の反対．21

タンマン：G. Tammann　26

チ　置換型固溶体：substitutional solid solution - 結晶格子点に他の原子が置きかわることによってできる固溶体．→侵入型固溶体．22 62 157

中間相：intermediate phase-　178

稠密六方格子：close-packed hexagonal lattice - 球状と考えた原子を密に積み重ねてできる六方柱状の結晶格子．25

調質：heat refining - 鋼の結晶粒子を微細にし，鋼を強じん化するために，焼入れ，焼戻し（焼戻し温度 400°C 以上）する操作．84

長範囲の規則性：long range order - 長い距離までくりかえされる規則性．→短範囲の反対．21

ツ　突き出し：extrusion - 疲労過程中に結晶の薄い層片がすべり帯の中

小さな術語集

から押し出されてくる現象. →入り込み. 210
テ 低温焼なまし：low temperature annealing -再結晶にあたる変化がはじまらぬくらいの低い温度に加工材を加熱して，加工でおこった状態を変化させること. 焼鈍. 173～5
抵抗率：resistivity, または specific resistance- 比抵抗または固有抵抗. 物質の 1 cm³ の電気抵抗. （単位はオーム・センチ） 285
定常クリープ：steady state creep- 第2段のクリープでクリープ速度が一定である範囲のクリープ. 192 197
天秤の法則：lever rule, lever relation- 2相からなる合金があるとき，2相の量の比率を与える法則. →てこの法則. 30
てこの法則：→天秤の法則
転位：dislocation--→転位線. 57 94 99 114
転位線：dislocation line- 結晶の中に存在する格子欠陥で，線状に分布しているもの. 転位と同意義. 135
展延性：ductility- 延ばすような力を金属に加えたときのび易さ. 111
点欠陥：point defect-点状の欠陥，原子空孔（空格子点），格子間原子など. 120
電子軌道‥electron orbit-原子核のまわりをまわる電子の軌道. 219
電子対ボンド：electron pair bond- 隣接する原子の価電子たちは，互いに2個ずつ対になって，それらの原子間の結合力となる性質がある. その状態になった電子の対. 289 294
ト 凍結：frozen-in-低温にして点欠陥の移動を止め，その温度での熱的平衡値より過剰の点欠陥を結晶中に導入すること. 124
透磁率：permeability-磁束密度とそれに対応した磁場の強さの比. 269
同素変態：allotropy- 同一の物質が原子の配列または結合のしかたが異なる種々の結晶構造をとり得ること. 60
ドナー：donor- 半導体内において，キャリアとしての電子の供給源となるような不純物原子をいう. 294
トランジスタ：transistor- 1948年に米国のベル電話研究所で発明された結晶を使い，真空を使わない増幅装置. 296
トルース：Troost 85
トルースタイト：troostite- α鉄と極微細なセメンタイトとの機械的混合物で．マルテンサイトを約400℃に焼戻したときに得られる組織. 82
ナ 内部歪：internal stress-外部からの力によらない，材料の内部に存在しているひずみ. 90
生金：iron-工業上の鉄. 極軟鋼は生金の一種.
ニ 2次的格子欠陥：secondary lattice defects- 過剰の原子空孔や格子間原子が回復過程で集合して新たにできた欠陥. 130
2相合金：第2相が観察される固溶体合金 16 20 22

[*319*]

ニュートン：I. Newton　241

ネ　熱間加工：hot working-再結晶温度以上での加工．実際は室温以上での加工を意味することが多い．134

熱起電力：thermo- electromotive force-ある物質に温度差を作ると，この温度の異なる点の間に起電力が生ずる．これを熱起電力という．277

熱処理：heat treatment-固体の金属および合金に加熱および冷却の適当な組合わせの操作を施すことによって相変態を利用して要求にかなった性質を得ること．59 75

熱電対：thermocouple-異種の金属線間の熱電気効果を利用して温度を測定するもの．33

熱分析：thermal analysis-溶解あるいは加熱した合金試料を自然に冷却させたときの温度変化から，相変化の起こる点を知る分析法．32

♪　伸び：elongation-材料の引張り試験のとき，ついに引きちぎれるまでに，試片のきめた範囲が伸びた量と，もとの長さとの百分比．19

ハ　ハーシュ：P. B. Hirsch　125

パーライト：pearlite-フェライトとセメンタイトの共析晶をパーライトといい，顕微鏡的にはフェライトとセメンタイトの薄片が互いに層状をなしている．78

パーライト組織：pearlite structure-ひじょうに薄い板または層から成立っている層状の顕微鏡組織で，鋼の共析組織においてフェライトとセメンタイトが交互に層状となったものが典型的な例．67

パイエルス：Peierls　140

パイエルス応力：Peierls stress-他に欠陥のない結晶の中で1本の転位を動かすのに要する応力．Peierls-Nabarro応力ともいう．140

ハイゼンベルグ：W.K. Heisenberg　241 245

ハイン：Hein　85

パウリ：W. Pauli　249

パウリの排他原理（律）：Pauli's exclusion principle-結晶中の電子のように，多数の電子が運動している系で，2個以上の電子が同一のエネルギー状態をとることはできないという原理．223 249

刃金：tool steel-刃物に用いられる鋼，すなわち工具用炭素鋼．74

刃状転位：edge dislocation-結晶格子の途中まで原子面が1枚余分に入ったような型の，くさび型の結晶格子の線状の乱れ．→ラセン転位．92

破断強度：fracture strength-材料に応力をかけたとき破断に達する応力の値．185

波動関数：wave function：電子の運動を波動として記述するときに

その波動を表わす関数で，確率振幅に相当. 242
バリウム・フェライト：barium ferrite-$BaO \cdot 6Fe_2O_3$ の組成をもつセラミック磁石．保磁力の高いのが特徴. 270
バレット：C. S. BARRETT 133 135
半減期：half-value period-放射性原子が放射線をだして半分になるまでの時間で，放射性原子に固有の値. 217
半導体：semi-conductor 286

ヒ　p 型半導体：p-type semiconductor-不純物としてアクセプタを多く含み，主として正孔による電気伝導を示す半導体. 294
pn 接合：pn junction-たとえばゲルマニウム結晶の半分に Ga を入れて p 型とし，他の半分に Sb を入れて n 型とし，それぞれの部分に電極をつけたものが pn 接合. 305
非磁性体：non-magnetic material-磁石を近づけても，磁気感応を示さない材料．→強磁性体. 270
微小亀裂：micro-crack-疲労の初期にあらわれる顕微鏡的寸法の小さな割れ目. 209
ヒステリシスループ：hysteresis loop-強磁性体を磁場の中におき，飽和まで磁化した後に磁場を変化させ，磁束密度と磁場の強さの関係をもとめたループ状の曲線. 267
ひずみ：strain-物質に外力を加えると内部に応力を生じ，分子間に変化をおこす変形．はじめの長さで割った長さの変化. 22
ひずみ時効：strain ageing-ひずみを与えて放置しておくと降伏応力の増す現象．軟鋼に見られる. 139 162 173
比抵抗：specific resistance, specific resistivity, resistivity- 1cm角の結晶の向かい合う面にべったり電極をつけ，1アンペアの電流を流したとき，両端にでる電位差（ボルト）の値をその結晶の比抵抗または抵抗率という．→抵抗率. 285 300
非破壊試験：non-destructive testing-材料を破壊せずに，材料の欠陥をしらべる検査. 45
非保存運動（転位の）：non-conservative motion-点欠陥を生じながらのジョグのある転位の運動．保存運動の反対. 137
疲労：fatigue-静的破壊応力より低い繰返し応力によって材料が破壊に至る現象. 203
疲労限度：fatigue limit-無限に繰返しても疲労破壊を起こさないような応力振幅の最大値. 206
疲労硬化：fatigue hardening-疲労の過程において塑性変形抵抗が増大すること. 206
疲労寿命：fatigue life time-疲労現象において破壊にいたるまでの応力負荷の繰返し数. 205
疲労破壊：fatigue fracture-通常の破断強度よりも低い応力の繰返し負荷によって生じる破壊. 184
標準電極電位：normal electrode potential-金属をその金属イオンの

単位濃度の溶液につけたとき示される電極電位. 水素電極を基準として示す. 235
ヒューム・ロザリー：W. Hume-Rothery 23 46 254

フ フィシャー：J. C. Fisher 164
フィシャー効果：Fisher effect- 規則格子をつくる原子間の結合を動く転位がきることに原因する抵抗. 164
フェライト：ferrite- α 鉄を組織学上, フェライトとよぶ. 78
フェルミ：O. Fermi 249 253
不均一核生成：heterogenous nucleation- 一様でない核のでき方. 71
不純物半導体：impurity semiconductor- $\to p$ 型, n 型半導体. 293
腐食疲労：corrosion fatigue- 腐食によって促進された疲労. 206
ブラッグ：W. H. Bragg 2 246
プランク：M. Planck 243
ブラッグ条件（ブラッグの法則）：Bragg condition (Bragg's law)- 結晶が X 線や電子線を回折する条件. $2d\sin\theta = n\lambda$. d, 原子面間距離. θ, 入射波とその原子面との間の角, λ, 入射波の波長, n, 整数. 246
ブリュアン帯：Brillouin zone- 結晶中を運動する電子はある特定原子面でブラッグ反射を起こす. 反射する面が π/d 単位（ブラッグ条件を参照）で, 各結晶方向に存在するので, 格子常数の逆数を単位にした実際の結晶の逆格子についていえば, その原点を中心にブラッグ条件を満足するいくつもの境界で境される領域に分割することができる. 結晶中の電子状態をあらわすために考えられた空間における領域. それぞれを第1, 第2……ブリュアン帯とよんでいる. 結晶の電子状態を理解するうえに重要である. 248
プレストン：G. D. Preston 178
ブロッホ関数：Bloch function- 結晶中を運動する伝導電子に対する波動関数. 242
雰囲気：atmosphere, environment- 材料の置かれた気体・液体の環境.（コットレル雰囲気を意味することもある）. 173 206
分散硬化：dispersion hardening- 異質の粒子の分散による合金の強化. 165 179

ヘ 平衡状態図：equilibrium phase diagram- 合金の組成を温度を変えたとき, 平衡状態で如何なる相があらわれるかを示す図. 相図または状態図. 49 154
ベイン：E.C. Bain 81 85
ベイナイト：bainite- Ar'～Ar''における恒温変態（オーステンパー）によって得られる組織. 81
ベクトル：vector- 大きさだけでなく, 方向と向きをもつ量. 243
偏晶反応：monotectic reaction- 2元系合金の液相を冷却するさいに, 一つの固相とそれとは成分の異なる新しい液相とからなる

2相状態へ変態するような反応. 64

ペンシル型すべり：pencil slip-すべり線は，通常，直線的であるが，鉄ではなめくじのはったように見える．これをいう. 105

偏析：segregation-固溶体内でとけこんだ原子が，固溶体内で局部的に集まること. 21

変態：transformation-温度を上昇または下降したためにある結晶構造のものが他の結晶構造のものに変化する現象. 10 57 75

変態温度（変態点）：transformation (temperature)-金属を加熱または冷却するさいの変態が起こる温度. 60

変態点：transformation point-変態の起こる温度. 75

ホ 放射線：radiation, radioactive ray-アルファ線，ベーター線．ガンマー線，中性子線など．

放射線効果：radiation effect-放射性が物質にあたったためにおこる物理的あるいは化学的な変化. 215

放射線損傷：radiation damage-放射線にさらされたときにおこる構造の欠陥. 45 131

包晶組織：peritectic structure-包晶反応の結果，形成される特有な顕微鏡組織. 68

包晶反応：peritectic reaction-2元系合金の変態の一種で，1つの固相と1つの液相とが冷却のさいに反応して，1つのまったく新しい固相を生成する反応. 68

包析反応：peritectoid reaction-2元系合金の変態の一種で，2つの異なった固相が冷却のさいに反応して1つのまったく新しい固相を生成する反応. 64 68

保磁力：coercive force-強磁体を飽和まで磁化した後，反対方向の磁場をかけ，磁束密度が0になる時の磁場の強さ. 269

ポリゴニゼーション：polygonization-加工された金属内の多数の転位が，焼なましによって安定な状態に再配列し，亜境界を形成する過程. 142

本多光太郎：K. HONDA 26

マ マティーセン：O. MATIESEN 284

マルテン：T. MARTEN 85

マルテンサイト：martensite-炭素を侵入型に固溶しているα鉄，すなわちα固溶体．焼入鋼の組織の一つ. 78

ミ ミラー指数：Miller indices-結晶面をあらわす記号法. 6

ミューラー：E. W. MÜLLER 18

メ 面欠陥：plane defect-結晶中にある面状の格子欠陥．双晶境界や，結晶粒界，積層欠陥など. 136

面心：face-centered-隅の位置と同等な位置を面内にもつ単位格子. 27

面心立方格子：face centered cubic lattice-立方体の各すみ以外に立方体の各面の中心に，おのおのの原子が1個ずつ存在するよう

な結晶構造．2 5 115 126 230
メンデレーエフ：D.I. MENDELEEV　226

ヤ 焼入れ：quenching-熱処理のできる合金を，高温の1相の状態から急冷する操作．67 123
焼戻し：tempering-熱処理の可能な合金を焼入れしたのち，適当な温度に加熱する操作．82
焼戻し時効：temper ageing, tempering-焼戻しの操作，または焼戻しによって生ずる性質の変化．→焼戻し．170
焼戻し脆性：temper brittleness-焼入れなどの処理後，焼戻してから放冷すると現われる脆性．184

ユ 優先核生成：preferrential nucleation-優先的に，ある特定のところに核ができること．71

ヨ 溶融（または融解）：melting-固相にある金属や合金が熱せられて液相になる変化．64
溶解度線：solubility line-ある金属に対する他の元素の溶解度が温度でどう変わるかを示す曲線．50

ラ ラウエ：M. VON LAUE　2 113
ラウエ斑点，ラウエ写真：Laue spots, Laue pattern-単結晶に白色X線をあてたときに得られる斑点状の回折像．113 177
ラセン転位：screw dislocation-ラセン状の原子配列の乱れからなる線状の欠陥．197 306

リ 粒子加速装置：particle accelerator-陽子，重陽子，電子，アルファ粒子に加速して高いエネルギーを与える装置．サイクロトロン，直線加速装置，ベータトロンなど．216
リューダース帯：Lüders band-軟鋼の下降伏点で見られる塑性変形の進んだ領域．162

レ 冷間加工：cold working-室温での加工．正確にはその金属の再結晶温度以下での加工．112 133
レプリカ法：replica-試料表面そのものでなく，それを転写した薄い膜を電子顕微鏡観察する方法．100
レントゲン：W. RÖNTGEN　2

[復刻] 100万人の金属学 基礎編

©2003年11月30日 初版 第1刷発行
2018年 8月30日 初版 第4刷発行

編　　　者　　幸田 成康
発　行　者　　島田 保江
発　行　所　　株式会社 アグネ技術センター
　　　　　　　〒107-0062　東京都港区南青山 5-1-25
　　　　　　　TEL 03(3409)5329　FAX 03(3409)8237

印刷・製本所　　株式会社 平河工業社
　　　　　　　Printed in Japan, 2003, 2005, 2011, 2018

落丁本・乱丁本はお取り替えいたします。　ISBN 978-4-901496-11-7 C3057
定価の表示は表紙カバーにしてあります。